国家科学技术学术著作出版基金资助出版

化学驱油藏工程方法
Reservoir Engineering Methods of Chemical Flooding

侯　健　刘永革　杜庆军　周　康　著

科　学　出　版　社
北　京

内 容 简 介

本书基于室内物理实验、数值模拟技术、统计理论及最优化方法等，创新和发展了化学驱油藏工程方法，系统介绍了化学驱相对渗透率数值计算、受效剩余油分析、生产动态定量表征与预测、井间动态连通性反演、化学剂窜流预警、油藏注采优化和提高采收率潜力评价等方法及其在矿场的应用情况。

本书可作为高等院校石油工程专业学生的教材，也可供从事油田开发研究的科学工作者、工程技术人员、管理人员参考。

图书在版编目（CIP）数据

化学驱油藏工程方法 / 侯健等著. -- 北京 ：科学出版社，2024. 6
ISBN 978-7-03-078900-6

Ⅰ. TE357.46

中国国家版本馆 CIP 数据核字第 2024AG8346 号

责任编辑：万群霞　崔元春 / 责任校对：王萌萌
责任印制：师艳茹 / 封面设计：无极书装

科 学 出 版 社 出版
北京东黄城根北街 16 号
邮政编码：100717
http://www.sciencep.com

北京富资园科技发展有限公司印刷
科学出版社发行　各地新华书店经销
*
2024 年 6 月第 一 版　开本：787×1092 1/16
2024 年 6 月第一次印刷　印张：18 3/4
字数：445 000

定价：178.00 元
（如有印装质量问题，我社负责调换）

前　言

石油是国民经济的命脉，与全球政治、经济和国家战略紧密相关。随着国民经济的迅速发展，我国对石油能源的需求日益增长，但石油勘探开发的难度不断增加，因而如何进一步提高原油采收率已成为目前急需解决的关键问题。化学驱是提高原油采收率的主要技术之一，其中，聚合物驱可以有效增加水相黏度，降低油水黏度比，扩大波及体积；表面活性剂驱可以显著降低油水界面张力，提高洗油效率；二元或三元复合驱、非均相复合驱等化学驱方法则可以有效发挥多种化学剂的协同驱油作用，大幅度提高原油采收率。

我国东部老油田已进入高含水率开发阶段，剩余油分布机理复杂，开发难度大；目前原油采收率平均仅 35%左右，近 2/3 的剩余石油仍残留地下，提高采收率潜力大。全国 70%的原油产量仍依赖于针对老油田的措施挖潜和提高采收率方法。化学驱油技术已成为我国应用范围最广的提高原油采收率方法，其矿场应用规模居世界之首。例如，大庆油田和胜利油田年产量中化学驱产量比例高达 20%左右，而在美国、加拿大等国化学驱产量比例仅为 1%。化学驱油藏工程方法作为化学驱矿场方案编制和实施跟踪动态调整的重要研究手段，对于确保化学驱高质量开发、较大限度地提高原油采收率和经济效益具有重要意义。然而，与水驱相比，化学驱渗流与开采机理更为复杂，常规水驱油藏工程方法往往不适用于化学驱，因此需要建立和发展新的化学驱油藏工程方法。

本书是作者二十多年来在化学驱理论研究和矿场实践基础上的科研成果积累，基于室内物理实验、数值模拟技术、统计理论及最优化方法等，提出了化学驱油藏工程新方法。全书共八章：第一章概述化学驱方法及提高原油采收率的机理和化学驱典型区块应用概况；第二章介绍基于自动历史拟合和非稳态物理实验建立的化学驱相对渗透率数值计算方法；第三章提出化学驱受效剩余油的新概念，分析化学驱受效剩余油分布特征及动态变化规律；第四章推导建立了化学驱生产动态定量表征模型，并结合支持向量机提出了化学驱生产动态定量预测方法；第五章从水驱油藏井间动态连通性反演方法入手，结合渗流理论建立了化学驱油藏井间动态连通性反演方法；第六章基于化学驱化学剂窜流特征分析，定义了化学剂窜流程度表征与预警指标，建立了化学驱化学剂窜流预警模型；第七章基于无梯度算法建立了化学驱油藏注采优化方法；第八章介绍了化学驱油藏筛选指标界限确定、潜力预测模型和提高采收率潜力分析方法。

本书获得国家科学技术学术著作出版基金和中国石油大学(华东)学术著作出版基金资助，以及国家重点研发计划项目(2018YFA0702400)、国家杰出青年科学基金项目(51625403)、国家科技重大专项(2008ZX05011、2011ZX05011、2016ZX05011、2011ZX05024、2016ZX05025)联合资助，在此表示衷心的感谢。在写作过程中参考了大量的国内外文献，在此向所有的文献作者表示感谢。此外，本书也是参与化学驱油藏工程方法研究的历届研究生的智慧结晶，他们分别是徐彬彬、赵辉、刘业俊、高达、王传飞、罗福全、陶德硕、潘广明、张言辉、王容容、邱茂鑫、吴金涛、刘岭岭、张文龙、安志斌。在本书撰写过程中也得到了陆努、赵二猛、翟明昆、赵方剑、吴德君、王惠宇、郑浩宇、李果、陈前等研究生的帮助，在此一并表示感谢。

　　由于作者水平有限，书中难免存在不妥之处，恳请读者批评指正。

侯　健

2023 年 6 月于青岛

目　录

第一章 绪 论

原油是目前世界能源消费中的主要能量来源。据碧辟(bp)集团 2020 年发布的《bp世界能源统计年鉴》，2019 年全球一次能源消费量为 139.6 亿 toe(ton oil equivalent，吨油当量，指 1t 原油所含的热量)。从燃料来源构成看，石油占 33.1%，天然气占 24.2%，煤炭占 27.0%，水电占 6.4%，核能占 4.3%，可再生能源占 5.0%。由此可见，化石燃料(石油、天然气、煤炭)占当年全部能源消耗的 84.3%，世界的能源消费目前仍处于传统的化石能源时代。

随着国民经济的增长，我国对原油的需求不断增长，1993 年我国成为成品油的净进口国，1996 年我国又变成原油的净进口国。目前，中国已成为世界第二大原油消费国和第一大原油进口国。我国的原油消费在 2023 年达到 7.56 亿 t，其中国内原油产量为 2.08 亿 t，原油进口量为 5.65 亿 t，原油对外依存度达 72.99%。但随着我国"三桶油"企业油气增产"七年行动计划"的实施和国内"碳达峰、碳中和"(简称"双碳")目标的推进，中国原油对外依存度的增长趋势有望得到有效抑制。

国内的石油缺口一直通过国际贸易来补充。当前乃至今后相当长的一段时间，我国的能源安全将面临油价、油源、通道和政治四大风险。为了降低石油进口依赖，除了要转变能源发展战略、节能增效、加强石油替代资源的开发利用外，还应加强石油资源的勘探开发(贾承造，2020)。在没有重大探明储量增加的情况下，采取先进的开采技术提高已开发油田原油采收率是原油产量实现稳产上产的重要途径。

第一节 提高原油采收率方法概述

不同国家和地区，油田的平均采收率不同。中国油田平均采收率仅 35% 左右，如果不采用提高原油采收率(improved oil recovery, IOR)方法，将有约三分之二的石油地质储量会留在地下无法被采出。由此可见，改善油田开发效果，提高原油采收率具有较大的潜力。

一、原油采收率及其影响因素

油藏的原油采收率定义为油藏累积采出的油量与油藏地质储量比值的百分数。从理论上来说，采收率取决于波及效率和驱油效率两个方面，其表达式为

$$E_R = E_V \cdot E_D \tag{1-1}$$

式中，E_R 为原油采收率；E_V 为波及效率；E_D 为驱油效率。

1. 波及效率

波及效率 E_V 又称为宏观驱替效率，它是指注入流体波及区域的体积与油藏总体积

的比值，等于面积波及效率 E_{VA} 与垂向波及效率 E_{VV} 的乘积，即

$$E_V = E_{VA} \cdot E_{VV} \tag{1-2}$$

影响水驱油波及效率的因素主要包括流度比、油藏非均质性及井网井距。

1）流度比

流度比是指驱替相流度与被驱替相流度的比值。水驱油的流度比定义为

$$M = \frac{\lambda_w}{\lambda_o} = \frac{K_w / \mu_w}{K_o / \mu_o} = \frac{K_w}{K_o} \cdot \frac{\mu_o}{\mu_w} \tag{1-3}$$

式中，M 为流度比；λ_o、λ_w 分别为油、水流度，$\mu m^2/(mPa \cdot s)$；K_o、K_w 分别为油、水相渗透率，μm^2；μ_o、μ_w 分别为油、水黏度，$mPa \cdot s$。

流度比对波及效率的影响很大。随着流度比增加，波及效率降低。当驱替相与被驱替相流度比小于 1 时，将其定义为有利流度比；反之，当驱替相与被驱替相流度比大于 1 时，将其定义为不利流度比。

在注水、注气或注蒸汽时，可以通过增加注入介质的黏度，降低驱替相相对渗透率来降低驱油过程中的流度比，提高驱替介质的波及效率。流度比控制方法包括调剖、水气交替注入、聚合物驱及泡沫驱等。

2）油藏非均质性

油藏存在着平面非均质和垂向非均质，油藏越不均质，水驱油越容易形成平面突进和层间指进。波及效率降低，原油采收率值变小。

油藏的非均质性可用 Dykstra 和 Parsons（1950）定义的渗透率变异系数确定。渗透率变异系数的变化范围为 0～1。渗透率变异系数越大，油藏非均质性越强。

3）井网井距

注采井的井网部署方式有很多，不同的布井方式导致不同的波及效率。同时，在相同的布井方式下，不同的井距也有不同的波及效率。井距越小，波及效率越大，原油采收率值越高。

2. 驱油效率

驱油效率 E_D 又称为微观驱替效率，它是指注入流体波及区域内，采出的油量与波及区内石油储量的比值，通过推导可得其表达式如下：

$$E_D = \frac{S_{oi} - S_{or}}{S_{oi}} \tag{1-4}$$

式中，S_{oi} 为原始含油饱和度；S_{or} 为注入流体波及区内残余油饱和度。式（1-4）表明，通过降低残余油饱和度可以提高驱油效率，增加原油采收率。降低残余油饱和度的途径有降低油水界面张力、改变岩石润湿性等。影响驱油效率的主要因素包括毛细管数、孔隙

结构及润湿性等。

1)毛细管数

毛细管数 N_c 是影响残余油饱和度的主要因素。毛细管数定义为黏滞力与毛细管力的比值，其表达式为

$$N_c = \frac{\mu_d v_d}{\sigma} \tag{1-5}$$

式中，μ_d 为驱替流体的黏度，mPa·s；v_d 为驱替流速，m/s；σ 为驱替相与被驱替相之间的界面张力，mN/m。

图 1-1 为典型的残余非润湿相或润湿相饱和度与毛细管数关系曲线。可以看出，当毛细管数大于临界毛细管数时，随着毛细管数的增加，残余非润湿相或润湿相饱和度值减小。

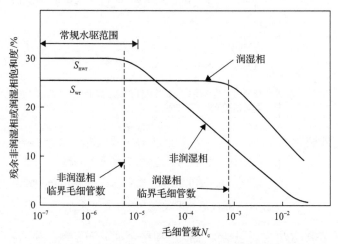

图 1-1 典型的残余非润湿相或润湿相饱和度与毛细管数关系曲线

S_{nwr}-残余非润湿相饱和度；S_{wr}-残余润湿相饱和度

由式(1-5)可以看出，增加毛细管数、降低残余油饱和度的途径：①降低界面张力，这是表面活性剂驱、碱水驱或混相驱的主要驱油机理之一；②增加驱替流速。该方法由于受注入压力的限制，在矿场中应用有一定限度；③增加驱替相黏度，但要使驱替相黏度增加几个数量级相当困难。

2)孔隙结构

岩石孔隙结构是复杂的、非均质的，描述孔隙结构的参数包括孔喉大小分布、孔喉比、孔喉截面形状、孔喉配位数等。一般来讲，构成油层岩石的颗粒相对均匀，岩石的微观结构便越均质，孔隙大小更趋于一致，孔喉比小，渗透率大，岩石的驱油效率较高。

3)润湿性

地层岩石表面的润湿性可分为水湿、油湿和中性润湿 3 类。岩石表面的润湿性不同，其驱油效率也不同。Donaldson 和 Thomas(1971)研究表明，对于水湿岩石，水驱油的驱

油效率要比油湿岩石高，但也有不同学者持不同的观点。

二、提高原油采收率方法及其分类

提高原油采收率方法的定义范围较广泛，它应该包括除了利用天然能量和人工注水保持地层能量开采原油之外的其他任何能提高油藏最终采收率的开采方法，这与国外的提高原油采收率方法概念较为接近，国外译为改进型采油方法。提高原油采收率方法包括两类方法：改善的二次采油（advanced secondary recovery，ASR）方法和强化采油（enhanced oil recovery，EOR）方法（图 1-2）。

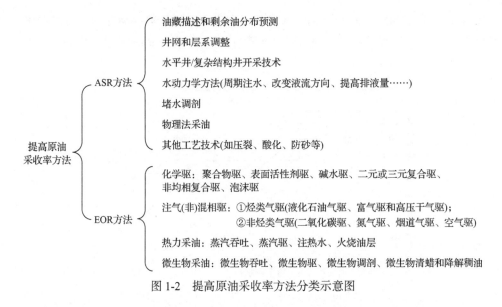

图 1-2　提高原油采收率方法分类示意图

目前常用的 ASR 方法主要包括油藏描述和剩余油分布预测、井网和层系调整、水平井/复杂结构井开采技术、水动力学方法、堵水调剖、物理法采油，以及其他工艺技术（如压裂、酸化、防砂等）。

EOR 方法的一个显著特点是注入的流体改变了油藏岩石和（或）流体性质，提高了油藏的最终采收率。EOR 方法可分为四大类，即化学驱、注气（非）混相驱、热力采油和微生物采油（Liu et al.，2020）。其中，化学驱进一步分为聚合物驱、表面活性剂驱、碱水驱、二元或三元复合驱、非均相复合驱和泡沫驱；注气（非）混相驱可分为二氧化碳驱、氮气驱、空气驱、烟道气驱和烃类气驱；热力采油可分为蒸汽吞吐、蒸汽驱、注热水、火烧油层等；微生物采油可分为微生物吞吐、微生物驱、微生物调剖、微生物清蜡和降解稠油等方法。

通常将 EOR 方法称为三次采油方法的说法是不准确的，因为某些 EOR 方法（如聚合物驱、注蒸汽热力采油等）也用于二次采油，甚至是一次采油阶段。

尽管各种 EOR 方法都能够提高原油采收率，但各种方法的采油机理不同，技术优势和存在问题也不同，具体如表 1-1 所示。

表 1-1 不同 EOR 方法采油机理和技术条件对比

EOR 方法		采油机理	技术优势	存在问题
化学驱	聚合物驱	◆ 增黏机理 ◆ 降低渗透率机理	◆ 技术配套成熟	◆ 聚合物的稳定性 ◆ 驱油与调剖相结合的问题 ◆ 地层伤害问题 ◆ 聚合物驱后提高原油采收率问题
	碱水驱	◆ 低界面张力机理 ◆ 乳化－携带机理 ◆ 乳化－捕集机理 ◆ 润湿反转机理 ◆ 自发乳化与聚并机理 ◆ 增溶刚性膜机理	◆ 成本最低 ◆ 工艺比较简单	◆ 碱耗问题 ◆ 结垢问题 ◆ 乳化问题 ◆ 流度控制问题
	表面活性剂驱	◆ 低界面张力机理 ◆ 润湿反转机理 ◆ 乳化机理 ◆ 提高表面电荷密度机理 ◆ 聚并形成油带机理 ◆ 增溶机理	◆ 洗油效率高	◆ 表面活性剂的滞留 ◆ 乳化问题 ◆ 流度控制问题
	二元或三元复合驱	◆ 化学剂之间的协同效应	◆ 提高采收率幅度大 ◆ 减少化学剂消耗 ◆ 降低化学驱单位成本	◆ 色谱分离现象 ◆ 复合驱油机理复杂
	非均相复合驱	◆ 颗粒变形运移机理 ◆ 固液协同增阻机理	◆ 扩大波及体积能力强 ◆ 洗油效率高	◆ 渗流机制和驱油机理复杂
	泡沫驱	◆ 气阻效应 ◆ 改善流度比 ◆ 富油带形成机理	◆ 较好的流度控制能力 ◆ 自动封堵高渗部位	◆ 注入工艺的复杂性 ◆ 泡沫的形成和稳定难以控制 ◆ 驱油机理复杂
注气(非)混相驱	二氧化碳驱	◆ 溶解气驱作用 ◆ 混相驱替作用 ◆ 原油的膨胀 ◆ 原油黏度的降低 ◆ 岩石渗透率的增加	◆ 混相压力较低 ◆ 对原油组成的要求也低 ◆ 成本较低 ◆ 获得较高的采收率	◆ 二氧化碳气源 ◆ 流度控制问题 ◆ 腐蚀问题 ◆ 结垢问题 ◆ 沥青质和石蜡的沉淀 ◆ 气体水合物的形成 ◆ 非烃类的分离和循环注入
	氮气(烟道气)驱	◆ 混相驱替作用 ◆ 重力驱替作用 ◆ 保持油藏压力	◆ 适应的油藏类型多 ◆ 提高采收率机理多 ◆ 成本低	◆ 混相条件较为严格 ◆ 烟道气驱存在腐蚀问题
	烃类气驱	◆ 混相驱替作用 ◆ 增加原油体积 ◆ 降低原油黏度 ◆ 强化重力泄油	◆ 高压干气驱成本低、干气可循环注入 ◆ 富气、液化石油气(LPG)段塞驱混相压力较低	◆ 重力分异产生超覆 ◆ 注气成本问题
	空气驱	◆ 提高或维持油藏压力 ◆ 烟道气驱机理 ◆ 原油降黏 ◆ 热膨胀效应 ◆ 重力驱替作用	◆ 适应的油藏类型多 ◆ 可形成烟道气驱 ◆ 来源丰富, 廉价	◆ 生产安全性 ◆ 腐蚀问题

EOR 方法		采油机理	技术优势	存在问题
热力采油	蒸汽驱	◆ 降低原油黏度 ◆ 岩石和流体体积热膨胀 ◆ 蒸汽蒸馏和溶剂抽提作用 ◆ 提高地层压力 ◆ 消除井壁污染	◆ 工艺相对简单 ◆ 易于控制	◆ 蒸汽超覆和提前突破 ◆ 热效率问题 ◆ 地层伤害问题 ◆ 蒸汽驱发生器的环境污染、结垢及热效率问题
	火烧油层	◆ 原油的热裂解 ◆ 热驱作用 ◆ 冷凝蒸汽驱作用 ◆ 烃类混相驱作用 ◆ 气驱作用	◆ 适用范围广泛 ◆ 能使原油改质 ◆ 不受井网、井距限制 ◆ 热利用率高 ◆ 不需要水处理设施和隔热措施投资 ◆ 井筒工艺条件简单	◆ 技术水平要求高、施工困难 ◆ 火烧油层过程中的生产井问题 ◆ 环境污染问题 ◆ 井口安全生产问题
微生物采油		◆ 封堵大孔道 ◆ 改善孔道壁面的润湿性 ◆ 降解、黏附、乳化原油 ◆ 提高油层压力、增加地层能量 ◆ 使原油膨胀降黏 ◆ 增加岩石渗透率和孔隙度 ◆ 降低水相渗透率、增加油相渗透率 ◆ 降低油水界面张力	◆ 成本低，见效周期长 ◆ 所需设备简单 ◆ 可用于各种类型的原油 ◆ 不损害地层 ◆ 可在同一生产井中多次应用	◆ 油藏条件的限制 ◆ 菌种的选择问题 ◆ 油层堵塞问题 ◆ 对人体及环境的不利影响 ◆ 基础理论研究不完善

三、提高原油采收率方法应用现状及前景

提高原油采收率方法的应用不仅要与油藏地质特点、物料来源相适应，而且也受到油价、经济形势和国家政策（包括税率）等因素的影响。

2014 年全世界来自提高原油采收率和重油项目的石油产量大约为 $4.61 \times 10^5 \, \text{m}^3/\text{d}$，这个数量相当于世界石油产量的 3.3%。主要应用于美国、中国、加拿大、委内瑞拉和俄罗斯等国，这几个国家的提高原油采收率产油量占比分别为 25.33%、24.97%、15.10%、13.27%和 12.00%。从应用的提高原油采收率方法来看，热力采油、化学驱和注气（非）混相驱的产油量占比分别为 48.86%、26.08%和 25.06%（图 1-3）。

1. 国外提高原油采收率技术现状

美国 EOR 方法项目数在 1986 年达到峰值，随后呈逐渐下降趋势，在 2004 年降至谷底后又存在小幅上涨，而 EOR 产量在 1992 年时达到最高，之后保持一定的稳定性（图 1-4），反映出 EOR 项目效益的滞后性。

美国历年不同 EOR 方法产量构成（图 1-5）表明，热力采油和注气（非）混相驱方法是主要的 EOR 方法。20 世纪 80 年代，美国 EOR 产量中约 80%来自热力采油方法（主要是注蒸汽热力采油和火烧油层）。随着注气（非）混相驱（主要包括二氧化碳驱、烃类气驱和氮气驱）项目获得的产量增加，热力采油产量占 EOR 总产量比例逐渐下降。在 2006 年，

美国注气(非)混相驱产量甚至超过热力采油产量。

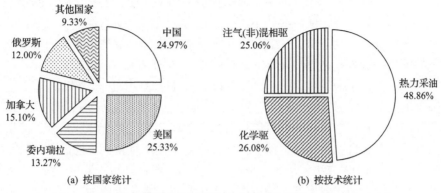

(a) 按国家统计　　　　　　　　　(b) 按技术统计

图 1-3　2014 年世界提高原油采收率产油量占比［据 Guo 等(2018)］

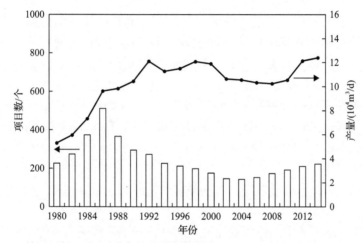

图 1-4　美国历年 EOR 原油产量和项目数［据 Moritis(2006)；Koottungal(2014)］

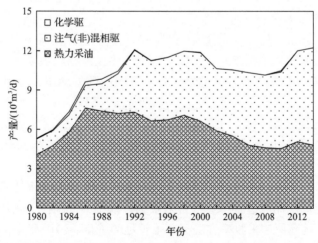

图 1-5　美国历年不同 EOR 方法产量构成［据 Moritis(2006)；Koottungal(2014)］

美国注气(非)混相驱产量的提高主要来自二氧化碳混相驱项目的稳定增加(Alvarado

and Manrique，2010）。一方面是由于美国有十分丰富的天然二氧化碳气源，并且已经修建好了连接二氧化碳产地和用地的主干输送管道；另一方面，二氧化碳驱的技术得到很大发展，其成本大幅下降，使一些较小的项目也有利可图，从而促进了二氧化碳驱的发展。随着二氧化碳价格的下降，二氧化碳注入量有所增加，提高采收率的幅度增大。二氧化碳驱的项目一般可提高原油采收率 8%～15%，生产寿命 15～20 年。

化学驱在美国自 1986 年以来一直呈下降趋势，目前基本处于停滞状态，但应用聚合物调剖仍有很大的发展。美国已把调剖和聚合物驱、钻加密井、水平井等列为 ASR 方法。特别是深度调剖，在一定条件下它可以代替聚合物驱，或与聚合物驱结合，使聚合物驱获得更大成效。与聚合物驱相比，深度调剖具有化学剂用量较少、投资回收快等特点。

加拿大主要的 EOR 方法包括热力采油、注气(非)混相驱和化学驱方法。与美国有所不同的是，在注气提高采收率产量构成中，美国是以二氧化碳驱为主，而加拿大则是以烃类气驱为主。

苏联提高原油采收率以化学方法为主，但其与通常的化学驱的概念有所不同，苏联广泛应用的用化学方法提高原油采收率方法主要包括注聚合物(简称注聚)、注表面活性剂、注碱液、注硫酸、复合驱油、近井地带的激励处理等。苏联将近井地带的激励处理，即生产井、注入井增产增注技术也归入化学方法提高原油采收率的范畴。1991年，苏联依靠提高原油采收率技术的增油量为 $2.78 \times 10^4 m^3/d$。其中，约 55%的增油量是靠化学方法获得，37%的增油量是靠热力采油方法获得，而约 8%的增油量是应用注气方法获得。在苏联，化学驱规模相对较小。由于缺乏天然二氧化碳气源，注气(非)混相驱所占比例很小。

国外微生物采油技术有所发展，西方国家以发展各种培养基液的微生物驱油技术为主，俄罗斯则主要发展以油层本源菌为主的微生物驱油技术。俄罗斯对菌种筛选、激活、繁殖及代谢物在油层驱油中的作用做过深入研究，开展了现场先导性试验，取得较好增油效果。但是微生物驱由于机理复杂，尚未投入工业化应用。

2. 我国提高原油采收率技术的情况

我国油田主要分布在陆相沉积盆地，以河流-三角洲沉积体系为主。受气候和河流频繁摆动的影响，储油层砂体纵横向分布和物性变化均比海相沉积复杂，泥质含量高，泥砂交错分布，油藏非均质性远高于主要为海相沉积的国外油田。同时，陆相盆地生油母质为陆生生物，原油含蜡高、黏度高。这种陆相沉积环境和生油条件，加大了油田开发难度。采用常规水驱开采，平均采收率只有 32%左右，这就意味着我国近百亿吨探明石油地质储量采不出来。但是换个角度来看，它为开展三次采油提供了巨大的资源条件(沈平平等，2001)。

通过几个国家五年计划的重点项目攻关，我国提高原油采收率技术经历了由先导试验逐步到工业化推广应用的过程。经过石油系统各单位、中国科学院及相关高等院校的共同努力，不同的提高原油采收率方法都有了长足的进步。2019 年中国提高原油采收率产量达 $3100 \times 10^4 t$，占全国原油产量的 16.2%。热力采油和化学驱是提高原油采收率技术的主体，其产油量比例高达 96%，其中热力采油占 51%、化学驱占 45%。

(1)聚合物驱已大规模工业化推广应用,并获得了巨大成功。

我国油田大多数分布于陆相沉积地层中,油层非均质性比较严重,渗透率变异系数大多在 0.65 以上,而且原油黏度较高。因此聚合物驱技术成为我国提高原油采收率研究的主攻方向(韩大匡和杨普华,1994;Guo et al.,2021)。

我国聚合物驱已经历了先导试验阶段、工业性试验阶段,最终发展到大规模推广应用阶段,矿场实施规模世界第一,逐步发展成为一种较为成熟的提高原油采收率技术。截至 2019 年 12 月,大庆油田聚合物驱累积动用地质储量 11×10^8t,累积增油 1.5×10^8t;胜利油田聚合物驱累积动用地质储量 3.2×10^8t,累积增油 2270×10^4t。

针对聚合物驱存在的问题,需进一步改善聚合物驱油工业化应用技术,解决耐温、抗盐聚合物的研发及生产技术问题,进一步研究扩大聚合物驱波及体积和降低聚合物驱开采成本,以及探索聚合物驱后进一步提高原油采收率的技术途径。

(2)复合驱油技术获得重大突破,发展了"因地制宜"的系列方法。

通过科技攻关,在复合驱油机理、数值模拟、复合驱油体系、矿场试验方案设计及动态监测、地面注采工艺等方面都取得很大进展,该技术目前已在大庆、胜利、新疆、辽河、大港、长庆等油田开展了矿场试验,取得了令人满意的结果(廖广志等,2017)。

针对不同油藏地质和开发特征,发展了"因地制宜"的系列复合驱油方法。大庆油田于 1994 年开展聚合物-表面活性剂-碱三元复合驱先导试验,截至 2018 年,其已工业化推广应用,动用地质储量 2.4×10^8t,提高原油采收率 18%。胜利油田于 1992 年在孤东油田开展了国内首例聚合物-表面活性剂-碱三元复合驱先导试验,1997 年在孤岛油田进行了扩大试验,但由于碱引起高温高盐油藏注采系统结垢严重等,发展了聚合物-表面活性剂二元复合驱提高采收率技术,解决了无碱条件下获得超低界面张力的难题。截至 2020 年,胜利油田聚合物-表面活性剂二元复合驱动用地质储量 1.8×10^8t,提高原油采收率 11%,实现了工业化应用。针对聚合物驱后油藏特点,研发了软固体黏弹性颗粒驱油剂,形成了非均相复合驱油技术。2010 年胜利油田的孤岛中一区馆陶组 Ng_3 组开展聚合物驱后油藏非均相复合驱先导试验,再提高采收率 8.5%,最终采收率达到 63.6%。

复合驱工业化的关键在于减少表面活性剂用量,降低成本。应加快高效廉价化学驱油剂的研制和国产化进程,完善注采和产出液处理工艺,针对不同油藏特征形成相适应的有商业推广前景的复合驱配套技术。

(3)注气(非)混相驱在"双碳"背景下受到普遍关注,但与国外相比有一定差距。

由于我国东部地区原油黏度比较高,地质储量中绝大部分原油黏度在 5mPa·s 以上,很难达到混相,并且二氧化碳天然资源贫乏,东部天然气供不应求,注气(非)混相驱工作进展缓慢。总的来讲,我国注气(非)混相驱研究水平与国外相比还有一定的差距。

在"双碳"背景下,二氧化碳利用与埋存技术在驱油提高采收率的同时也实现了温室气体减排,受到普遍关注(袁士义和王强,2018;袁士义等,2022)。在二氧化碳驱理论认识、二氧化碳驱油与埋存的油藏工程、注采工艺、地面工程等方面形成配套技术,先后在吉林、胜利等油田开展矿场试验及工业应用。另外在长庆、大庆、江苏、大港、吐哈、延长等油田也开展了二氧化碳驱、空气驱、天然气驱、氮气驱等试验并取得较好的矿场效果。需要进一步加强扩大注气波及体积和改善混相条件技术研究,使注气(非)

混相驱技术有较快的发展，成为一种可行的提高原油采收率方法。

(4)热力采油方法为我国稠油油藏主要开发方式，技术已相对成熟。

我国稠油资源丰富，约占石油总资源量的 20%，主要分布在辽河、新疆、胜利、塔河、吐哈、渤海等油区。与国外相比，中国稠油埋藏较深，油层多为薄互层、厚度小，开采难度较大，重点发展了蒸汽吞吐、蒸汽驱、蒸汽辅助重力泄油（SAGD）、火烧油层等技术（侯健和孙建芳，2013），2019 年稠油年产量为 1594×10^4t。其中，蒸汽吞吐实现了技术的配套和完善，是国内热力采油的主要方式，在热力采油中产量占比达 76%；蒸汽驱技术已拓展到 1400m 深层稠油油藏，在热力采油中产量占比为 9.1%；SAGD 技术建立了直井与水平井组合等多种形式，在辽河、新疆等油区成功实施，在热力采油中产量占比为 12.7%；火烧油层在我国仍处于试验阶段。胜利油田曾在金家、乐安、王庄等油田开展火烧油层先导试验，基本形成火烧油层配套工艺技术。新疆油田在红浅 1 井区进行试验，采油速度大幅度提高，火烧油层在热力采油中产量占比仅为 2.2%。需要进一步攻关发展热-化学-气体复合驱等技术，完善完井、注汽采油配套工艺，以提高热力采油效果、扩展技术的油藏适应范围。

(5)微生物采油技术取得较大进展，是一种应积极探索的提高原油采收率方法。

我国经过攻关研究，微生物采油技术取得了较大进展。微生物菌种筛选工作范围进一步扩大，增加了新菌种。菌种及代谢物评价进入定量化阶段，营养基与改变菌种活性、改善驱油效果研究进一步加深，技术评价手段日趋完善，并逐步规范化、程序化。形成了菌种筛选评价、驱油试验评价、油藏筛选、试验方案设计、微生物菌种登录五个有关技术规程和评价方法。微生物菌种生产规模发展较快，并已掌握相关技术，具有快速发展能力，可满足现场要求。微生物采油是投资少、成本低的提高采收率方法，应加大力度，争取有较大的突破，使其成为可大规模应用的方法。

3. 近期我国 EOR 技术发展展望

对比分析国内外 EOR 技术发展特点可以看出，地质特点和物料来源是选择 EOR 方法的基础。美国，特别是二叠纪盆地，属于海相沉积，原油密度很小，非常适合二氧化碳混相驱，加之有丰富的二氧化碳供应，从而使二氧化碳驱得到很快的发展。我国东部地区除了二氧化碳和天然气比较贫乏之外，其油藏主要是河流相沉积，非均质比较严重，并且原油密度和黏度较大，与气体很难达到混相。我国提高原油采收率技术发展具有以下特点：

(1)化学驱将会稳定发展，并将是今后较长一段时间内我国在矿场中工业化应用的主要提高原油采收率技术。应进一步发展复合驱方法，着力研制与油藏适应的高效、经济、环保的新型表面活性剂、黏弹性颗粒及纳米驱油剂等化学剂，开展复合驱机理和矿场试验研究。

(2)热力采油方面需进一步改善蒸汽吞吐和蒸汽驱效果，同时大力加强热-化学-气体复合驱、火烧油层等技术研究。

(3)在我国"双碳"目标导向下，应加强对注气混相驱、非混相驱或近混相驱的研究。结合二氧化碳埋存和利用研究，要开展二氧化碳驱、烟道气驱等矿场试验，缩短我国与西方国家的差距。

（4）对于断块油田或注采系统难以完善的区块，可以开展如化学剂、微生物吞吐或二氧化碳吞吐试验，这可能是解决注采井网不完善、加密井单井控制储量小及人工能量补充不足等问题的有效途径。

（5）应加强提高原油采收率技术的基础研究，探索微生物驱、物理场方法采油等低成本的提高原油采收率方法，同时应积极开展提高原油采收率方法在非常规油气藏中的应用研究。

第二节 化学驱方法及提高原油采收率机理

化学驱是通过在注入水中加入聚合物、表面活性剂、碱、黏弹性颗粒驱油剂等化学剂，改变驱替流体及其与油藏流体的性质，达到提高原油采收率的目的。化学驱可进一步分为聚合物驱、表面活性剂驱、碱水驱、二元或三元复合驱及非均相复合驱等。由于泡沫驱是用表面活性剂稳定驱油用的泡沫，因此可认为泡沫驱是属于表面活性剂驱的一种驱油方式。

碱水驱是最早提出的提高原油采收率方法之一，利用碱水驱提高原油采收率的历史可以追溯到 1917 年，碱水被发现能提高对油的驱替效果。1925 年，Nutting 描述了用碱性盐（如碳酸钠、硅酸钠）改善水驱效果的方法（Nutting，1925）。雪佛龙（Chevron）公司于 20 世纪 60 年代在惠蒂尔（Whittier）油田进行了注碱水的矿场试验。表面活性剂驱是依据洗涤原理的设想，将表面活性剂推广用于洗涤岩石孔隙中的油，以期改善水驱采收率。表面活性剂驱的室内研究始于 20 世纪 50 年代，20 世纪 60 年代中期美国开始将磺酸盐投井使用。近年来几种化学驱方法联合使用越来越引起人们的重视。1956 年，Reisberg 和 Doscher 首先提出了表面活性剂与碱联合作用提高原油采收率的概念（Reisberg and Doscher，1956）。

聚合物驱始于 20 世纪 50 年代末、60 年代初。美国于 1964 年进行了第一次聚合物驱矿场试验，随后在 1964~1969 年进行了 61 个聚合物驱项目，从 70 年代到 1985 年，共进行了 183 个聚合物驱项目。那时美国开展了如此多的聚合物驱项目是因为当时美国国内的优惠税收政策以及国际油价的上升。除美国之外，苏联的奥尔良油田、阿尔兰油田，加拿大的霍斯弗莱湖（Horsefly Lake）油田、拉普丹（Rapdan）油田，法国的沙朵赫那（Chatearenard）油田，以及德国、阿曼等国都进行了聚合物驱矿场试验。但是，随着国际油价的下跌，国外的聚合物驱项目越来越少，美国几乎停止了聚合物驱和其他化学驱项目的矿场试验。尽管如此，美国能源部对提高原油采收率的基础研究仍十分重视。

泡沫驱作为一种提高原油采收率的方法，人们较早就对其进行了探索和研究。1958 年，Boud 和 Holbrook 申请了世界上第一份泡沫驱油的专利（Boud and Holbrook，1958）。1961 年，就有美国官方文献记载将泡沫用于油田提高原油采收率，标志着泡沫驱油作为一种三次采油方法的矿场应用的开始。在随后的几十年里，美国和苏联相继进行了矿场应用研究，取得了较好的应用效果。

在中国，聚合物驱和复合驱已成为化学驱提高原油采收率的主导方法。大庆油田早在 1972 年进行了小井距聚合物驱先导试验（孙龙德等，2018），而胜利油田 1992 年在孤岛中一区 Ng$_3$ 层开展了首次聚合物驱油先导试验。目前，聚合物驱在大庆、胜利、大港、河南、吉林等油田已进入工业化应用阶段。同时，国内也在积极探索复合驱的矿场应用。1992 年，胜利油田的孤东小井距碱-表面活性剂-聚合物(ASP)三元复合驱试验区试验成功。1994 年以来，大庆油田先后在中区西部、杏五区、杏二区、北一区断西等开展碱-表面活性剂-聚合物三元复合驱，取得了较好的增油效果。针对高温高盐油藏注采系统结垢严重、聚合物驱后油藏进一步提高采收率等问题，2003 年胜利油田在孤东油田开展表面活性剂-聚合物(SP)二元复合驱先导试验(朱友益等，2012)，2010 年胜利油田开展聚合物驱后油藏非均相复合驱先导试验，均获得试验成功。1965 年，国内最早在玉门油田进行泡沫驱油试验。目前，大庆、胜利、新疆等油田都已开展了泡沫驱的矿场试验。

一、聚合物驱

聚合物驱是通过在注入水中加入水溶性高分子量的聚合物，增加水相黏度和降低水相渗透率，改善水油流度比，提高原油采收率。

1. 聚合物驱油机理

1)增黏机理

聚合物可通过增加水的黏度，降低水油流度比，从而提高波及系数。

2)降低渗透率机理

聚合物可通过减小水的有效渗透率，降低水油流度比，从而提高波及系数。聚合物之所以能减小水的有效渗透率，主要是它可在岩石孔隙结构中产生吸附和捕集，从而形成滞留现象。

2. 技术优势和存在问题

我国油藏和流体条件较适宜开展聚合物驱，通过多年的科技攻关，已形成相对配套成熟的聚合物驱油技术，但其在矿场推广应用中仍存在以下问题。

1)聚合物的稳定性

聚合物的稳定性主要取决于聚合物本身的化学结构(尤其是化学键键能)，外界因素如应力、温度、含盐量、含氧量、残余杂质、细菌等对聚合物的稳定性都有影响。在聚合物驱油中，应尽量从耐温、抗盐、具有机械稳定性、化学稳定性、生物稳定性等几方面改善聚合物的性能，以适应高温高盐等苛刻油藏条件。

2)驱油与调剖相结合的问题

单纯聚合物驱所具有的调剖作用是有限的，当地层中存在高渗层或大孔道时，注入的聚合物溶液将沿其窜流，聚合物驱效果变差。目前发展的较为先进的调驱结合技术包括阴、阳离子聚合物防窜技术，凝胶体系油藏深部流体转向技术，胶态分散凝胶驱油技术等。

3)聚合物驱造成的地层伤害

聚合物(特别是生物聚合物)滤过比不合要求时，其中的机械杂质会引起地层堵塞；同时，铁离子易与聚合物产生微凝胶堵塞地层，影响驱油剂的注入。另外，用淡水配制聚合物溶液时，要防止对水敏油层的伤害。

4)聚合物驱后进一步提高原油采收率问题

聚合物驱之后仍有大量的原油未被采出，因此，一方面，应继续深化聚合物驱机理的基础研究，改善正在开展的聚合物驱项目开采效果，尽可能多地采出原油；另一方面，在深刻认识聚合物驱后储层和流体变化规律、剩余油分布规律的基础上，应积极寻求和优化接替技术。

二、碱水驱

碱水驱是把水溶液呈碱性的物质(如氢氧化钠、原硅酸钠、碳酸钠、硅酸钠、氢氧化钾等)加入水中注入地层，碱与原油中的酸性组分反应就地生成表面活性剂，通过降低界面张力、乳化原油、溶解油水界面上的刚性界面膜、改变岩石润湿性等机理，减少残余油，从而达到提高原油采收率的目的。

1. 碱水驱驱油机理

碱水驱驱油机理复杂，不同的碱水驱驱油机理的发挥与原油性质、pH、含盐量有关，同时也受到碱浓度的影响。

1)低界面张力机理

碱可与原油中的酸性成分反应生成表面活性物质，可降低油水界面张力，提高洗油效率。

2)乳化-携带机理

在低的碱浓度和低的含盐量下，由碱与石油酸反应生成的表面活性剂可使地层中的剩余油乳化，并被碱水携带着通过地层。

3)乳化-捕集机理

在低的碱浓度和低的含盐量下，低界面张力使油乳化在碱水相中，但油珠半径较大，因此当它向前移动时，就会被捕集，增加水的流动阻力，从而改善流度比，提高波及系数。

4)由油湿反转为水湿机理

在高的碱浓度和低的含盐量下，碱可通过改变吸附在岩石表面的油溶性表面活性剂在水中的溶解度而解吸，恢复岩石表面原来的亲水性，使岩石表面由油湿反转为水湿，提高洗油效率，同时也可以使油水相对渗透率发生变化，形成有利的流度比，提高波及系数。

5)由水湿反转为油湿机理

在高的碱浓度和高的含盐量下，碱与石油酸反应生成的表面活性剂主要分配到油相并吸附到岩石表面上，使岩石表面从水湿转变为油湿。这样，非连续的剩余油变成连续的油相，为原油流动提供通道。

在连续的油相中，低界面张力将导致油包水乳状液的形成。这些乳状液中的水珠将堵塞流通孔道，并在堵塞的孔隙介质中产生高的压力梯度。高的压力梯度能克服被低界面张力所降低的毛细管阻力，油从乳化水珠与砂粒之间的连续油相这条通道排泄出去，而将高含水量的乳状液留在后面，达到减小地层剩余油饱和度的目的。

6）自发乳化与聚并机理

在最佳的碱浓度下，原油可自发乳化到碱水之中。这种自发乳化现象是油中的石油酸与碱在表面反应产生的表面活性剂先浓集在界面上，然后扩散至碱水中引起的。

7）增溶刚性膜机理

油与岩石接触处，原油中的沥青质、卟啉、石蜡等成分吸附在岩石表面，形成坚硬的刚性薄膜。这种薄膜的存在，不仅增加了残余油饱和度，而且使充塞在孔隙内的油流阻力增加，限制原油通过孔喉，同时抑制了水包油乳状液的聚并。随着碱性水溶液的注入，由于界面化学反应，碱相吸入油相中，这种溶胀的油相，加上其形态的改变，使油水界面上的刚性薄膜被破坏，并被增溶，从而使剩余油具有较强的流动能力。

2. 技术优势和存在问题

碱水驱与聚合物驱、表面活性剂驱相比，成本最低、工艺比较简单，但驱油机理复杂。矿场应用中存在以下问题。

1）碱耗问题

碱主要损耗在与地层和地层水中的二价金属离子发生的反应中。地层中石膏和黏土矿物的碱耗严重，而在黏土矿物中，蒙脱石由于易在碱水中膨胀，有利于其与碱反应，所以其碱耗大于高岭石和伊利石。因此，要求碱水驱地层中石膏和黏土（特别是蒙脱石）含量相对低。二价金属离子含量高的地层水也会引起较大的碱耗，处理办法为可用淡水预冲洗地层。

2）结垢问题

配制碱水溶液时水中的 Ca^{2+}、Mg^{2+} 可引起注入系统和注入井近井地带结垢；碱与地层矿物反应产生的可溶性硅酸盐和铝酸盐，也可在生产井产出时与其他方向来水中的 Ca^{2+}、Mg^{2+} 反应，引起生产井近井地带和生产系统结垢。可用防垢剂防垢。

3）乳化问题

乳化机理是碱水驱的重要机理，碱水驱的产出液为原油与水的乳状液。乳状液类型包括水包油乳状液、油包水乳状液或多重乳状液（水/油/水乳状液或油/水/油乳状液）等，应采取相应的破乳法破乳。

4）流度控制问题

碱水由于流度高，很容易沿高渗层窜流形成指进，影响驱油效果，可采用聚合物溶液或泡沫控制流度。

三、表面活性剂驱

表面活性剂驱是将表面活性剂加入注入水中，通过降低油水界面张力，提高驱油效率。驱油用的表面活性剂体系分为稀表面活性剂体系和浓表面活性剂体系。

活性水和胶束溶液属于稀表面活性剂体系，其中，活性水的表面活性剂浓度小于临界胶束浓度；而胶束溶液的表面活性剂浓度大于临界胶束浓度，但其质量分数不超过2%。

微乳属于浓表面活性剂体系（表面活性剂的质量分数超过 2%），由水、油、表面活性剂、助表面活性剂（如醇）和盐 5 种组分组成。它有两种基本类型和一种过渡类型，前者为水外相微乳和油外相微乳，后者为中相微乳。

1. 表面活性剂驱驱油机理

表面活性剂驱提高原油采收率的原因与碱水驱大体相同，不同的是前者是通过外加表面活性剂起作用，后者则是通过碱与原油酸性成分就地产生表面活性剂起作用。表面活性剂驱的驱油机理包括以下几种。

1）低界面张力机理

表面活性剂在油水界面吸附，可以降低油水界面张力，提高洗油效率。

2）润湿反转机理

驱油用表面活性剂的亲水性均大于亲油性，它在地层表面吸附，可使亲油的地层表面反转为亲水，油对岩石表面的润湿角增加，减小了黏附功，能提高洗油效率。

3）乳化机理

表面活性剂水溶液可乳化原油。乳化的油在向前移动中不易重新黏回地层表面，提高了洗油效率。同时，乳化的油在高渗层产生叠加的贾敏（Jamin）效应，提高了波及系数。

4）提高表面电荷密度机理

当驱油表面活性剂为阴离子型表面活性剂时，它在油珠和地层表面上吸附，可提高表面的电荷密度，增加油珠与地层表面之间的静电斥力，使油珠易被驱动介质带走，提高了洗油效率。

5）聚并形成油带机理

若从地层表面洗下来的油越来越多，则它们在向前移动时可发生相互碰撞、聚并从而形成油带，该油带在向前移动时又将不断遇到的分散的油聚并进来，使油带不断扩大，最后将其从生产井采出。

6）增溶机理

胶束溶液和微乳液可增溶原油，提高洗油效率。

2. 存在问题

表面活性剂驱在矿场应用中主要存在以下问题。

1）表面活性剂的滞留

表面活性剂在地层中有 4 种滞留形式，即吸附、溶解、沉淀，以及与聚合物不配伍产生的絮凝、分层。

2）乳化问题

乳化机理是表面活性剂驱的重要机理，表面活性剂驱的产出液为原油与水的乳状液，存在需要对产出液进行破乳的矿场问题。

3）流度控制问题

由于表面活性剂体系流度大于油的流度，易形成指进现象，削减驱油作用。为使表面活性剂体系扩大波及体积，需进行流度控制。

四、二元或三元复合驱

二元或三元复合驱是指两种或两种以上化学剂（聚合物、碱、表面活性剂）组合起来的驱动。它们可按不同的方式组成各种复合驱，可用准三组分相图表示化学驱中各种驱动的组合（图 1-6）。

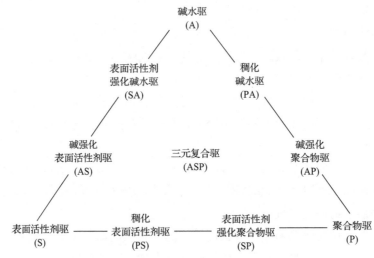

图 1-6　化学驱中各种驱动的组合方式示意图［据赵福麟（2001）］

1. 二元或三元复合驱驱油机理

与单一化学剂驱相比，二元或三元复合驱具有更好的驱油效果，主要是由于复合驱中的聚合物、表面活性剂和碱之间有协同效应，它们在协同效应中发挥各自的作用。

1）聚合物的作用

聚合物的作用主要表现：①改善了表面活性剂和（或）碱溶液与油的流度比；②对驱油介质的稠化，可降低表面活性剂和碱的扩散速度，从而减少了它们的药耗；③可与钙、镁离子反应，保护了表面活性剂，使它不易形成低表面活性的钙、镁盐；④提高碱和表面活性剂所形成的水包油乳状液的稳定性。

2）表面活性剂的作用

表面活性剂的作用主要表现：①可以降低聚合物溶液与油的界面张力，提高其洗油能力；②可使油乳化，提高了驱油介质的黏度；③若表面活性剂与聚合物形成络合结构，则表面活性剂可提高聚合物的增黏能力；④可弥补碱与石油酸反应产生表面活性剂的不足。

3）碱的作用

碱的作用主要表现：①可提高聚合物的稠化能力；②与石油酸反应产生的表面活性剂，可将油乳化，提高了驱油介质黏度，因而加强了聚合物控制流度的能力；③与石油酸反应产生的表面活性剂和合成的表面活性剂有协同效应；④可与钙、镁离子反应或与黏土进行离子交换，起牺牲剂作用，保护了聚合物与表面活性剂；⑤可提高砂岩表面的负电性，减少砂岩表面对聚合物和表面活性剂的吸附量；⑥碱可提高生物聚合物的生物稳定性。

2. 技术优势和存在问题

碱水驱的主要问题之一就是只能在一个比较低的和很窄的碱浓度范围内得到启动原油所需要的超低界面张力，低碱浓度驱替液往往因为碱被油层中的物质所消耗而很快失效；而在表面活性剂驱中，低浓度的表面活性剂很难达到超低界面张力，而加入一定的碱后，可以大大降低表面活性剂的用量。这种碱、表面活性剂降低界面张力的协同效应结合聚合物流度控制的能力，能较大程度地提高原油采收率，减少化学剂消耗，降低化学驱单位成本。

除单一化学剂驱所存在问题外，二元或三元复合驱在矿场应用中主要存在以下问题。

1) 色谱分离现象

二元或三元复合驱中组合的驱油成分在地层流动时会出现色谱分离，即各驱油成分以不同的速度流过地层，采用牺牲剂对地层预处理有可能缓解这种现象。

2) 复合驱驱油机理复杂

二元或三元复合驱驱油机理研究需要进一步深化，主要体现在复合驱中提高波及系数和驱油效率的作用机制研究、复合驱中界面张力优化及界限研究、复合驱油藏物性测试、复合驱配方的进一步优化、复合驱物理模拟与数学模拟技术等。

五、非均相复合驱

非均相复合驱是在聚合物-表面活性剂二元复合驱的基础上，通过加入黏弹性颗粒驱油剂，形成固液共存、具有各向异性特征的非均相化学驱油体系，结合井网优化调整，实现均衡驱替、高效洗油，提高原油采收率。

黏弹性颗粒驱油剂通过多点引发将丙烯酰胺、交联剂、支撑剂等聚合在一起，形成星形或三维网络结构，溶于水后吸水溶胀，可变形通过多孔介质，具有良好的黏弹性、运移能力和耐温抗盐性。

1. 非均相复合驱驱油机理

与聚合物-表面活性剂二元复合驱相比，由于非均相复合驱中黏弹性颗粒驱油剂的引入，针对油藏渗透率非均质的调驱功能大幅增强。

1) 颗粒变形运移机理

黏弹性颗粒随注入流体进入高渗区域后在孔喉处会发生暂时的滞留堵塞，随着封堵压差的升高，颗粒发生变形并继续向油藏深部运移调驱。

2)固液协同增阻机理

黏弹性颗粒在孔喉处的暂时封堵和变形通过产生额外阻力,引起油藏压力交替波动、流线交替改变,使注入流体转向传统均相流驱替方式波及不到的微小孔隙,进一步扩大波及体积,固液协同作用提高了调整油藏动态非均质性的能力。

2. 技术优势和存在问题

非均相复合驱体系中黏弹性颗粒与聚合物复配后,除了能提高聚合物溶液的耐温抗盐能力外,还能产生体系体相黏度增加、体相及界面黏弹性能增强、颗粒悬浮性改善、流动阻力降低的增效作用,可大幅度提高体系扩大波及体积能力。体系中的表面活性剂能够大幅度降低油水间界面张力,大幅提高毛细管数,同时具有较好的洗油能力,有利于原油从岩石表面剥离,从而提高采收率。

非均相复合驱存在渗流机制和驱油机理复杂等问题,在矿场应用中应加强机理研究,主要研究内容包括黏弹性颗粒大小、黏弹性与储层孔喉的配伍关系确定,非均相体系非连续相渗流特征描述,复合驱体系协同驱油机理研究,非均相复合驱与井网调整的整体优化等。

六、泡沫驱

泡沫驱是以表面活性剂作为分散介质,通过注入蒸汽、CO_2、N_2、烃类气体形成泡沫以减缓超覆、指进、气窜等现象,提高波及系数,从而提高原油采收率。近年来,国内外学者在三元复合驱和泡沫驱的基础上,提出了一种综合性的提高原油采收率方法,即泡沫复合驱方法。它兼有泡沫驱和三元复合驱的双重优点,既具有较好的流度控制能力,又具有三元复合驱超低界面张力,以及由此产生的较高驱油效率,三元复合体系同时大大增强了泡沫的稳定性和黏度,使泡沫能够在驱替过程中发挥更持久的流度控制作用。

1. 泡沫驱驱油机理

1)气阻效应

依靠贾敏效应的叠加,可提高微观波及效率。进入地层的泡沫液首先窜入大孔道,将大孔道堵塞,迫使泡沫依次进入较小孔隙驱油,具有假塑性的泡沫可填塞孔隙,将残余油滴等携带运移后采出。

2)改善流度比

在多孔介质中流动的泡沫能急剧降低气相流度,削弱黏性指进,提高波及系数。如果在油层内注入一定体积的泡沫液段塞,就可以降低随后注入的驱动剂(水或气)与地层油的流度比,提高原油采收率。

3)富油带形成机理

泡沫在破裂前能够乳化油,吸入油,并把油传送一段距离。泡沫在地层孔道中移动时,会不断破裂,又不断再生,释放出来的油被后来的壳层包围,然后向前传送,前缘便不断聚集起一个富油带,并被推向生产井。

2. 技术优势和存在问题

由于泡沫在地层中具有较高的视黏度，可以占据大孔道，有效降低流度比，减少气窜的发生。同时，泡沫遇油消泡、遇水稳定，在含水饱和度较高的部位具有较高的渗流阻力。因此，在高含水率油田可以有效加强中低渗部位的驱替。在矿场应用中主要存在以下问题。

1) 注入工艺的复杂性

由于泡沫在油层中堵塞了高渗通道，注入泡沫过程需要大幅度提高注入压力，从而增加了注入工艺的复杂性。

2) 泡沫的形成和稳定难以控制

泡沫在多孔介质中生成、运移、破灭和再生受到起泡剂性能以及油藏、流体环境的影响，主要表现在泡沫遇到原油，其性能就会减弱甚至消泡；岩石表面 (特别是含黏土矿物) 对活性剂的吸附和消泡作用，使泡沫驱油效果受到影响。同时，由于泡沫存在很大的气液比表面积，必须有较高的泡沫剂浓度才能使其稳定，但过高的泡沫剂浓度往往又受到经济因素的限制。

3) 泡沫驱油机理复杂

目前泡沫驱基础研究尚不充分。高效复合泡沫体系及其作用机理研究、泡沫稳定性影响因素和特征研究、泡沫驱流态特征研究、泡沫驱物理模拟和数学模拟技术、泡沫起泡方式及注入工艺的优化问题等需要进一步深入研究。

第三节 化学驱典型区块应用概况

化学驱在我国逐步发展成为一种较为成熟的提高原油采收率技术，已大规模推广应用。在大庆、胜利等油田应用最为广泛，也最具代表性。

一、聚合物驱矿场应用实例

以大庆油田北一区断西聚合物驱工业性矿场试验区为例 (张振华等，1996；刘玉章，2006)，介绍聚合物驱的矿场应用情况。

1. 试验区概况

北一区断西聚合物驱工业性矿场试验区位于萨尔图油田北一区 98 号断层以西，以北 1-6-27 井为中心，北一区六排为对角线的正方形面积内。平均有效厚度 13.2m，平均渗透率 $871 \times 10^{-3} \mu m^2$，渗透率变异系数为 0.753~0.812，黏土含量 5%~10%，地层温度 45℃，原油黏度 9~10mPa·s，采出水矿化度 3000~4000mg/L。

试验层葡 I_{1-4} 油组纵向上可分为五个不同的沉积单元，即葡 I_1、葡 I_2^1、葡 I_2^2、葡 I_2^3、葡 I_4。葡 I_4 单元属于前缘相席状砂，油层薄、渗透率低、油层平面上不连续，平均有效厚度 0.7m，渗透率一般小于 $200 \times 10^{-3} \mu m^2$。葡 I_2^3 单元属于泛滥平原相的辫状河道砂岩，砂体厚度大、分布广，平均有效厚度 5.5m，渗透率一般大于 $1200 \times 10^{-3} \mu m^2$。葡 I_2^1、葡 I_2^2

单元与葡 I_2^3 单元相似，但由于河流作用变弱，砂体厚度变薄、渗透率变小，平均有效厚度分别为 1.0m 和 2.2m，渗透率为 $500\times10^{-3}\sim1000\times10^{-3}\mu m^2$，葡 I_1 单元属分流平原相沉积的低弯曲分流砂，由于河流作用很弱，河道砂体局限于试验区的西北部，平均有效厚度 0.8m。总的来看，葡 I_{1-4} 在试验区西北部厚度大、渗透率高，东南部厚度小、渗透率低。

试验区在原有葡 I 组行列井网的基础上，新钻了 50 口试验井(包括 1 口密闭取心试验观察井)，与原有井形成了注采井距为 250m 的五点法面积井网，共有 25 口注入井和 36 口生产井(其中包括全部被注入井包围的 16 口中心井和 20 口平衡井)，井位分布如图 1-7 所示。以平衡井为周边围成的试验区面积 3.13km²，地质储量 632×10⁴t，孔隙体积 1086×10⁴m³；以注入井为周边，则中心井的面积 2.00km²，地质储量 390.3×10⁴t，孔隙体积 694×10⁴m³。

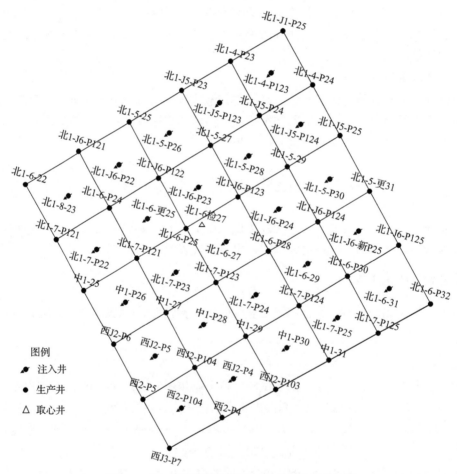

图 1-7 北一区断西聚合物驱工业化试验区井位图

2. 试验进展

聚合物驱工业性矿场试验区于 1993 年 1 月 8 日投注聚合物，1997 年 4 月 26 日转入后续水驱，到 1998 年 10 月末中心井含水率 97.2%，试验结束，整个聚合物驱过程历时 5 年 9 个月。

在聚合物注入阶段，共注入聚合物溶液 812.3×10⁴m³，占地下孔隙体积的 74.8%，有效聚合物 6424.6t，平均注入浓度 791mg/L，折算聚合物用量为 592PV·mg/L（PV 指孔隙体积），平均注入速度 5200m³/d。全区累积产油量 145.9×10⁴t，累积产水量 706.7×10⁴m³，中心井累积产油量 70.6×10⁴t，累积产水量 312.2×10⁴m³，阶段采出程度为 18.1%，采液速度为 22.6%，采油速度为 4.2%。

在后续水驱阶段，累积注水 293.5×10⁴m³，占地下孔隙体积 27.0%，注水压力 9.3MPa。全区累积产油量 16.7×10⁴t，累积产水量 291.1×10⁴m³；中心井累积产油量 7.3×10⁴t，累积产水量 145.2×10⁴m³，16 口中心井平均含水 97.2%，采出程度为 1.88%，采液速度为 26.5%，采油速度为 1.25%。

3. 应用效果

从注入动态变化和生产动态变化两个方面分析聚合物驱工业性矿场试验开发效果。

1）注入动态变化

在聚合物注入初期，注入压力上升较快，当聚合物注入一段时间后，注入压力趋于稳定。注入压力由水驱时的 5.5MPa 上升至 11.3MPa，最大升幅达 5.8MPa。在转入后续水驱后，注入压力逐渐下降。至试验结束时注入压力为 8.9MPa，仍比注聚合物前高 3.4MPa，如图 1-8 所示。

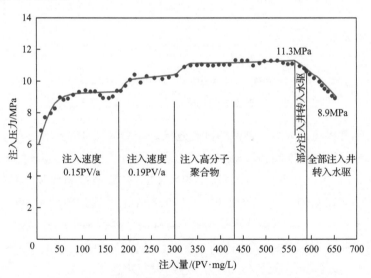

图 1-8 北一区断西聚合物驱工业化试验区注入压力变化

注入压力的变化主要受注入速度和聚合物分子量的影响。注入速度由 0.15PV/a 上升到 0.19PV/a 后，注入压力有明显上升。1995 年 6 月注入高分子聚合物后，尽管降低了高分子聚合物的注入浓度，但由于高分子聚合物分子链缠绕和延展特性增强，在同等注入黏度下注入压力仍明显上升。

在聚合物驱过程中,试验区吸水指数发生变化。注聚合物后的前两年吸水指数下降,当聚合物注入量达到 253PV·mg/L 时,全区含水率达到最低点,单位厚度吸水指数下降到最低点 $2.08m^3/(d·m·MPa)$,比注聚合物前下降了 24.4%。之后吸水指数回升,到 1996 年 12 月已高于注聚合物前 8.9%,转入后续水驱后,吸水指数进一步回升,至 1997 年 11 月达到 $3.86m^3/(d·m·MPa)$,试验结束时吸水指数为 $4.11m^3/(d·m·MPa)$,高于注聚合物前 33.1%。

2)生产动态变化

生产井含水率大幅度下降,增油降水显著,试验区全区综合开采曲线如图 1-9 所示。聚合物注入 6 个月(累积注入聚合物 54.5PV·mg/L)后,试验区生产井陆续见效。至 1995 年 9 月累积注入聚合物 380PV·mg/L 时达到见效高峰期,全区日产油量由水驱时的 651t 上升到 1357t,含水率由 90.7%下降为 73.9%,日增油量 706t,平均单井日增油量 19.6t,含水率下降了 16.8 个百分点;中心井日产油量由 290t 上升到 676t,含水率由 90.6%下降为 70.6%,日增油量 386t,平均单井日增油量 24.1t,含水率下降了 20 个百分点。从单井含水率受效看,全区 22 口生产井含水率下降幅度大于 20%,占总井数的 61%,含水率下降幅度大于 30%的井有 14 口,占总井数的 39%。

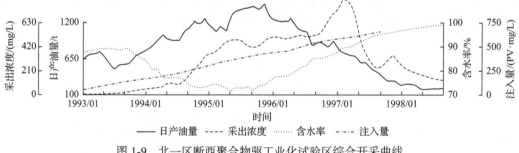

图 1-9 北一区断西聚合物驱工业化试验区综合开采曲线

采收率大幅度提高,取得了预期的试验效果。试验区从 1993 年 1 月至 1998 年 10 月聚合物注入和后续水驱期间,全区 36 口生产井累积生产原油 $162.6×10^4t$。以注入井为周边的中心区 16 口生产井累积生产原油 $77.9×10^4t$,扣除通过油藏数值模拟得到的单纯水驱采油量 $27.6×10^4t$,累积增产原油 $50.3×10^4t$,按中心井区地质储量 $390.3×10^4t$ 计算,采收率提高 12.89%。全区累积注入聚合物 6424.6t,折算到中心井区聚合物注入量为 4090.2t,吨聚增油量为 123t/t,试验达到方案设计的提高采收率 12%、吨聚增油量 120t/t 的预期指标。在试验结束时含水率 97.2%,最终采收率达 53.8%。

产水量减少,注水利用率得到提高。聚合物驱见效前,生产井平均含水率 90.7%,每采 1t 原油耗水 9.8t,聚合物驱见效后,产油量逐渐增加,产水量不断下降,是驱油效果最佳期,中心区生产井平均含水率降到 70.6%,每采 1t 原油耗水 2.4t,耗水量降低为原来的 1/4 左右,注入水的利用率得到提高。试验区在聚合物注入和后续水驱期间,中心区累积产水量 $457.4×10^4m^3$。若单纯水驱,当生产井达到相同含水率时累积产水量

$721.0 \times 10^4 m^3$。由此可见，聚合物驱能有效节约注水 $263.6 \times 10^4 m^3$，相当于 38%的油层孔隙体积。

二、聚合物–表面活性剂二元复合驱矿场应用实例

以胜利油田孤东七区西 Ng_5^4—Ng_6^1 聚合物-表面活性剂二元复合驱先导试验区为例（孙焕泉等，2007），介绍聚合物-表面活性剂二元复合驱的矿场应用情况。

1. 试验区概况

孤东七区西 Ng_5^4—Ng_6^1 单元开采 Ng 上段 5^4、5^5、6^1 三个小层，其属辫状河流相沉积，胶结疏松，孔隙度大、渗透率高、非均质性强、亲水。该单元于 1986 年 5 月投入开发，1987 年 4 月开始注水开发。自开发以来，通过井网调整和强注强采等措施，实现了油藏在较高采油速度条件下的高效注水开发。截至 2002 年 12 月，含水率已高达 96%，采出程度 34.91%。

聚合物-表面活性剂二元复合驱先导试验区含油面积为 $0.94km^2$，地质储量为 $277 \times 10^4 t$。油层埋深为 $1261 \sim 1294m$，平均有效厚度为 12.3m。油层孔隙度为 34%，平均渗透率为 $1320 \times 10^{-3} \mu m^2$，渗透率变异系数为 0.58，原始含油饱和度为 0.72，地下原油黏度为 45mPa·s。原始地层水矿化度为 3152mg/L，油层温度为 68℃，原始地层压力为 12.4MPa，饱和压力为 10.2MPa。试验区设计井位 25 口，其中生产井 16 口、注入井 9 口，井位分布如图 1-10 所示。

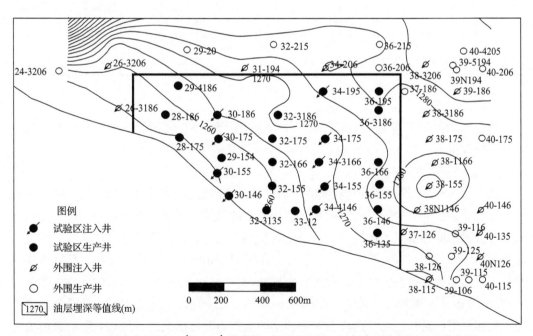

图 1-10 孤东七区西 Ng_5^4—Ng_6^1 聚合物-表面活性剂二元复合驱先导试验区井位图

2. 试验进展

聚合物-表面活性剂二元复合驱试验区注入的化学剂包括聚丙烯酰胺、胜利油田石油磺酸盐和非离子表面活性剂助剂，方案预测提高采收率12%。该区于2003年9月1日投入试注，先期注入高浓度甲醛段塞对油层进行预处理。2003年9月11日投注前置聚合物保护段塞，2004年6月1日投注二元复合驱主体段塞。截至2007年6月主体段塞注入结束时，试验区累积注入溶液$1.681×10^6\text{m}^3$，累积注入聚合物干粉3541t，累积注入石油磺酸盐6223t，累积注入助剂2169t，如表1-2所示。

表1-2 聚合物-表面活性剂二元复合驱注入方案完成情况（截至2007年6月）

段塞		段塞尺寸（PV数）	注入溶液/10^4m^3	聚合物		石油磺酸盐		助剂	
				浓度/（mg/L）	用量/t	浓度/%	用量/t	浓度/%	用量/t
前置段塞	设计	0.05	21.8	2000	486				
	实际	0.075	32.7	2035	740				
	完成率/%	150	150		152				
主体段塞	设计	0.3	131.0	1700	2475	0.45	5896	0.15	1966
	实际	0.31	135.4	1860	2801	0.46	6223	0.16	2169
	完成率/%	103	103		113		106		110
合计	设计	0.35	152.8		2961		5896		1966
	实际	0.385	168.1		3541		6223		2169
	完成率/%	110	110		120		106		110

3. 应用效果

从注入动态变化和生产动态变化两个方面分析聚合物-表面活性剂二元复合驱先导试验开发效果。

1）注入动态变化

注入压力的变化是聚合物-表面活性剂二元复合驱过程中最早显现的一个特征。由于注入复合驱化学剂溶液中聚合物的黏度比注入水的黏度高得多，渗流阻力增加，注入压力上升，吸水能力下降。投注以后，试验区整体注入正常，投注前正常注入井平均注入压力8.2MPa，截至2007年6月注入压力上升到11.3MPa，上升了3.1MPa，反映出注入井井底附近渗流特征发生改变，渗流阻力增加（图1-11）。试验区7口老注入井的霍尔曲线（霍尔积分H与累积注水量Q_{iw}关系曲线）如图1-12所示，与水驱相比，聚合物的注入使驱替相黏度提高，注化学剂段塞时的油层导流能力明显降低，计算得到阻力系数值为1.9～2.0。

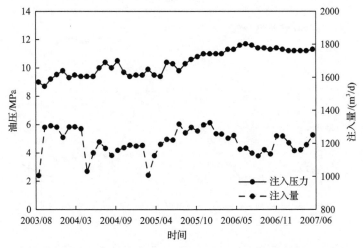

图 1-11 聚合物-表面活性剂二元复合驱先导试验区注入动态变化

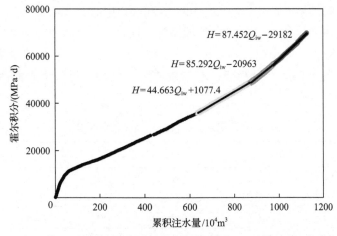

图 1-12 聚合物-表面活性剂二元复合驱先导试验区霍尔曲线

试验区实施聚合物-表面活性剂二元复合驱前,对 30-175 和 34-175 两口注入井进行了同位素监测,其中共有 5 口生产井中监测到了同位素,测算的水驱最大和最小推进速度分别为 5.58m/d、1.96m/d,平均水驱速度为 3.4m/d。试验区注入聚合物溶液后,通过对生产井产出液见聚浓度的跟踪监测,测算的聚合物溶液最大和最小推进速度分别为 0.5m/d、0.17m/d。驱替相推进速度明显降低,说明高黏聚合物溶液注入地层后,改善了油层的渗流状况,使得油层的导流能力明显降低,平面注入动态非均质性得到显著改善。

2)生产动态变化

试验区复合驱化学剂累积注入 0.123PV(主体段塞注入 0.048PV)时开始见效,日产油量由逐渐下降变为大幅度上升,含水率由缓慢上升转为开始下降(图 1-13)。2007 年 6 月,试验区日产油量增至 193t,与见效前的 36t 相比上升了 157t,日产油量为原来的 5.4 倍,日产油量上升幅度明显;含水率下降到 86.8%,与见效前相比下降了 11.4 个百分点,降水效果显著。

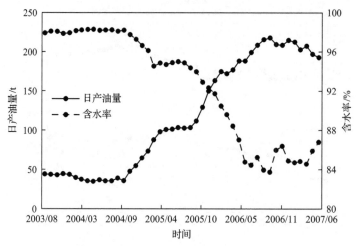

图 1-13　聚合物-表面活性剂二元复合驱先导试验区生产动态变化

统计两口见效最早的角井 28-175、36-195 和 3 口中心井 32-155、32-166、32-175 不同时期的原油物性资料(表 1-3)。在前置段塞注入阶段，产出原油的密度和黏度大多表现为不同程度的下降，反映出聚合物驱扩大波及体积的特性。而在主体段塞注入阶段，产出原油密度和黏度大多呈上升趋势，原油重质组分增加，反映出表面活性剂起到提高驱油效率的作用。

表 1-3　不同注入阶段产出原油物性的变化

井号	注化学剂前		前置段塞注入阶段		主体段塞注入阶段	
	密度 /(g/cm³)	黏度 /(mPa·s)	密度 /(g/cm³)	黏度 /(mPa·s)	密度 /(g/cm³)	黏度 /(mPa·s)
32-155	0.9629	787	0.9498	293	0.9611	616
32-166	0.9543	475	0.9511	404		
32-175	0.9492	276	0.95	261	0.9686	1288
36-195	0.9714	1780	0.9635	1037	0.9677	1481
28-175	0.9582	623	0.9547	476	0.9547	458
平均	0.9592	788	0.9538	494	0.9630	961

另外，在产出液的油相中监测到了石油磺酸盐。先导试验区注入主体段塞后，对试验区内所有生产井产出原油中的活性剂含量进行了跟踪监测。部分生产井采出液相中表面活性剂检出数据如表 1-4 所示，这充分说明石油磺酸盐吸附到油水界面，降低了油水界面张力，从而起到了提高驱油效率的作用。

从驱替特征曲线(图 1-14)来看，在聚合物驱主体段塞后期，驱替特征曲线的直线段明显地向累积产油量的坐标轴倾斜，表明聚合物-表面活性剂二元复合驱先导试验区出现降水增油的良好开发趋势。

表 1-4　采出液相中表面活性剂跟踪监测数据　　　　　　（单位：mg/L）

井号	分析日期(年/月)	油相中石油磺酸盐浓度
32-3135	2006/04	34.9
	2006/06	39
33-12	2006/04	22
	2006/06	31
36-195	2006/04	48.2
	2006/06	47.8
28-186	2006/04	29.3
	2006/06	35.1
28-175	2006/04	31.9
	2006/06	139.8

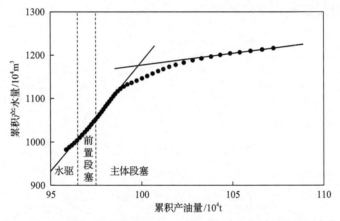

图 1-14　聚合物-表面活性剂二元复合驱先导试验区驱替特征曲线

三、非均相复合驱矿场应用实例

以胜利油田孤岛中一区 Ng₃ 非均相复合驱先导试验区为例(孙焕泉等，2016)，介绍非均相复合驱的矿场应用情况。

1. 试验区概况

孤岛中一区 Ng_3 开发单元位于孤岛油田主体部位的顶部，南北以断层为界，东部和西部分别与中二区和西区相邻，是一个人为划分的开发单元。Ng_3 砂层组纵向上划分了 3^1、3^2、3^3、3^4、3^5 五个小层，属曲流河沉积。其中，3^3 和 3^5 层河道宽，沉积砂体厚度大，分布范围广，是单元的主力开发小层；3^1、3^2、3^4 层河道比较窄，沉积砂体厚度小，平面分布不稳定，以条带状和透镜状分布为主。

该单元于 1971 年 9 月投产，1974 年 9 月投入注水开发，Ng_3—Ng_4 合注合采。经过 1983 年和 1987 年两次井网调整，形成 270m×300m 的 Ng_3 和 Ng_4 分注分采的行列井网。

1992 年 10 月和 1994 年 11 月分别开展了聚合物驱先导试验和扩大试验,2000 年 9 月在 Ng$_3$ 西北部剩余部分也进行了聚合物驱。与水驱相比,聚合物驱降水增油效果明显,先导区和扩大区分别已提高采收率 12.5%和 11.0%。

非均相复合驱先导试验区的试验目的是针对聚合物驱后的油藏开展进一步提高原油采收率的方法探索和矿场实践,选择在 Ng$_3$ 聚合物扩大区南部进行先导试验。试验区位于孤岛中一区 Ng$_3$ 单元的东南部,含油面积为 0.275km^2,地质储量为 123×10^{4}t,油层埋深为 1173~1230m,平均有效厚度为 16.3m。油层孔隙度为 33%,渗透率为 1.5~2.5μm^2,渗透率变异系数为 0.538,原始含油饱和度为 0.68,地下原油黏度为 46.3mPa·s。原始地层水矿化度为 3850mg/L,油层温度为 69.5℃,原始地层压力为 12.0MPa,饱和压力为 10.5MPa。试验区实施化学驱前含水率为 98.3%,采出程度为 52.3%。

试验区在原井网的基础上,通过在注入井间加密生产井,老生产井间加密注入井,生产井、注入井排间正对位置加密一排新井,隔井转注,形成 150m×125m 正对行列注采井网。共设计井位 25 口,其中,生产井 10 口(新生产井 8 口)、注入井 15 口(新注入井 9 口),井位分布如图 1-15 所示。

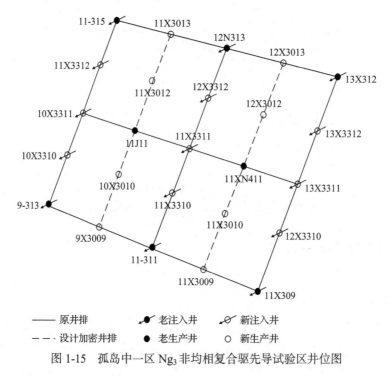

图 1-15 孤岛中一区 Ng$_3$ 非均相复合驱先导试验区井位图

2. 试验方案

非均相复合驱试验区采用的化学剂包括聚丙烯酰胺、黏弹性颗粒驱油剂(B-PPG)、胜利油田石油磺酸盐和非离子表面活性剂助剂,方案预测提高原油采收率 8.5%,最终采收率达到 63.6%。

试验区于 2010 年 7 月新钻生产井投产,新注入井矿场投注。投产初期为了控制生产井含水上升速度，注入井采用 0.05PV/a 的注入速度，平均单井注入量为 38m³/d，生产井液量保持在 20m³/d 左右。新井投产后形成的新注采井网转变了流线的方向，由原井网的近南北流线转变为近东西流线，驱替原井网分流线的剩余油，改善开发效果。

2010 年 10 月开始注入前置调剖段塞，注入量为 0.081PV。2011 年 11 月转注非均相复合驱主体段塞。截至 2015 年 11 月，累积注入化学剂 0.344PV，其中主体段塞累积注入 0.263PV，完成总化学剂注入方案设计的 98.1%。试验区累积注入溶液 190.2×10⁴m³，累积注入聚合物干粉 3117t，累积注入 B-PPG 2731t，累积注入石油磺酸盐 3130t，累积注入助剂 3104t，如表 1-5 所示。

表 1-5　非均相复合驱注入方案完成情况（截至 2015 年 11 月）

段塞		段塞尺寸（PV 数）	注入溶液/(10⁴m³)	聚合物		B-PPG		石油磺酸盐		助剂	
				浓度/(mg/L)	用量/t	浓度/(mg/L)	用量/t	浓度/%	用量/t	浓度/%	用量/t
前置段塞	设计	0.05	27.7	1500	462	1500	462				
	实际	0.081	44.7	1653	820	1653	820				
	完成率/%	161.2	161.2		177.6		177.6				
主体段塞	设计	0.3	166.2	1200	2216	1200	2216	0.2	3324	0.2	3324
	实际	0.263	145.5	1420	2297	1182	1911	0.215	3130	0.213	3104
	完成率/%	87.6	87.6		103.6		86.2		94.2		93.4
合计	设计	0.35	193.9	1243	2678	1243	2678	0.2	3324	0.2	3324
	实际	0.344	190.2	1475	3117	1292	2731	0.215	3130	0.213	3104
	完成率/%	98.1	98.1		116.4		102.0		94.2		93.4

3. 应用效果

从注入动态变化和生产动态变化两个方面分析非均相复合驱先导试验开发效果。

1）注入动态变化

非均相复合驱先导试验矿场投注以来，注入压力呈现上升趋势，这是由于注入的非均相驱油体系中聚合物的黏度比水的黏度高得多，且黏弹性颗粒驱油剂 B-PPG 具有较强的暂堵作用，从而导致地层渗流阻力增加，注入压力上升，吸水能力下降。试验区投注前正常注入井平均注入压力为 7.2MPa，投注后注入压力最高上升到 11.6MPa（图 1-16），与投注前对比上升了 4.4MPa，反映出非均相复合体系注入地层后，对高渗地层进行了有效调堵，有利于后续驱油体系进入中低渗层，从而促进液流转向，扩大波及体积。

与孤岛油田其他实施聚合物驱的区块相比，非均相复合驱先导试验区的注入压力变化特征明显不同：在相同注入量条件下，注入压力在短期内即快速上升，上升幅度高（图 1-17），体现出非均相复合驱油体系比聚合物具有更强的封堵作用。

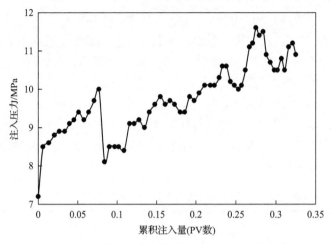

图 1-16　非均相复合驱先导试验区注入压力变化

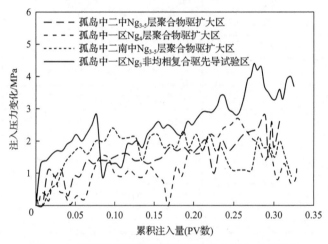

图 1-17　孤岛油田不同化学驱区块注入压力变化对比

统计先导试验区 5 口注入井试验前后的指示曲线变化，分析表明试验前启动压力为 2.6～6.0MPa，平均为 4.6MPa；试验后启动压力为 6.2～8.26MPa，平均为 7.3MPa，平均上升了 2.7MPa。

从先导试验区吸水指数变化规律来看，水驱时吸水指数为 27.8m³/(d·MPa)，1994 年聚合物驱后吸水指数下降到 21.6m³/(d·MPa)，2008 年转后续水驱后吸水指数为 23.1m³/(d·MPa)，非均相复合驱矿场实施后吸水指数下降到 6.4m³/(d·MPa)，与非均相驱油体系注入前相比，吸水指数下降了 72%(图 1-18)。

注入井 11-315 的霍尔曲线(图 1-19)表明，曲线发生了明显的转折，斜率变大，计算得到阻力系数为 2.2。而在同类油藏实施的聚合物驱和二元复合驱单元，如孤岛油田中一区 Ng₃ 聚合物驱试验区阻力系数为 1.43，孤东油田七区西 Ng5⁴—Ng6¹ 二元复合驱先导试验区阻力系数为 1.79，反映出非均相复合驱的阻力系数明显高于聚合物驱和二元复合驱。

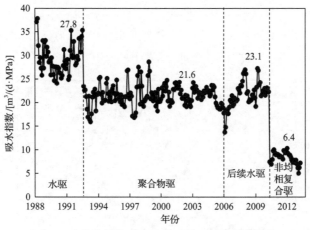

图 1-18　非均相复合驱先导试验区吸水指数变化

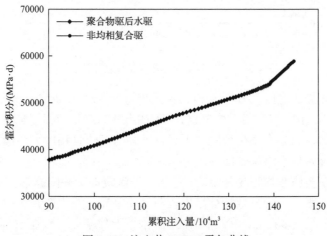

图 1-19　注入井 11-315 霍尔曲线

先导试验区在实施非均相复合驱期间，对 11X3310 井先后于 2011 年 8 月、2012 年 5 月、2013 年 8 月进行了三次示踪剂测试，分析对比了该井 Ng3^{3+4} 层的三次测试结果。2011 年 8 月，矿场注聚合物和 B-PPG 的前置段塞，示踪剂监测结果显示，对应流线方向主要集中在东、南方向，推进速度在 10.9～20.2m/d；到 2012 年 5 月，流线发生了变化，西边增加了两个受效方向，南边减少了两个流向，推进速度也有降低，为 4.4～21m/d；2013 年 8 月监测资料显示，受效方向新增了北部两个受效方向，各方向推进速度及其差异均有所减小，为 8.53～18.9m/d。

由三次示踪剂监测结果对比，随着非均相驱油体系的不断注入，11X3310 井组向各个方向推进更趋均衡，流线分布更加均匀，推进速度差异减小，说明非均相驱油体系注入地层后，在调整平面非均质性方面发挥了较大作用，进一步扩大了波及体积，实现了均衡驱替。

2)生产动态变化

2010 年 7 月，先导试验区 8 口新生产井投产，含水率相对较低，为 90%左右。随着开发的进行，含水率不断上升。先导试验区于 2010 年 10 月开始投注聚合物和 B-PPG 溶液，至 2011 年 8 月，先导试验区开始见效，含水率呈台阶式下降，下降速度快且幅度较大，含水率由 98.2%下降至最低 81.3%，下降了 16.9 个百分点，降水效果显著，日产油量由 3.3t 上升至最高 79t，日产油量增加 75.7t(图 1-20)。

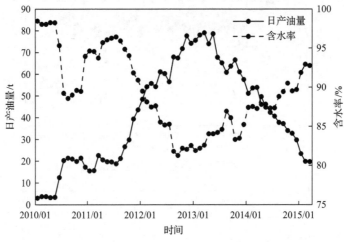

图 1-20　非均相复合驱先导试验区生产曲线

　　统计表明，先导试验区见效井 9 口，见效率为 90%。单井增油超过 1×10^4t 的有 3 口，增油在 5000t 以上的有 2 口，在 3000t 以上的有 3 口。非均相复合驱见效生产井特征明显：刚开始见效时，含水率呈台阶式下降，下降速度快且幅度大，但在非均相段塞注入后期，含水率开始呈小阶梯式回升。

　　先导试验区在实施非均相复合驱前，进行了变流线加密井网调整。在化学驱实施后，不同部位的生产井表现出的见效特征出现较明显的差异。原生产井、注入井间部位新打的生产井见效比较早，多在 0.08PV 前见效，含水率下降幅度一般在 50%以上，含水漏斗出现较为明显的平缓谷底期，且持续时间较长；老生产井见效较早，在 0.1PV 之前见效，含水率下降幅度一般高于 25%，含水漏斗有谷底，但持续时间较短；原注入井间新井见效较晚，多在 0.15PV 后见效，含水率下降幅度也相对较小，下降值多小于 20%，含水漏斗无明显平缓谷底，见底即回升(表 1-6)。

表 1-6　非均相复合驱先导试验区不同部位生产井见效特征

生产井类别	原生产井、注入井间新井	原注入井间新井	原井网老生产井
见效时间	早(≤0.08PV)	晚(≥0.15PV)	较早(≤0.1PV)
含水率下降幅度/%	>50	<20	>25
谷底特征	谷底明显、平、长	无明显平缓谷底，含水率回升早	平缓谷底期较短
曲线形状	宽 U	V	窄 U
产出水矿化度/(mg/L)	6148	7932	7097
剩余油饱和度/%	35~45	31~35	35~39
平均单井增油/t	11655	4090	6446
见效原因	波及占主导	洗油占主导	波及和洗油贡献相当

分析认为，生产井见效特征存在差异的主要原因是剩余油潜力不同。处于原井网的生产井、注入井间分流线部位原油动用程度相对较低，驱油效率相对小，剩余油饱和度相对较高（35%～45%），剩余原油相对比较富集，井网调整后结合非均相复合驱高效动用该部位的原油，产生了显著的降水增油效果，原生产井、注入井间新井平均单井增油超过 $1×10^4$t。其次是原井网生产井，剩余油饱和度为 35%～39%，井网调整后，流线转变了 60°，结合强堵强调强洗的非均相复合驱，使原井网生产井获得较好的增油效果，平均单井增油达 6446t。原注入井间新生产井见效相对较差，该部位因两边注入井经过几十年的注水，原油动用程度相对较高，剩余油饱和度相对较低（31%～35%），但实施井网调整非均相复合驱后平均单井增油也达到了 4090t。

剩余油饱和度是影响见效差异的主控因素，图 1-21 和图 1-22 统计了先导试验区中心及外围见效井的见效情况与剩余油饱和度的关系。剩余油饱和度越小，见效时间越晚，见效程度越差，含水率最大下降幅度越小。随着剩余油饱和度的增加，生产井见效的时间缩短，而含水率最大下降幅度明显增大。

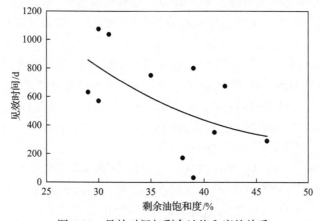

图 1-21 见效时间与剩余油饱和度的关系

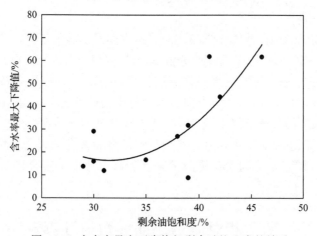

图 1-22 含水率最大下降值与剩余油饱和度的关系

第二章　化学驱相对渗透率数值计算方法

相对渗透率是指岩石孔隙中饱和多相流体时，岩石对每一相流体的有效渗透率与岩石绝对渗透率的比值。在化学驱油藏描述、数值模拟及开发方案设计过程中，油、水相对渗透率曲线是一项重要的基础数据，它综合反映了油水两相在多孔介质中的流动特征，因此相对渗透率曲线的测量方法和应用研究一直是油藏工作者关心的热点问题之一。

获取相对渗透率曲线的主要途径是通过室内岩心驱替实验。根据实验设计的理论基础不同，测量手段可分为"稳态法"和"非稳态法"两种。其中，稳态法基于稳定渗流理论，每个数据点的获取都需要流动状态达到稳态，因而耗时较长且受主观因素影响较大；非稳态法根据数学模型的求解方法不同又可分为解析法和数值计算法。解析法的理论基础为贝克莱-列维尔特（Buckley-Leverett）一维水驱油模型，该方法假设条件多、模型较为理想，因而计算出的相对渗透率曲线存在较大的偏差。数值计算法是对数学模型进行数值求解，相比于解析法可有效地减少假设条件。Eydinov 等（2009）建立了一种利用生产数据通过自动历史拟合同时求解相对渗透率曲线和储层孔隙度以及渗透率场的数值计算法；Hou 等（2012a，2012b）开展了径向流水驱油实验并通过数值计算方法得到了径向流水驱油时的相对渗透率曲线；Zhang 等（2016）以集合卡尔曼滤波（EnKF）法为最优化方法建立了致密储层油水相对渗透率曲线的数值计算方法；Liu 等（2018）建立了考虑聚合物增黏、吸附、扩散等物化特征的相对渗透率曲线计算方法，并对计算误差进行了分析；Zhang 等（2021）开展了不同黏度和注入速度时的聚合物溶液驱油实验并采用数值计算方法得到了聚合物溶液黏度和注入速度对聚合物驱相对渗透率曲线的影响规律。与水驱相比，化学驱渗流机理复杂，涉及化学剂特殊的物化特征。采用数值计算法求解相对渗透率曲线可在充分考虑化学驱物化参数取值影响的基础上，得到相应的相对渗透率曲线，更符合实际情况。

本章以聚合物驱为例，建立化学驱相对渗透率曲线的数值计算方法。相对渗透率曲线采用三次 B 样条模型表征，以驱替实验的动态数据和压力监测数据为拟合目标，结合聚合物驱数值模拟并基于阻尼最小二乘算法［又称为莱文伯格-马夸特算法（Levenberg-Marquardt algorithm，LMA）］自动历史拟合得到待求相对渗透率曲线；在此基础上，对化学剂溶液黏度、最大渗透率下降系数、不可及孔隙体积分数及吸附系数等特征参数对相对渗透率曲线计算误差的影响规律进行了分析；结合驱替实验研究了聚合物驱相对渗透率曲线变化规律，建立了不同聚合物溶液黏度和渗流速度下聚合物驱相对渗透率预测模型。

第一节　相对渗透率曲线数值计算算法

相对渗透率曲线数值计算问题的本质是一个最小二乘问题（Fayazi et al.，2016），其将最优化方法与化学驱数值模拟模型相结合，根据数值模拟的计算结果对相对渗透率曲线表征模型中的参数进行不断调整，直至数值模拟模型输出的生产动态曲线与目标曲线（通常为实验的实测曲线）最为接近，此时的相对渗透率曲线即所要得到的目标相对渗透率曲线。相对渗透率曲线数值计算算法主要涉及相对渗透率曲线表征模型、最优化方法及化学驱数值模拟模型三个方面。

一、相对渗透率曲线表征模型

相对渗透率曲线表征模型主要分为指数型和三次 B 样条表征模型。其中，指数型表征模型的优点在于参数少、形式简单，但它属整体调整型曲线，即对某一个参数进行调整时，整条曲线都会发生变化，因而该类模型往往难以达到足够的计算精度。而三次 B 样条表征模型将相对渗透率曲线分为若干子区间，并在每个子区间中采用三次 B 样条函数进行表征，因而相比于指数型模型其更具灵活性，也是目前普遍采用的表征模型（Chen et al., 2008）。

1. 指数型表征模型

相对渗透率曲线指数型表征模型包括科里（Corey）型、布鲁克斯-科里（Brooks-Corey）型和帕克（Parker）型等。其中 Corey 型为指数模型的基本形式，具体表达式为

$$k_{rw}(S_w) = k_{rw0} \left(\frac{S_w - S_{wc}}{1 - S_{or} - S_{wc}} \right)^{n_w} \tag{2-1}$$

$$k_{ro}(S_w) = k_{ro0} \left(\frac{1 - S_w - S_{or}}{1 - S_{or} - S_{wc}} \right)^{n_o} \tag{2-2}$$

式中，k_{rw} 为水相相对渗透率；k_{ro} 为油相相对渗透率；S_w 为含水饱和度；S_{wc} 为束缚水饱和度；S_{or} 为残余油饱和度；k_{rw0} 为残余油饱和度下的水相相对渗透率；k_{ro0} 为束缚水饱和度下的油相相对渗透率；n_w 为水相指数参数；n_o 为油相指数参数。

2. 三次 B 样条表征模型

B 样条曲线是分段连续的多项式曲线，其定义与节点向量和 B 样条基函数密切相关。定义在节点向量 $\boldsymbol{u} = \{u_0, u_1, u_2, \cdots, u_i, \cdots, u_{n+k+1}\}$ 上的 k 次具有 $n+1$ 个控制节点的 B 样条曲线的数学表达式为

$$R(u) = \sum_{i=0}^{n} R_i N_{i,k}(u), \quad u \in [u_k, u_{n+1}] \tag{2-3}$$

式中，R_i 为控制节点；$N_{i,k}(u)$ 为 B 样条基函数。

B 样条基函数由德布尔·考克斯（de Boor-Cox）递推定义为

$$N_{i,0}(u) = \begin{cases} 1, & u_i \leqslant u \leqslant u_{i+1} \\ 0, & 其他 \end{cases} \tag{2-4}$$

$$N_{i,k}(u) = \frac{u-u_i}{u_{i+k}-u_i}N_{i,k-1}(u) + \frac{u_{i+k+1}-u}{u_{i+k+1}-u_{i+1}}N_{i+1,k-1}(u) \tag{2-5}$$

B 样条曲线无限接近控制节点，但不通过控制节点，如图 2-1 所示。

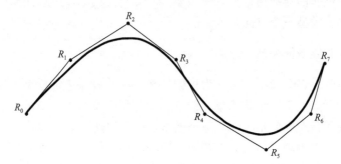

图 2-1　B 样条曲线

在表征相对渗透率曲线时通常选用三次均匀 B 样条函数，其表达式为

$$K_{rl}(S) = \sum_{i=0}^{n} z_i^l B_{i,3}(S), \quad l = \mathrm{w,o} \tag{2-6}$$

式中，z_i^l 为控制节点；n 为控制节点个数；$B_{i,3}(S)$ 为基函数；S 为相饱和度；w、o 分别表示水相和油相。

为了更好地描述油藏中的多相渗流，需对式(2-6)做出修改。首先，采用无因次含水饱和度(S_{wD})代替相饱和度作为自变量，其定义式为

$$S_{wD} = \frac{S_w - S_{wc}}{1 - S_{wc} - S_{or}} \tag{2-7}$$

式(2-6)可变形为

$$K_{ro}\left(S_{wD}\right) = \sum_{i=0}^{n} z_i^o B_{i,3}\left(S_{wD}\right) \tag{2-8}$$

$$K_{rw}\left(S_{wD}\right) = \sum_{i=0}^{n} z_i^w B_{i,3}\left(S_{wD}\right) \tag{2-9}$$

其中，$S_{wD} \in [0,1]$。均匀划分为 n 段时，控制节点定义为

$$u_i = S_{wD,i} = \frac{i}{n}, \quad i = 0,1,\cdots,n \tag{2-10}$$

求解相对渗透率曲线模型包括两部分：计算基函数和控制节点。根据式(2-5)可得基函数 $B_{i,3}(u)$ 的表达式为

$$B_{i,3}(u) = \frac{u-u_i}{u_{i+3}-u_i}B_{i,2}(u) + \frac{u_{i+4}-u}{u_{i+4}-u_{i+1}}B_{i+1,2}(u) \tag{2-11}$$

利用式(2-5)进行递推可得

$$
\begin{aligned}
B_{i,3}(u) =& \frac{u-u_i}{u_{i+3}-u_i} \times \frac{u-u_i}{u_{i+2}-u_i} \times \frac{u-u_i}{u_{i+1}-u_i} B_{i,0}(u) + \left(\frac{u-u_i}{u_{i+3}-u_i} \times \frac{u-u_i}{u_{i+2}-u_i} \right. \\
& \times \frac{u_{i+2}-u}{u_{i+2}-u_{i+1}} + \frac{u-u_i}{u_{i+3}-u_i} \times \frac{u_{i+3}-u}{u_{i+3}-u_{i+1}} \times \frac{u-u_{i+1}}{u_{i+2}-u_{i+1}} + \frac{u_{i+4}-u}{u_{i+4}-u_{i+1}} \\
& \left. \times \frac{u-u_{i+1}}{u_{i+3}-u_{i+1}} \times \frac{u-u_{i+1}}{u_{i+2}-u_{i+1}} \right) B_{i+1,0}(u) + \left(\frac{u-u_i}{u_{i+3}-u_i} \times \frac{u_{i+3}-u}{u_{i+3}-u_{i+1}} \right. \\
& \times \frac{u_{i+3}-u}{u_{i+3}-u_{i+2}} + \frac{u_{i+4}-u}{u_{i+4}-u_{i+1}} \times \frac{u-u_{i+1}}{u_{i+3}-u_{i+1}} \times \frac{u_{i+3}-u}{u_{i+3}-u_{i+2}} + \frac{u_{i+4}-u}{u_{i+4}-u_{i+1}} \\
& \left. \times \frac{u_{i+4}-u}{u_{i+4}-u_{i+2}} \times \frac{u-u_{i+2}}{u_{i+3}-u_{i+2}} \right) B_{i+2,0}(u) + \frac{u_{i+4}-u}{u_{i+4}-u_{i+1}} \times \frac{u_{i+4}-u}{u_{i+4}-u_{i+2}} \\
& \times \frac{u_{i+4}-u}{u_{i+4}-u_{i+3}} B_{i+3,0}(u)
\end{aligned}
\tag{2-12}
$$

令 $\Delta u = \dfrac{1}{n}$ ，并将其代入式(2-12)化简得

$$
\begin{aligned}
B_{i,3}(u) =& \frac{u-u_i}{3\Delta u} \times \frac{u-u_i}{2\Delta u} \times \frac{u-u_i}{\Delta u} B_{i,0}(u) + \left(\frac{u-u_i}{3\Delta u} \times \frac{u-u_i}{2\Delta u} \times \frac{u_{i+2}-u}{\Delta u} \right. \\
& \left. + \frac{u-u_i}{3\Delta u_i} \times \frac{u_{i+3}-u}{2\Delta u} \times \frac{u-u_{i+1}}{\Delta u} + \frac{u_{i+4}-u}{3\Delta u} \times \frac{u-u_{i+1}}{2\Delta u} \times \frac{u-u_{i+1}}{\Delta u} \right) \\
& \times B_{i+1,0}(u) + \left(\frac{u-u_i}{3\Delta u} \times \frac{u_{i+3}-u}{2\Delta u} \times \frac{u_{i+3}-u}{\Delta u} + \frac{u_{i+4}-u}{3\Delta u} \times \frac{u-u_{i+1}}{2\Delta u} \right. \\
& \left. \times \frac{u_{i+3}-u}{\Delta u} + \frac{u_{i+4}-u}{3\Delta u} \times \frac{u_{i+4}-u}{2\Delta u} \times \frac{u-u_{i+2}}{\Delta u} \right) B_{i+2,0}(u) + \frac{u_{i+4}-u}{3\Delta u} \\
& \times \frac{u_{i+4}-u}{2\Delta u} \times \frac{u_{i+4}-u}{\Delta u} B_{i+3,0}(u)
\end{aligned}
\tag{2-13}
$$

根据式(2-4)，当 $u_i \leqslant u < u_{i+1}$ 时，只有 $B_{i,0}(u)$ 的值为 1 ，$B_{i+1,0}(u)$、$B_{i+2,0}(u)$、$B_{i+3,0}(u)$ 均为零，故：

$$
B_{i,3}(u) = \frac{u-u_i}{3\Delta u} \times \frac{u-u_i}{2\Delta u} \times \frac{u-u_i}{\Delta u}
\tag{2-14}
$$

当 $u_{i+1} \leqslant u < u_{i+2}$ 时，只有 $B_{i+1,0}(u)$ 的值为 1 ，$B_{i,0}(u)$、$B_{i+2,0}(u)$、$B_{i+3,0}(u)$ 均为零，故：

$$
\begin{aligned}
B_{i,3}(u) =& \frac{u-u_i}{3\Delta u} \times \frac{u-u_i}{2\Delta u} \times \frac{u_{i+2}-u}{\Delta u} + \frac{u-u_i}{3\Delta u_i} \times \frac{u_{i+3}-u}{2\Delta u} \times \frac{u-u_{i+1}}{\Delta u} \\
& + \frac{u_{i+4}-u}{3\Delta u} \times \frac{u-u_{i+1}}{2\Delta u} \times \frac{u-u_{i+1}}{\Delta u}
\end{aligned}
\tag{2-15}
$$

当 $u_{i+2} \leqslant u < u_{i+3}$ 时，只有 $B_{i+2,0}(u)$ 的值为 1，$B_{i,0}(u)$、$B_{i+1,0}(u)$、$B_{i+3,0}(u)$ 均为零，故有

$$B_{i,3}(u) = \frac{u - u_i}{3\Delta u} \times \frac{u_{i+3} - u}{2\Delta u} \times \frac{u_{i+3} - u}{\Delta u} + \frac{u_{i+4} - u}{3\Delta u} \times \frac{u - u_{i+1}}{2\Delta u} \times \frac{u_{i+3} - u}{\Delta u}$$
$$+ \frac{u_{i+4} - u}{3\Delta u} \times \frac{u_{i+4} - u}{2\Delta u} \times \frac{u - u_{i+2}}{\Delta u} \tag{2-16}$$

当 $u_{i+3} \leqslant u < u_{i+4}$ 时，只有 $B_{i+3,0}(u)$ 的值为 1，$B_{i,0}(u)$、$B_{i+1,0}(u)$、$B_{i+2,0}(u)$ 均为零，故有

$$B_{i,3}(u) = \frac{u_{i+4} - u}{3\Delta u} \times \frac{u_{i+4} - u}{2\Delta u} \times \frac{u_{i+4} - u}{\Delta u} \tag{2-17}$$

根据上述推导可以发现 $B_{i,3}(u)$ 只在区间 $[u_i, u_{i+4}]$ 上不等于零。当 $u \in [u_i, u_{i+1}]$ 时，不为零的三次基函数包括 $B_{i,3}(u)$、$B_{i-1,3}(u)$、$B_{i-2,3}(u)$、$B_{i-3,3}(u)$。通过递推得到 $B_{i-1,3}(u)$、$B_{i-2,3}(u)$、$B_{i-3,3}(u)$ 在 $u \in [u_i, u_{i+1}]$ 的表达式分别为

$$B_{i-1,3}(u) = \frac{u - u_{i-1}}{3\Delta u} \times \frac{u - u_{i-1}}{2\Delta u} \times \frac{u_{i+1} - u}{\Delta u} + \frac{u - u_{i-1}}{3\Delta u_i} \times \frac{u_{i+2} - u}{2\Delta u} \times \frac{u - u_i}{\Delta u}$$
$$+ \frac{u_{i+3} - u}{3\Delta u} \times \frac{u - u_i}{2\Delta u} \times \frac{u - u_i}{\Delta u} \tag{2-18}$$

$$B_{i-2,3}(u) = \frac{u - u_{i-2}}{3\Delta u} \times \frac{u_{i+1} - u}{2\Delta u} \times \frac{u_{i+1} - u}{\Delta u} + \frac{u_{i+2} - u}{3\Delta u} \times \frac{u - u_{i-1}}{2\Delta u} \times \frac{u_{i+1} - u}{\Delta u}$$
$$+ \frac{u_{i+2} - u}{3\Delta u} \times \frac{u_{i+2} - u}{2\Delta u} \times \frac{u - u_i}{\Delta u} \tag{2-19}$$

$$B_{i-3,3}(u) = \frac{u_{i+1} - u}{3\Delta u} \times \frac{u_{i+1} - u}{2\Delta u} \times \frac{u_{i+1} - u}{\Delta u} \tag{2-20}$$

定义参数 $t = \dfrac{u - u_i}{\Delta u}$，并将其分别代入式(2-14)、式(2-18)、式(2-19)、式(2-20)得

$$B_{i,3}(t) = \frac{1}{6} t^3 \tag{2-21}$$

$$B_{i-1,3}(u) = \frac{1}{6}(1+t)(1+t)(1-t) + \frac{1}{6}(t+1)(2-t)t + \frac{1}{6}(3-t)t^2$$
$$= \frac{1}{6}(-3t^3 + 3t^2 + 3t + 1) \tag{2-22}$$

$$B_{i-2,3}(u) = \frac{1}{6}(t+2)(1-t)^2 + \frac{1}{6}(2-t)(1+t)(1-t) + \frac{1}{6}(2-t)^2 t$$
$$= \frac{1}{6}(3t^3 - 6t^2 + 4) \tag{2-23}$$

$$B_{i-3,3}(u) = \frac{1}{6}(1-t)^3 \tag{2-24}$$

通过式(2-21)~式(2-24)可以计算当 $u \in [u_i, u_{i+1})$ 时的三次 B 样条基函数。

实际应用中通常对相对渗透率曲线进行归一化处理，即将束缚水饱和度下的油相相对渗透率作为绝对渗透率，因此相对渗透率曲线端点处有：$S_{wD} = 0$ 时，$z_0^w = 0$，$z_0^o = 1$；$S_{wD} = 1$ 时，$z_n^o = 0$。因此经过处理后，油相的未知控制节点为 $z_1^o, z_2^o, \cdots, z_{n-1}^o$；水相的未知控制节点为 $z_1^w, z_2^w, \cdots, z_n^w$，即共有 $2n-1$ 个未知控制节点，相对渗透率曲线模型的待求参数向量为 $\boldsymbol{m} = [z_1^o, z_2^o, \cdots, z_{n-1}^o, z_1^w, z_2^w, \cdots, z_n^w]$。

由于 B 样条曲线只是无限接近于控制节点，不能保证其通过节点，需要在每条相对渗透率曲线的两端各增加一个点以保证满足上述条件，定义增加的点为

$$z_{-1}^l = 2z_0^l - z_1^l, \quad l = \mathrm{w,o} \tag{2-25}$$

$$z_{n+1}^l = 2z_n^l - z_{n-1}^l, \quad l = \mathrm{w,o} \tag{2-26}$$

为了保证相对渗透率曲线的单调性和上凸性，需对控制节点增加约束条件。为了保证相对渗透率曲线的单调性，水相相对渗透率曲线控制节点的约束条件为

$$z_0^w < z_1^w < \cdots < z_{i-1}^w < z_i^w < z_{i+1}^w < \cdots < z_n^w \tag{2-27}$$

油相相对渗透率曲线控制节点的约束条件为

$$z_0^o > z_1^o > \cdots > z_{i-1}^o > z_i^o > z_{i+1}^o > \cdots > z_n^o \tag{2-28}$$

为了保证相对渗透率曲线的上凸性，对于控制节点的约束条件为

$$\frac{z_{i+1}^l - z_i}{S_{wD,i+1} - S_{wD,i}} > \frac{z_i^l - z_{i-1}}{S_{wD,i} - S_{wD,i-1}}, \quad l = \mathrm{w,o} \tag{2-29}$$

通过式(2-29)获得水相和油相控制节点的上下界限分别为

$$2z_{i-1}^w + z_{i-2}^w \leqslant z_i^w \leqslant \frac{1}{2}\left(z_{i+1}^w + z_{i-1}^w\right) \tag{2-30}$$

$$2z_{i+1}^o - z_{i+2}^o \leqslant z_i^o \leqslant \frac{1}{2}\left(z_{i+1}^o + z_{i-1}^o\right) \tag{2-31}$$

考虑到对渗透率曲线的物理意义，设定 z_1^w 的下界为 0，z_n^w 的上界为 1，z_1^o 的上界为 1，z_{n-1}^o 的下界为 0。

为了将约束最优化问题变为无约束最优化问题，利用对数变换法定义新的变量求解控制节点，使其满足约束条件。对数变换的一般形式为

$$x_i = \ln \frac{z_i - z_{i,\min}}{z_{i,\max} - z_i} \tag{2-32}$$

式中，$z_{i,\min}$、$z_{i,\max}$ 分别为约束下限和约束上限。

针对水相，利用式(2-30)对式(2-32)进行变换得

$$
\begin{cases}
x_1^{\mathrm{w}} = \ln \dfrac{z_1^{\mathrm{w}} - 0}{\dfrac{1}{2}\left(z_2^{\mathrm{w}} + 0\right) - z_1^{\mathrm{w}}} \\[3mm]
x_i^{\mathrm{w}} = \ln \dfrac{z_i^{\mathrm{w}} - \left(2z_{i-1}^{\mathrm{w}} - z_{i-2}^{\mathrm{w}}\right)}{\dfrac{1}{2}\left(z_{i+1}^{\mathrm{w}} + z_{i-1}^{\mathrm{w}}\right) - z_i^{\mathrm{w}}}, \quad 2 \leqslant i \leqslant n-1 \\[3mm]
x_n^{\mathrm{w}} = \ln \dfrac{z_n^{\mathrm{w}} - \left(2z_{n-1}^{\mathrm{w}} - z_{n-2}^{\mathrm{w}}\right)}{1 - z_n^{\mathrm{w}}}
\end{cases}
\tag{2-33}
$$

利用 x_i 反求出控制节点的方程为

$$
\begin{pmatrix}
\mathrm{e}^{x_1^{\mathrm{w}}}+1 & -\dfrac{1}{2}\mathrm{e}^{x_1^{\mathrm{w}}} & & & & & \\[2mm]
-\left(\dfrac{1}{2}\mathrm{e}^{x_2^{\mathrm{w}}}+2\right) & \mathrm{e}^{x_2^{\mathrm{w}}}+1 & -\dfrac{1}{2}\mathrm{e}^{x_2^{\mathrm{w}}} & & & & \\[2mm]
1 & -\left(\dfrac{1}{2}\mathrm{e}^{x_3^{\mathrm{w}}}+2\right) & \mathrm{e}^{x_3^{\mathrm{w}}}+1 & -\dfrac{1}{2}\mathrm{e}^{x_3^{\mathrm{w}}} & & & \\[2mm]
\ddots & \ddots & \ddots & \ddots & & & \\[2mm]
& & 1 & -\left(\dfrac{1}{2}\mathrm{e}^{x_i^{\mathrm{w}}}+2\right) & \mathrm{e}^{x_i^{\mathrm{w}}}+1 & -\dfrac{1}{2}\mathrm{e}^{x_i^{\mathrm{w}}} & \\[2mm]
& & \ddots & \ddots & \ddots & \ddots & \\[2mm]
& & & & 1 & -2 & \mathrm{e}^{x_n^{\mathrm{w}}}+1
\end{pmatrix}
\begin{pmatrix}
z_1^{\mathrm{w}} \\ z_2^{\mathrm{w}} \\ z_3^{\mathrm{w}} \\ \vdots \\ z_i^{\mathrm{w}} \\ \vdots \\ z_n^{\mathrm{w}}
\end{pmatrix}
=
\begin{pmatrix}
0 \\ 0 \\ 0 \\ \vdots \\ 0 \\ \vdots \\ \mathrm{e}^{x_n}
\end{pmatrix}
\tag{2-34}
$$

针对油相，利用式(2-31)对式(2-32)进行变换得

$$
\begin{cases}
x_1^{\mathrm{o}} = \ln \dfrac{z_1^{\mathrm{o}} - \left(2z_2^{\mathrm{o}} - z_3^{\mathrm{o}}\right)}{\dfrac{1}{2}\left(z_2^{\mathrm{o}} + 1\right) - z_1^{\mathrm{o}}} \\[3mm]
x_i^{\mathrm{o}} = \ln \dfrac{z_i^{\mathrm{o}} - \left(2z_{i+1}^{\mathrm{o}} - z_{i+2}^{\mathrm{o}}\right)}{\dfrac{1}{2}\left(z_{i+1}^{\mathrm{o}} + z_{i-1}^{\mathrm{o}}\right) - z_i^{\mathrm{o}}}, \quad 2 \leqslant i \leqslant n-2 \\[3mm]
x_n^{\mathrm{o}} = \ln \dfrac{z_{n-1}^{\mathrm{o}} - 0}{\dfrac{1}{2}z_{n-2}^{\mathrm{o}} - z_{n-1}^{\mathrm{o}}}
\end{cases}
\tag{2-35}
$$

利用 x_i 反求出控制节点的方程为

$$
\begin{pmatrix}
e^{x_1^o}+1 & -\left(\dfrac{1}{2}e^{x_1^o}+2\right) & 1 & & & & \\
-\dfrac{1}{2}e^{x_2^o} & e^{x_2^o}+1 & -\left(\dfrac{1}{2}e^{x_2^o}+2\right) & 1 & & & \\
& \ddots & \ddots & \ddots & \ddots & & \\
& & -\dfrac{1}{2}e^{x_i^o} & e^{x_i^o}+1 & -\left(\dfrac{1}{2}e^{x_i^o}+2\right) & -\dfrac{1}{2}e^{x_i^o} & \\
& & & \ddots & \ddots & \ddots & \\
& & & & -\dfrac{1}{2}e^{x_{n-2}^o} & e^{x_{n-2}^o}+1 & -\left(\dfrac{1}{2}e^{x_{n-2}^o}+2\right) \\
& & & & & -\dfrac{1}{2}e^{x_{n-1}^o} & e^{x_{n-1}^o}+1
\end{pmatrix}
\begin{pmatrix}
z_1^o \\ z_2^o \\ \vdots \\ z_i^o \\ \vdots \\ z_{n-2}^o \\ z_{n-1}^o
\end{pmatrix}
=
\begin{pmatrix}
\dfrac{1}{2}e^{x_1^o} \\ 0 \\ \vdots \\ 0 \\ \vdots \\ 0 \\ 0
\end{pmatrix}
\tag{2-36}
$$

利用式(2-33)~式(2-36)即可计算出满足相对渗透率曲线单调性和上凸性的控制节点。因此当 $u \in [u_i, u_{i+1})$ 时，B 样条模型为

$$
F(u) = \sum_{k=i-3}^{i} z_k^l B_{k,3}(u), \quad l = \mathrm{w,o}
\tag{2-37}
$$

令 $B_{i-3,3}(u) = b_0(t)$ ，$B_{i-2,3}(u) = b_1(t)$ ，$B_{i-1,3}(u) = b_2(t)$ ，$B_{i,3}(u) = b_3(t)$ ，并将其代入式(2-37)得

$$
F(t) = \sum_{k=0}^{3} z_k^l b_k(t), \quad l = \mathrm{w,o}
\tag{2-38}
$$

以上为三次 B 样条相对渗透率曲线模型的完整计算过程，得出的相对渗透率曲线如图 2-2 所示。

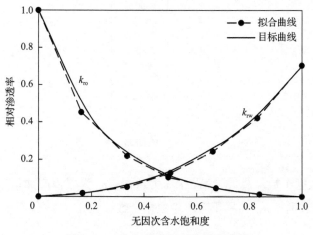

图 2-2 三次 B 样条相对渗透率曲线

二、相对渗透率曲线计算最优化方法

最优化方法目前主要分为梯度类算法、无梯度类算法和人工智能算法（Aramideh et al.，2018；Fan et al.，2019；Adibifard et al.，2020）。相比于无梯度类算法和人工智能算法，梯度类算法通过求解上升梯度迭代得到目标函数的最优值，由于可以得到目标函数的真实梯度而收敛速度更快。梯度类算法包括最速下降法、高斯-牛顿（Gauss-Newton）算法、阻尼最小二乘算法、布罗伊登-弗莱彻-戈德法布-尚诺（Broyden-Fletcher-Goldfarb-Shanno，BFGS）算法、有限记忆 BFGS（即 limited memory BFGS，简称 L-BFGS）算法等，其中阻尼最小二乘算法和 L-BFGS 算法使用较多（Zhou et al.，2017）。

阻尼最小二乘算法的目标函数为

$$O(\boldsymbol{m}) = \frac{1}{2}\big(g(\boldsymbol{m}) - \boldsymbol{d}_{\mathrm{obs}}\big)^{\mathrm{T}} \boldsymbol{C}_{\mathrm{D}}^{-1}\big(g(\boldsymbol{m}) - \boldsymbol{d}_{\mathrm{obs}}\big) \tag{2-39}$$

式中，$\boldsymbol{m}$ 为待求参数向量；$g(\boldsymbol{m})$ 为拟合数据的模型预测值；$\boldsymbol{d}_{\mathrm{obs}}$ 为拟合数据的测量值；$\boldsymbol{C}_{\mathrm{D}}$ 为拟合数据的协方差矩阵，可以用来表示拟合数据的权重。

$g(\boldsymbol{m})$ 中包含的拟合数据包括所有可测量的实验数据，如井底流压、产液量等。当选择的拟合数据不同时，得出的拟合结果不同，计算出的相对渗透率曲线精度也不同。由于化学驱物理实验中一般采用注入井定液、生产井定压的开采方式，拟合的数据一般为注入井井底流压、累积产油量和累积产水量。$\boldsymbol{C}_{\mathrm{D}}$ 用来表示拟合数据的权重，一般认为生产数据的测量误差是平均值为零的独立随机变量，所以 $\boldsymbol{C}_{\mathrm{D}}$ 为对角矩阵。此时 $\boldsymbol{d}_{\mathrm{obs}}$ 和 $\boldsymbol{C}_{\mathrm{D}}$ 的对应形式分别为

$$\boldsymbol{d}_{\mathrm{obs}} = \begin{pmatrix} P_{\mathrm{obs},1} \\ \vdots \\ P_{\mathrm{obs},n_P} \\ Q_{\mathrm{obs},1} \\ \vdots \\ Q_{\mathrm{obs},n_Q} \\ M_{\mathrm{obs},1} \\ \vdots \\ M_{\mathrm{obs},n_M} \end{pmatrix} \tag{2-40}$$

式中，n_P 为压力数据个数；$P_{\mathrm{obs},i}$ 为第 i 个压力数据；n_Q 为累积产油量数据个数；$Q_{\mathrm{obs},i}$ 为第 i 个累积产油量数据；n_M 为累积产水量数据个数；$M_{\mathrm{obs},i}$ 为第 i 个累积产水量数据。

$$C_{\mathrm{D}} = \begin{pmatrix} \sigma_{P,1}^2 & & & & & & & & \\ & \ddots & & & & & & & \\ & & \sigma_{P,n_P}^2 & & & & & & \\ & & & \sigma_{Q,1}^2 & & & & & \\ & & & & \ddots & & & & \\ & & & & & \sigma_{Q,n_Q}^2 & & & \\ & & & & & & \sigma_{M,1}^2 & & \\ & & & & & & & \ddots & \\ & & & & & & & & \sigma_{M,n_M}^2 \end{pmatrix} \qquad (2\text{-}41)$$

式中，$\sigma_{P,i}^2$ 为第 i 个压力数据的协方差；$\sigma_{Q,i}^2$ 为第 i 个累积产油量数据的协方差；$\sigma_{M,i}^2$ 为第 i 个累积产水量数据的协方差。

化学驱相对渗透率曲线数值计算的最优化目标函数变形为

$$O(\boldsymbol{m}) = \frac{1}{2} \sum_{i=1}^{n_P} \frac{\left(P_{\mathrm{mod},i}(\boldsymbol{m}) - P_{\mathrm{obs},i}\right)^2}{\sigma_{P,i}} + \frac{1}{2} \sum_{i=1}^{n_Q} \frac{\left(Q_{\mathrm{mod},i}(\boldsymbol{m}) - Q_{\mathrm{obs},i}\right)^2}{\sigma_{Q,i}}$$
$$+ \frac{1}{2} \sum_{i=1}^{n_M} \frac{\left(M_{\mathrm{mod},i}(\boldsymbol{m}) - M_{\mathrm{obs},i}\right)^2}{\sigma_{M,i}} \qquad (2\text{-}42)$$

式中，$P_{\mathrm{mod},i}$ 为第 i 个压力模拟数据；$Q_{\mathrm{mod},i}$ 为第 i 个累积产油量模拟数据；$M_{\mathrm{mod},i}$ 为第 i 个累积产水量模拟数据。

将最优化目标函数在 $\boldsymbol{m}^k$ 点处进行泰勒级数展开，并去掉二阶以上导数项得

$$O(\boldsymbol{m}) = O(\boldsymbol{m}^k) + \left[\nabla O(\boldsymbol{m}^k)\right]^{\mathrm{T}} (\boldsymbol{m} - \boldsymbol{m}^k) + \frac{1}{2}(\boldsymbol{m} - \boldsymbol{m}^k)^{\mathrm{T}} \left\{ \nabla \cdot \left[\nabla O(\boldsymbol{m}^k)\right]^{\mathrm{T}} \right\} (\boldsymbol{m} - \boldsymbol{m}^k) \qquad (2\text{-}43)$$

定义黑塞矩阵（Hessian 矩阵）为

$$\boldsymbol{H}(\boldsymbol{m}) = \nabla \cdot (\nabla O(\boldsymbol{m}))^{\mathrm{T}} \qquad (2\text{-}44)$$

则在 $\boldsymbol{m}^k$ 点处有

$$\boldsymbol{H}(\boldsymbol{m}^k) = \nabla \cdot (\nabla O(\boldsymbol{m}^k))^{\mathrm{T}} \qquad (2\text{-}45)$$

令 $\delta \boldsymbol{m} = \boldsymbol{m} - \boldsymbol{m}^k$，式 (2-45) 两端对 $\boldsymbol{m}$ 进行求导，有

$$\nabla O(\boldsymbol{m}) = \nabla \delta \boldsymbol{m}^{\mathrm{T}} \left[\nabla O(\boldsymbol{m}^k)\right] + \frac{1}{2}\left[\nabla \delta \boldsymbol{m}^{\mathrm{T}} \left[\boldsymbol{H}(\boldsymbol{m}^k)\delta \boldsymbol{m}\right] + \nabla \delta \boldsymbol{m} \left[\boldsymbol{H}(\boldsymbol{m}^k)^{\mathrm{T}} \delta \boldsymbol{m}\right]\right]$$
$$= \nabla O(\boldsymbol{m}^k) + \frac{1}{2}\left[\boldsymbol{H}(\boldsymbol{m}^k)\delta \boldsymbol{m} + \boldsymbol{H}(\boldsymbol{m}^k)^{\mathrm{T}} \delta \boldsymbol{m}\right] \qquad (2\text{-}46)$$

因为 Hessian 矩阵的对称性，所以有

$$\nabla O(\boldsymbol{m}) = \nabla O(\boldsymbol{m}^k) + \boldsymbol{H}(\boldsymbol{m}^k)\delta\boldsymbol{m} \tag{2-47}$$

当最优化目标函数在 $\boldsymbol{m}$ 处取得极小值时，有 $\nabla O(\boldsymbol{m}) = 0$ ，因此式(2-47)变为

$$\boldsymbol{H}(\boldsymbol{m}^k)\delta\boldsymbol{m} = -\nabla O(\boldsymbol{m}^k) \tag{2-48}$$

在迭代计算过程中，式(2-48)通常变形为

$$\boldsymbol{H}(\boldsymbol{m}^k)\delta\boldsymbol{m}^{k+1} = -\nabla O(\boldsymbol{m}^k) \tag{2-49}$$

利用本次迭代中计算出的 $\boldsymbol{H}(\boldsymbol{m}^k)$ 、 $\nabla O(\boldsymbol{m}^k)$ ，通过式(2-49)计算出 $\delta\boldsymbol{m}^{k+1}$ ，继而得到下次迭代中的参数向量为

$$\boldsymbol{m}^{k+1} = \boldsymbol{m}^k + \delta\boldsymbol{m}^{k+1} \tag{2-50}$$

根据式(2-39)可得最优化目标函数的导数求解公式为

$$\nabla O(\boldsymbol{m}) = \boldsymbol{G}^{\mathrm{T}}\boldsymbol{C}_{\mathrm{D}}^{-1}(g(\boldsymbol{m}) - \boldsymbol{d}_{\mathrm{obs}}) \tag{2-51}$$

其中：

$$\boldsymbol{G}^{\mathrm{T}} = \begin{bmatrix} \dfrac{\partial}{\partial m_1} \\ \dfrac{\partial}{\partial m_2} \\ \vdots \\ \dfrac{\partial}{\partial m_{n_m}} \end{bmatrix} (g_1, g_2, \cdots, g_{n_d}) \tag{2-52}$$

式中， n_m 为待求参数个数； n_d 为 $g(\boldsymbol{m})$ 中元素的个数，即 n_P 、 n_Q 和 n_M 之和。

由式(2-48)可得 Hessian 矩阵的求解公式为

$$\begin{aligned} \boldsymbol{H}(\boldsymbol{m}) &= \nabla\Big[\boldsymbol{G}^{\mathrm{T}}\boldsymbol{C}_{\mathrm{D}}^{-1}(g(\boldsymbol{m}) - \boldsymbol{d}_{\mathrm{obs}})\Big]^{\mathrm{T}} = \nabla\Big[(g(\boldsymbol{m}) - \boldsymbol{d}_{\mathrm{obs}})\boldsymbol{C}_{\mathrm{D}}^{-1}\boldsymbol{G}^{\mathrm{T}}\Big] \\ &= \boldsymbol{G}^{\mathrm{T}}\boldsymbol{C}_{\mathrm{D}}^{-1}\boldsymbol{G}^{\mathrm{T}} + \nabla\boldsymbol{G}^{\mathrm{T}}\boldsymbol{C}_{\mathrm{D}}^{-1}(g(\boldsymbol{m}) - \boldsymbol{d}_{\mathrm{obs}}) \end{aligned} \tag{2-53}$$

为了方便计算，通常忽略 $\nabla\boldsymbol{G}^{\mathrm{T}}$ 项，则海森矩阵的表达式可简化为

$$\boldsymbol{H}(\boldsymbol{m}) = \boldsymbol{G}^{\mathrm{T}}\boldsymbol{C}_{\mathrm{D}}^{-1}\boldsymbol{G}^{\mathrm{T}} \tag{2-54}$$

由于油藏问题的复杂性，建立各参数之间的解析关系式非常困难，通常利用数值法对 $\boldsymbol{G}^{\mathrm{T}}$ 进行求解。求解 $\boldsymbol{G}^{\mathrm{T}}$ 中的元素 $\dfrac{\partial g(i)}{\partial m_j}$ 时给 m_j 增加一个扰动步长 Δm_j ，则有 $\hat{m}_j = m_j + \Delta m_j$ ，继而可得

$$\frac{\partial g(i)}{\partial m_j} = \frac{g(\hat{m}_j) - g(m_j)}{\Delta m_j} \tag{2-55}$$

为了加快计算速度并解决计算过程中 Hessian 矩阵可能为奇异阵的问题，引入阻尼因子，增加阻尼因子后 δm^{k+1} 的求解方程变为

$$\left(H\left(m^k\right) + \lambda I \right) \delta m^{k+1} = -\nabla O\left(m^k\right) \tag{2-56}$$

式中，λ 为阻尼因子；I 为单位矩阵。

利用阻尼最小二乘算法求取最优相对渗透率曲线的步骤如下。

(1)假设一条初始的相对渗透率曲线和一个初始的阻尼因子 λ_0，根据其控制节点的值得到初始的 m^0 以及 $O\left(m^0\right)$。

(2)将相对渗透率曲线输入数值模拟器中，根据模拟预测值和观测值计算 $H\left(m^0\right)$ 和 $\nabla O\left(m^0\right)$。

(3)利用式(2-56)计算 δm^1，则可以得到新的 $m = m^0 + \delta m^1$。

(4)将 m 代入式(2-43)中计算得到 $O\left(m^1\right)$。

(5)若 $O\left(m^1\right)$ 大于 $O\left(m^0\right)$，表明迭代失败，取 $\lambda_1 = \lambda_0 \times 10$，返回步骤(3)继续进行迭代；反之，若 $O\left(m^1\right)$ 小于 $O\left(m^0\right)$，表明迭代成功，此时判断 $O\left(m^1\right)$ 与 $O\left(m^0\right)$ 间的差值是否小于误差 ε，若否，则取 $\lambda_1 = \lambda_0 / 10$，$m^0 = m$，返回步骤(2)继续进行迭代，若是，则表明已满足精度要求，停止循环，m 所对应的相对渗透率曲线即所要得到的最优相对渗透率曲线。

三、聚合物驱数值模拟模型

建立聚合物驱数学模型，进行了如下假设。

(1)渗流过程为等温达西渗流，不存在能量交换。

(2)忽略聚合物对水相密度和体积系数的影响。

(3)聚合物的存在不影响油相的性质，也不形成附加液相。

(4)扩散遵循菲克(Fick)定律。

(5)忽略聚合物对水相质量守恒的影响，水相中聚合物组分用质量浓度表示。

聚合物驱数值模拟模型与常规水驱数值模拟模型的区别主要在于聚合物物化特征参数的表征(侯健等，2003)。聚合物组分的质量守恒方程为

$$
\nabla \cdot \left(\frac{k k_{rw} c_p}{\mu_p B_w R_k} \left(\nabla p_w - \rho_w g \nabla D_h \right) \right) + \nabla \cdot \left[d_p \phi \left(1 - F_p \right) S_w \nabla c_p \right] + q_w c_p
$$
$$
= \frac{\partial}{\partial t} \left[\frac{\phi \left(1 - F_p \right) S_w c_p}{B_w} \right] + \frac{\partial \left[\left(1 - \phi \right) \rho_r \hat{c}_p \right]}{\partial t} \tag{2-57}
$$

式中，k 为绝对渗透率，m^2；k_{rw} 为水相相对渗透率；c_p 为聚合物溶液浓度，kg/m^3；μ_p 为聚合物溶液黏度，$Pa \cdot s$；B_w 为水相体积系数，m^3/m^3；R_k 为水相渗透率下降系数；p_w 为水相压力，Pa；ρ_w 为水相密度，kg/m^3；g 为重力加速度，m/s^2；D_h 为深度，m；d_p 为扩散系数，m^2/s；ϕ 为孔隙度；F_p 为不可及孔隙体积分数；S_w 为含水饱和度；q_w 为源汇项，$m^3/(s \cdot m^3)$；ρ_r 为岩石密度，kg/m^3；$\hat{c}_p$ 为吸附质量浓度，kg/kg；t 为时间，s。

聚合物驱过程中具有某些特殊的物理化学现象，主要物化参数的描述如下。

1. 聚合物溶液黏度

聚合物溶液黏度满足幂律模型，其表达式为

$$\mu_p = \mu_w \left[1 + \left(a_1 c_p + a_2 c_p^2 + a_3 c_p^3 \right) \left(\frac{\gamma}{\gamma_{min}} \right)^{n_p - 1} \right] \tag{2-58}$$

式中，a_1、a_2、a_3 为实验拟合参数，其单位分别为 $(kg/m^3)^{-1}$、$(kg/m^3)^{-2}$、$(kg/m^3)^{-3}$；γ 为剪切速率，s^{-1}；n_p 为剪切速率指数；γ_{min} 为拟塑性区内最小剪切速率，s^{-1}；μ_w 为水相黏度。

2. 渗透率下降系数

水相渗透率下降系数 R_k 表征储层岩石吸附聚合物之后所造成的水相渗透率降低，其表达式为

$$R_k = 1 + \left(R_{kmax} - 1 \right) \frac{\hat{c}_p}{\hat{c}_{pmax}} \tag{2-59}$$

式中，R_{kmax} 为最大渗透率下降系数；$\hat{c}_{pmax}$ 为最大吸附质量浓度，kg/kg。

3. 不可及孔隙体积

高分子聚合物溶液流经孔隙介质时，只能通过部分孔隙体积。不可及孔隙体积的存在加速了聚合物溶液的流动，它受聚合物的分子量、介质的渗透率、孔隙度和孔隙大小分布等参数的影响（Manichand and Seright，2014）。

模拟过程中定义聚合物不可及孔隙体积分数为 F_p，该参数通常被看作常数。

4. 扩散系数

扩散作用是一个基于分子热运动的输运现象，是分子通过布朗运动从高浓度区域向低浓度区域运输的过程。由菲克第一定律（Fick's first law）可知，通过单位面积的分子数量正比于分子浓度在该点的梯度，方向与梯度方向相反，其比例系数称为扩散系数 d_p，该参数通常被看作常数。

5. 吸附

聚合物在油层孔隙表面吸附是聚合物驱油过程中发生的重要物化现象之一。模型采

用朗缪尔(Langmuir)吸附等温线对其描述,即

$$\hat{c}_p = \hat{c}_{pmax} \frac{b_a c_p}{1 + b_a c_p} \tag{2-60}$$

式中,b_a 为吸附常数,$(kg/m^3)^{-1}$。

在聚合物驱数学模型的基础上,通过有限差分方法数值离散得到聚合物驱数值模拟模型。

四、计算方法的验证

图 2-3 为一维数值模拟模型。模型为岩心尺度一维模型,x 方向共有 40 个网格,总长度为 30cm,y 和 z 方向网格的长度均为 2.22cm,平均渗透率为 $2000 \times 10^{-3}\mu m^2$,孔隙度为 35%,岩心初始压力为 100kPa,初始含油饱和度为 75%,残余油饱和度为 30%,原油黏度为 30mPa·s。模型左端为注入端,右端为采出端,模拟开始即注入聚合物溶液,聚合物质量浓度为 1.5kg/m³,注入速度为 1cm³/min。

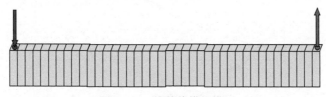

图 2-3 一维数值模拟模型

模拟所用相对渗透率曲线如图 2-4 所示,为计算相对渗透率曲线的目标曲线。聚合物为聚丙烯酰胺类(分子量为 2000 万,固含量 88%,水解度 20%~25%)。表 2-1 为聚合物主要物性参数取值。聚合物溶液黏浓关系是在矿化度为 14200mg/L 的模拟地层水中的实测值,如图 2-5 所示。

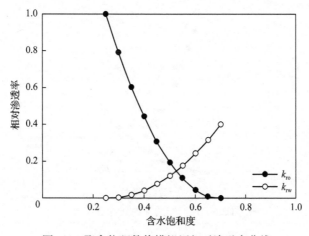

图 2-4 聚合物驱数值模拟用相对渗透率曲线

表 2-1　聚合物主要物性参数取值

参数	参数取值	参数	参数取值
不可及孔隙体积分数 F_p	0.10	最大渗透率下降系数 R_{kmax}	2.0
最大吸附质量浓度 $\hat{c}_{pmax}/(10^{-5}\text{kg/kg})$	15	扩散系数 $d_p/(10^{-8}\text{m}^2/\text{s})$	8.3
黏度系数 $a_1/(\text{kg/m}^3)^{-1}$	4.12	黏度系数 $a_2/(\text{kg/m}^3)^{-2}$	−0.12
黏度系数 $a_3/(\text{kg/m}^3)^{-3}$	1.78	剪切速率指数 n_p	0.84
拟塑性区内最小剪切速率 $\gamma_{min}/\text{s}^{-1}$	46	吸附常数 $b_a/(\text{kg/m}^3)^{-1}$	3

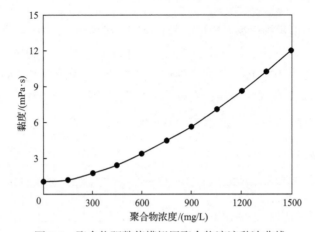

图 2-5　聚合物驱数值模拟用聚合物溶液黏浓曲线

利用一维聚合物驱数值模拟计算生成动态数据，并将其作为待拟合的实验测量值。给出初始相对渗透率曲线后，对聚合物驱相对渗透率曲线进行计算，相对渗透率曲线的计算结果如图 2-6 所示。

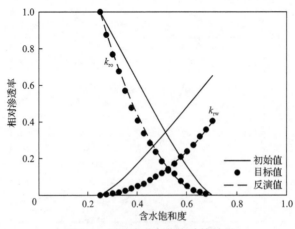

图 2-6　相对渗透率曲线计算结果

为了表征计算出的相对渗透率曲线与目标曲线之间的误差，定义一个参数平均误差，其表达式为

$$\eta_l = \frac{\sum\limits_{i=1}^{n}\left(x_{li} - x'_{li}\right)}{\sum\limits_{i=1}^{n} x_{li}} \times 100\% \tag{2-61}$$

式中，η_l 为 l 相的平均误差，%；x_{li} 为 l 相第 i 点的计算值；x'_{li} 为 l 相第 i 点的目标值，$l = \mathrm{w,o}$。

从图 2-6 中可以看出，虽然初始相对渗透率曲线与目标相对渗透率曲线间的差距较大，但阻尼最小二乘算法可以有效获得目标函数的真实梯度，从而使计算出的相对渗透率曲线不断接近目标相对渗透率曲线，最终计算出的相对渗透率曲线与目标相对渗透率曲线吻合度较好，油相平均误差 η_o 为 4.31%，水相平均误差 η_w 为 –0.89%，注入压力、累积产油量和累积产水量曲线也可以达到较高的拟合度(图 2-7)，验证了本章所述方法可用于建立聚合物驱相对渗透率曲线计算方法的有效性。

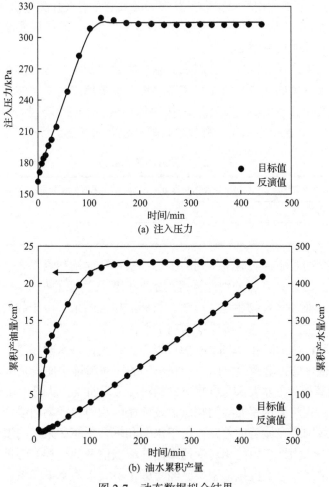

(a) 注入压力

(b) 油水累积产量

图 2-7　动态数据拟合结果

第二节　相对渗透率曲线计算误差分析

由于实验条件或人为操作等因素，化学剂溶液黏度、最大渗透率下降系数、不可及孔隙体积分数及吸附系数等特征参数在测定过程中不可避免地会产生一定误差，而这种误差势必会影响所计算出的化学驱相对渗透率曲线的准确性。在聚合物驱实验结果的基础上，人为地改变上述特征参数并进行计算，对比研究聚合物特征参数误差对相对渗透率曲线计算误差的影响规律。

一、相对渗透率曲线计算

基于填砂模型聚合物驱驱替实验数据进行计算，从而得到聚合物驱相对渗透率曲线。首先采用 80 目石英砂充填填砂管，并进行孔隙度和渗透率的测量；其次在饱和油后以 $1cm^3/min$ 的速度进行聚合物驱，采出端压力保持不变，记录不同时刻的注入端压力、累积产油量和累积产水量。实验用聚合物浓度为1500mg/L，不可及孔隙体积分数为0.08，最大渗透率下降系数为1.46，最大吸附质量浓度为$18.4×10^{-5}kg/kg$，扩散系数为$8.3×10^{-8}m^2/s$。聚合物溶液黏浓关系曲线如图 2-5 所示。

为了使实验结果更具可比性，开展水驱驱替实验得到水驱相对渗透率曲线，并将其与聚合物驱相对渗透率曲线进行对比。实验过程中重复填砂岩心制作，使聚合物驱和水驱时的岩心孔隙度和渗透率尽量接近，其中1#岩心用于水驱，2#岩心用于聚合物驱。岩心长度为20cm，岩心直径为5cm，实验岩心基本参数如表 2-2 所示。

表 2-2　实验岩心基本参数

岩心编号	孔隙度/%	渗透率/$10^{-3}\mu m^2$	束缚水饱和度	残余油饱和度
1#	39.5	3190	0.12	0.24
2#	38.1	2986	0.11	0.22

以水驱和聚合物驱驱替实验所得到的压力、累积产油量和累积产水量数据作为拟合指标，采用所建立的计算方法分别计算得到水驱和聚合物驱的相对渗透率曲线。图 2-8 和图 2-9 分别是水驱和聚合物驱各生产动态指标的拟合结果。由于数据的变化主要集中在见水前及低含水阶段，高含水阶段数据趋于平稳，图 2-8 和图 2-9 中各图的横轴坐标最大值取为 400min。从图 2-8 和图 2-9 中可以看出，无论是水驱还是聚合物驱，各生产指标均可以达到很好的拟合效果，因而计算得到的相对渗透率曲线是可靠的。

图 2-10 是计算得到的水驱和聚合物驱的相对渗透率曲线，从图 2-10(a)中可以看到，水驱和聚合物驱的相对渗透率曲线的端点值及油相的相对渗透率曲线均差异较小，而水相相对渗透率曲线则存在显著的差异。由于水驱和聚合物驱所采用的填砂岩心在物性参数上存在差异，可认为计算出的相对渗透率曲线端点值及油相相对渗透率的微小差异不具有统计意义。虽然在数值模拟模型中已经考虑了最大渗透率下降系数，但计算出的聚合物驱水相相对渗透率仍然明显小于水驱水相相对渗透率。

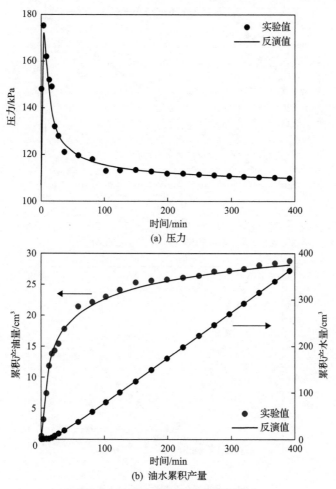

(a) 压力

(b) 油水累积产量

图 2-8　水驱实验生产动态指标拟合

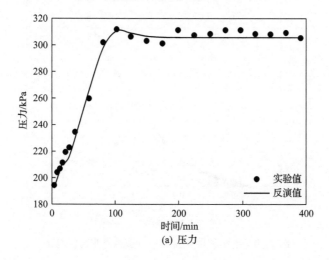

(a) 压力

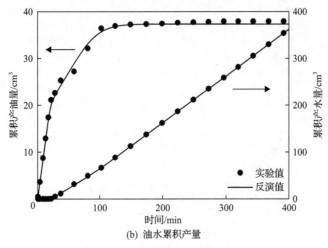

(b) 油水累积产量

图 2-9　聚合物驱实验生产动态指标拟合

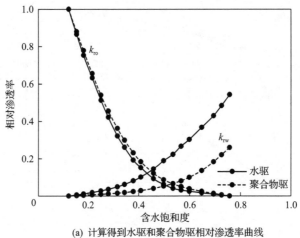

(a) 计算得到水驱和聚合物驱相对渗透率曲线

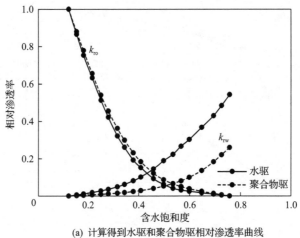

(b) 水相相对渗透率曲线的对比

图 2-10　水驱和聚合物驱相对渗透率曲线的对比

此外，从图 2-10(b)中可以看出，两条相对渗透率曲线在高含水饱和度时的上升斜率差异不大,但在低含水饱和度时,聚合物驱水相相对渗透率曲线的斜率明显小于水驱,这说明聚合物溶液在低含水饱和度时的流动性差,因而与水驱相比,聚合物驱的见水时间更长,这与实验结果也相吻合(水驱和聚合物驱的见水时间分别为 8.3min 和 16.9min)。

二、计算误差影响因素

在聚合物驱驱替实验结果的基础上,通过人为地改变聚合物溶液黏度、最大渗透率下降系数、不可及孔隙体积分数及最大吸附质量浓度等特征参数并进行计算,对比研究聚合物特征参数选取的偏差(即可能存在的测量误差)对相对渗透率曲线计算结果的影响规律。存在不同测量误差时的聚合物特征参数取值如表 2-3 所示,其中聚合物驱实验中实测的聚合物特征参数被视为基准值,即认为测量误差为 0%。

表 2-3　聚合物特征参数取值

影响因素	误差百分数										
	−50%	−40%	−30%	−20%	−10%	0%	10%	20%	30%	40%	50%
聚合物溶液黏度/(mPa·s)	6.05	7.26	8.47	9.68	10.89	12.1	13.31	14.52	15.73	16.94	18.15
最大渗透率下降系数	—	—	1.022	1.168	1.314	1.46	1.606	1.752	1.898	2.044	2.190
不可及孔隙体积分数	0.04	0.048	0.056	0.064	0.072	0.08	0.088	0.096	0.104	0.112	0.12
最大吸附质量浓度/(10^{-5}kg/kg)	9.2	11.04	12.88	14.72	16.56	18.4	20.24	22.08	23.92	25.76	27.6

注:"—"表示无数据。

1. 聚合物溶液黏度对计算误差的影响

最大渗透率下降系数、不可及孔隙体积分数及最大吸附质量浓度均采用基准值,单一改变聚合物溶液黏度并进行相对渗透率计算,不同误差百分数时的相对渗透率曲线如图 2-11(a)所示,为了避免影响图件的清晰度,图中仅绘制出了误差为−40%、−20%、20%、40%及基准方案所对应的相对渗透率曲线。采用式(2-61)分别计算不同聚合物溶液黏度误差下油相和水相相对渗透率曲线相比于基准相对渗透率曲线的误差值 η_o、η_w,聚合物溶液黏度误差采用 ξ_A 表示,则 η_o、η_w 与 ξ_A 的关系曲线如图 2-11(b)所示。

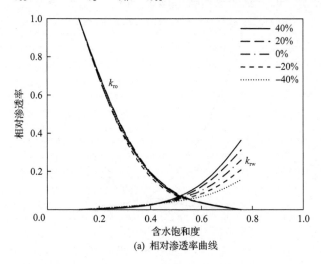

(a) 相对渗透率曲线

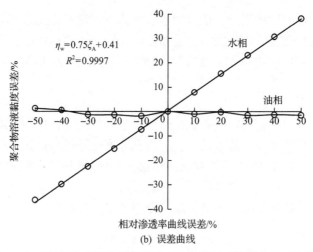

图 2-11　不同聚合物溶液黏度误差下计算的相对渗透率及误差曲线

从图 2-11(a)中可以看出，聚合物溶液黏度误差对油相相对渗透率的影响较小，计算出的油相相对渗透率曲线几乎重合，但对水相相对渗透率的影响较大且呈现良好的规律性，即误差越大偏差也越大，同时当聚合物溶液黏度偏大时，计算出的水相相对渗透率偏高，反之，计算出的水相相对渗透率则偏低。从原理上分析，聚合物溶液黏度比真实值偏大时，若采用真实的相对渗透率曲线，则驱替压力必然升高，而增加水相相对渗透率可以使得聚合物溶液流动性增强，驱替压力降低，因而为了弥补聚合物溶液黏度增加所造成的驱替压力升高，计算出的水相相对渗透率低于真实值。从图 2-11(b)中可以看出，计算出的水相相对渗透率曲线的误差 η_w 与聚合物溶液黏度误差 ξ_A 之间呈现良好的线性关系。

2. 最大渗透率下降系数对计算误差的影响

单一改变最大渗透率下降系数并进行相对渗透率的数值计算，不同误差百分数时的相对渗透率曲线如图 2-12(a)所示，相对渗透率曲线误差 η_o（油相）、η_w（水相）与最大渗透率下降系数误差（ξ_B）的关系曲线如图 2-12(b)所示。

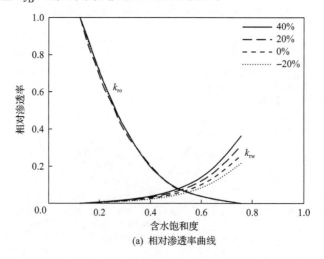

(a) 相对渗透率曲线

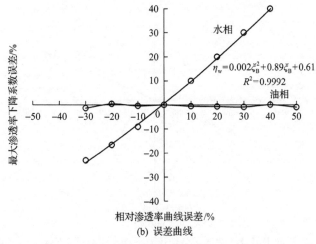

(b) 误差曲线

图 2-12　不同最大渗透率下降系数误差下计算的相对渗透率及误差曲线

从图 2-12(a)中可以看出,最大渗透率下降系数误差对油相相对渗透率曲线的影响很小,相对渗透率曲线误差在±2%以内,不具有统计意义,但最大渗透率下降系数误差对水相相对渗透率曲线的影响很大,最大渗透率下降系数偏大时,计算出的水相相对渗透率偏高,反之计算出的水相相对渗透率则偏低。这是因为最大渗透率下降系数比真实值偏大时,若采用真实的相对渗透率曲线,则驱替压力必然升高,而增加水相相对渗透率可以使得聚合物溶液流动性增强,驱替压力降低,因而为了弥补最大渗透率下降系数增加所造成的驱替压力升高,计算出的水相相对渗透率低于真实值。从图 2-12(b)中可以看出,计算出的水相相对渗透率曲线的误差(η_w)与最大渗透率下降系数误差(ξ_B)之间近似呈现二项式关系。

3. 不可及孔隙体积分数对计算误差的影响

单一改变不可及孔隙体积分数并进行相对渗透率的数值计算,不同误差百分数时的相对渗透率曲线如图 2-13(a)所示,相对渗透率曲线误差 η_o、η_w 与不可及孔隙体积分数误差 ξ_C 的关系曲线如图 2-13(b)所示。

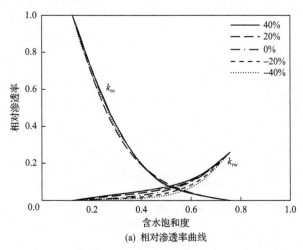

(a) 相对渗透率曲线

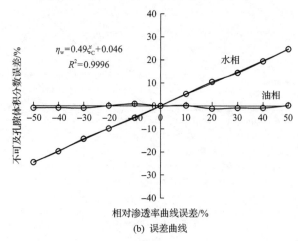

图 2-13　不同不可及孔隙体积分数误差下计算的相对渗透率及误差曲线

从图 2-13（a）中可以看出，不可及孔隙体积分数误差对油相相对渗透率曲线的影响很小，但对水相相对渗透率曲线具有一定的影响，当不可及孔隙体积分数偏大时，计算出的水相相对渗透率偏高，反之计算出的水相相对渗透率则偏低，与聚合物溶液黏度和最大渗透率下降系数不同的是，不可及孔隙体积分数存在误差时虽然水相相对渗透率曲线的形态有所改变，但最大水相相对渗透率的值却都相同，从图 2-13（b）中可以看出，计算出的水相相对渗透率曲线的误差 η_w 与不可及孔隙体积分数误差 ξ_C 之间近似呈线性关系。

4. 聚合物吸附量对计算误差的影响

单一改变最大吸附质量浓度（是吸附量的表征参数）并进行相对渗透率的数值计算，不同误差百分数时的相对渗透率曲线如图 2-14（a）所示，相对渗透率曲线误差 η_o、η_w 与最大吸附质量浓度误差 ξ_D 的关系曲线如图 2-14（b）所示。

从图 2-14（a）中可以看出，最大吸附质量浓度误差对油相相对渗透率的影响较小，可以忽略，但对水相相对渗透率曲线的形状影响较大，当吸附量偏大时，计算出的水相相

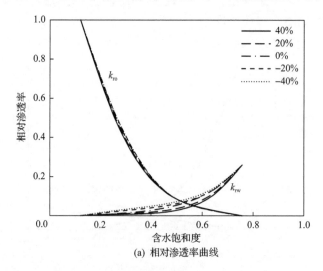

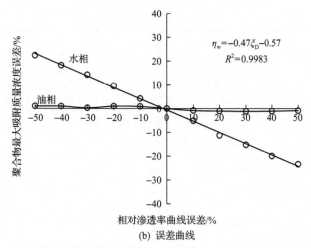

图 2-14　不同聚合物吸附量误差下计算的相对渗透率及误差曲线

对渗透率偏低，反之计算出的水相相对渗透率则均偏高，与不可及孔隙体积分数对计算误差的影响相似，最大吸附质量浓度值仅改变水相相对渗透率曲线的形态，但不改变残余油饱和度所对应的水相相对渗透率的值。从图 2-14(b)中可以看出，计算出的水相相对渗透率曲线的误差 η_w 与最大吸附质量浓度误差 ξ_D 之间近似呈现线性关系。

三、计算误差预测模型

由油、水相相对渗透率曲线计算误差与各单因素误差之间的关系可知，聚合物溶液黏度、最大渗透率下降系数、不可及孔隙体积分数及最大吸附质量浓度存在误差时，计算水相相对渗透率曲线将会产生较大偏差，但计算油相相对渗透率曲线则几乎不发生变化，因而只需建立水相相对渗透率曲线的计算误差预测模型。根据影响因素分析结果，可定义水相相对渗透率曲线计算误差预测模型为

$$\eta_w = c_1\xi_A + c_2\xi_B^2 + c_3\xi_B + c_4\xi_C + c_5\xi_D + c_0 \tag{2-62}$$

式中，c_i 为多项式系数（$i = 0,1,2,\cdots,5$）；ξ_j 分别为聚合物溶液黏度、最大渗透率下降系数、不可及孔隙体积分数及最大吸附质量浓度的误差，%（$j = A,B,C,D$）。

为了得到误差预测模型的各系数，对 4 个因素进行正交试验设计，认为各参数误差之间相互独立，不存在交互作用，每个参数有 5 个水平，因而可采用 $L_{25}(5^4)$ 正交表生成样本集，各因素与水平如表 2-4 所示。

利用正交设计生成的各拟合样本进行聚合物驱相对渗透率曲线计算，统计各拟合样本的水相相对渗透率曲线的计算误差，并通过多项式回归得到水相相对渗透率曲线计算误差的预测模型：

$$\eta_w = 0.748\xi_A + 0.0037\xi_B^2 + 0.8581\xi_B + 0.5059\xi_C - 0.492\xi_D + 0.0445 \tag{2-63}$$

表 2-4　正交试验设计表

水平	因素 A (聚合物溶液黏度)		因素 B (最大渗透率下降系数)		因素 C (不可及孔隙体积分数)		因素 D (聚合物最大吸附质量浓度)	
	取值 /(mPa·s)	误差 /%	取值	误差 /%	取值	误差 /%	取值 /(10^{-5}kg/kg)	误差 /%
1	8.47	−30	1.022	−30	0.056	−30	12.88	−30
2	8.47	−30	1.241	−15	0.068	−15	15.64	−15
3	8.47	−30	1.46	0	0.08	0	18.4	0
4	8.47	−30	1.679	15	0.092	15	21.16	15
5	8.47	−30	1.898	30	0.104	30	23.92	30
6	10.285	−15	1.022	−30	0.068	−15	18.4	0
7	10.285	−15	1.241	−15	0.08	0	21.16	15
8	10.285	−15	1.46	0	0.092	15	23.92	30
9	10.285	−15	1.679	15	0.104	30	12.88	−30
10	10.285	−15	1.898	30	0.056	−30	15.64	−15
11	12.1	0	1.022	−30	0.08	0	23.92	30
12	12.1	0	1.241	−15	0.092	15	12.88	−30
13	12.1	0	1.46	0	0.104	30	15.64	−15
14	12.1	0	1.679	15	0.056	−30	18.4	0
15	12.1	0	1.898	30	0.068	−15	21.16	15
16	13.915	15	1.022	−30	0.092	15	15.64	−15
17	13.915	15	1.241	−15	0.104	30	18.4	0
18	13.915	15	1.46	0	0.056	−30	21.16	15
19	13.915	15	1.679	15	0.068	−15	23.92	30
20	13.915	15	1.898	30	0.08	0	12.88	−30
21	15.73	30	1.022	−30	0.104	30	21.16	15
22	15.73	30	1.241	−15	0.056	−30	23.92	30
23	15.73	30	1.46	0	0.068	−15	12.88	−30
24	15.73	30	1.679	15	0.08	0	15.64	−15
25	15.73	30	1.898	30	0.092	15	18.4	0

　　为了验证上述模型的准确性，通过 6 个检验点对预测模型进行检验，检验点不同因素误差取值如表 2-5 所示。图 2-15 是正交设计拟合样本及检验点对应的水相相对渗透率曲线计算误差的实际值与模型计算值的对应关系。可以看出，正交设计拟合样本和各检验点所对应的实际误差与模型计算值之间具有良好的匹配关系，所得到的误差预测模型可用来估计聚合物驱相对渗透率曲线的计算误差。

表 2-5 检验点不同因素误差取值

预测点	因素 A（聚合物溶液黏度）		因素 B（最大渗透率下降系数）		因素 C（不可及孔隙体积分数）		因素 D（聚合物最大吸附质量浓度）	
	取值/(mPa·s)	误差/%	取值	误差/%	取值	误差/%	取值/(10^{-5}kg/kg)	误差/%
1	9.68	−20	1.168	−20	0.064	−20	14.72	−20
2	10.89	−10	1.314	−10	0.072	−10	16.56	−10
3	11.495	−5	1.387	−5	0.076	−5	17.48	−5
4	12.705	5	1.533	5	0.084	5	19.32	5
5	13.31	10	1.606	10	0.088	10	20.24	10
6	14.52	20	1.752	20	0.096	20	22.08	20

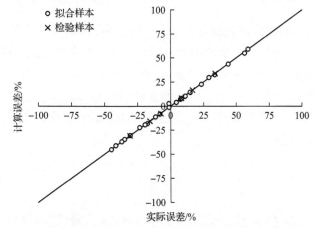

图 2-15 聚合物驱水相相对渗透率曲线误差计算值与实际值关系

第三节 聚合物驱相对渗透率曲线规律

Barreau 等（1999）忽略聚合物的扩散现象，假设聚合物均匀吸附在岩石壁面上，采用非稳态法对聚合物驱相对渗透率曲线进行了测量，结果表明聚合物驱可以增加束缚水饱和度，并显著降低水相相对渗透率，而对于油相相对渗透率则影响较小。随后 Bo 等（2003）忽略聚合物的扩散和吸附现象，采用孔隙网络模型研究了聚合物的增黏作用对相对渗透率的影响，他们发现当界面张力较高时，聚合物的增黏作用对油水相相对渗透率的影响较小，但当界面张力较低时，水相相对渗透率明显降低，而油相相对渗透率变化较小。Song 等（2015）研究了裂缝型页岩油藏中聚合物对于气水相相对渗透率的不均衡影响，结果表明聚合物对于水相相对渗透率的降低幅度远大于气相。

在实际油藏聚合物驱过程中，一方面地层中聚合物分布不均，不同位置处的聚合物溶液黏度差异较大；另一方面径向流动导致近井和远井地带的聚合物溶液渗流速度存在显著差异，因此有必要开展聚合物溶液黏度和渗流速度对相对渗透率曲线的影响规律研究。

一、聚合物驱驱替实验

1. 实验条件

采用的实验条件：①实验温度为 50℃；②实验设备为 ISCO 高精度驱替泵、高压岩心夹持器、Brookfield 数显旋转黏度计；③聚合物为阴离子型聚丙烯酰胺，分子量为 1800 万，固含率≥90.0%，呈白色颗粒或粉末状；④水样为矿化度 14203mg/L 的地层水，pH 约为 7.5，黏度为 0.71mPa·s；⑤油样为胜利油田原油，黏度为 29.5mPa·s；⑥岩心为直径 2.5cm、长度 20cm 的人造均质岩心，被均匀切割成长度为 10cm 的两块，其中一块用于水驱或聚合物驱驱油实验，另一块用于测定最大渗透率下降系数，岩心水测渗透率约为 $1000 \times 10^{-3} \mu m^2$。

2. 方案设计

（1）研究聚合物溶液黏度对相对渗透率曲线的影响。设计四组实验，其中水驱油实验作为对照组，另外三组为聚合物驱油实验，聚合物溶液黏度和原油黏度比分别为 1∶2、2∶2、3∶2，实验的注入速度为 0.2cm³/min，聚合物注入浓度为 1200mg/L。

（2）研究渗流速度对聚合物驱相对渗透率曲线的影响。设计五组实验，其中聚合物溶液黏度和原油黏度比均为 2∶3，五组实验具有不同的注入速度，对注入速度 I_v 采用式（2-64）进行转换可得到渗流速度 v：

$$v = \frac{I_v}{A} \tag{2-64}$$

式中，v 为渗流速度，cm/s；I_v 为注入速度，cm³/s；A 为渗流截面积，cm²。

聚合物溶液是非牛顿流体，其在不同渗流速度时可表现出不同的特性，通常在高渗流速度时表现为黏弹性，而在中低渗流速度时表现为以黏性为主，在此仅进行中低渗流速度即黏性为主时的聚合物驱相对渗透率曲线研究。为了制定合理的渗流速度，根据 Seright 等（2011）、Seright（2017）所采用的方法对该部分实验所用聚合物溶液在多孔介质中的流变曲线进行了测试，结果如图 2-16 所示。可以看出，当注入速度低于 7cm³/min 时，曲线未发生上翘，聚合物溶液以黏性为主，因而该部分的五组实验所用注入速度分别设定为 0.2cm³/min、0.5cm³/min、1cm³/min、3cm³/min、5cm³/min。

3. 实验流程

按照中华人民共和国石油天然气行业标准《驱油用聚合物技术要求》（SY/T 5862—2020）及国家标准《岩石中两相流体相对渗透率测定方法》（GB/T 28912—2012）所要求的标准开展实验，具体实验流程如下。

（1）岩心抽真空并饱和水，根据岩心进水体积计算孔隙度。

（2）按照图 2-17 连接实验设备，变速度水驱岩心并记录岩心两端压力差，根据达西公式计算岩心渗透率。

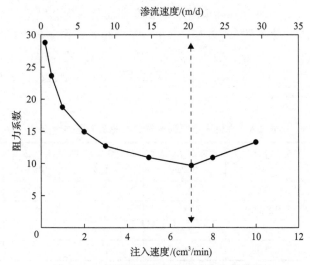

图 2-16　实验测得的聚合物溶液流变曲线

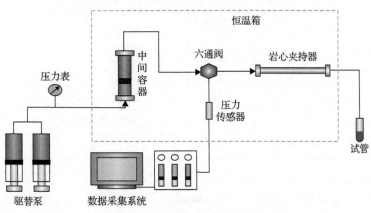

图 2-17　驱替实验系统示意图

　　(3)按照方案设计的注入速度首先对岩心恒速注水，压力稳定后记录压力值 p_1，然后注入已配好的聚合物溶液，待压力稳定后重新注水直至压力再次稳定并记录压力值 p_2，整个驱替过程保持同一注入速度，根据 p_2 与 p_1 的比计算最大渗透率下降系数。

　　(4)以 $0.2cm^3/min$ 的注入速度对另一部分岩心进行饱和油处理，根据体积守恒法计算束缚水饱和度。

　　(5)按照方案设计的注入速度和聚合物溶液黏度进行聚合物驱油实验，并记录不同时刻注入端的压力及累积产油量和累积产水量。当不再有油产出时实验停止，并利用质量守恒法计算岩心残余油饱和度。实验中的所有操作参考国家标准《岩石中两相流体相对渗透率测定方法》(GB/T 28912—2012)执行。

二、聚合物溶液黏度对相对渗透率曲线的影响

　　水驱和不同黏度聚合物驱实验基本参数如表 2-6 所示，其中方案 1 为水驱方案，四组实验中岩心的束缚水饱和度和残余油饱和度的最大差值仅分别为 0.012 和 0.02，考虑

实验误差的影响，可认为所得到的束缚水饱和度和残余油饱和度不具有显著差异。基于实验测得聚合物基本物化参数(表 2-7)，建立一维岩心聚合物驱数值模拟模型。模型左端为注入端，右端为采出端，采出端压力为大气压力，为方便建模，将实际岩心的圆形横截面等效为方形横截面，y 方向和 z 方向上网格单元尺寸为 2.22cm，x 方向共 40 个网格，总长度为 10cm。

表 2-6　水驱和不同黏度聚合物驱实验基本参数

实验方案	渗透率/$10^{-3}\mu m^2$	孔隙度/%	聚合物溶液黏度/(mPa·s)	最大渗透率下降系数	注入体积(PV 数)	束缚水饱和度	残余油饱和度
1	1065	22.02	0.71	1	33.32	0.251	0.205
2	986	20.88	15.9	3.05	8.98	0.256	0.195
3	955	21.13	29.1	3.82	6.95	0.263	0.191
4	923	21.38	46.5	4.36	4.19	0.257	0.185

表 2-7　黏度为 15.9mPa·s 的聚合物的基本物化参数取值

参数	参数取值	参数	参数取值
不可及孔隙体积分数 F_p	0.15	最大渗透率下降系数 R_{kmax}	3.05
最大吸附质量浓度 $\hat{c}_{pmax}$ /$(10^{-5}kg/kg)$	57	扩散系数 d_p/$(10^{-8}m^2/s)$	6.92
黏度系数 a_1/$(kg/m^3)^{-1}$	8.19	黏度系数 a_2/$(kg/m^3)^{-2}$	2.21
黏度系数 a_3/$(kg/m^3)^{-3}$	5.71	剪切速率指数 n_p	0.88
拟塑性区内最小剪切速率 γ_{min} /s^{-1}	31	吸附常数 b_a/$(kg/m^3)^{-1}$	4.97

在相对渗透率计算过程中，当实验测得的动态数据和数值模拟计算得到的动态数据匹配程度最好时，对应目标函数最小，此时的相对渗透率曲线即计算的聚合物驱相对渗透率曲线。图 2-18 和图 2-19 分别为各方案的动态数据拟合结果和对应的相对渗透率曲线。

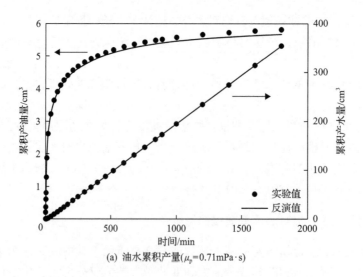

(a) 油水累积产量(μ_p=0.71mPa·s)

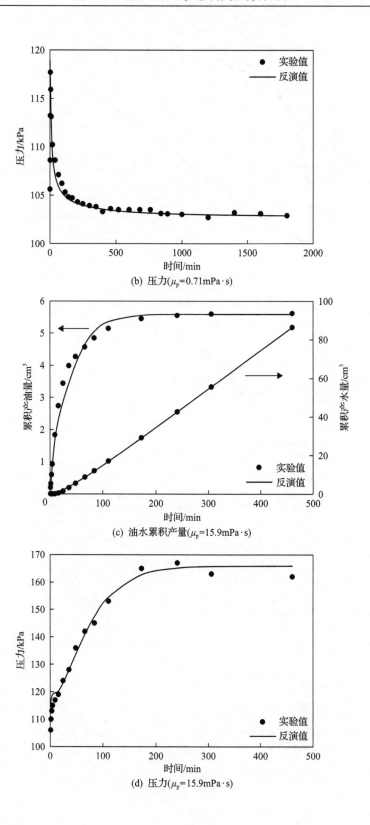

(b) 压力(μ_p=0.71mPa·s)

(c) 油水累积产量(μ_p=15.9mPa·s)

(d) 压力(μ_p=15.9mPa·s)

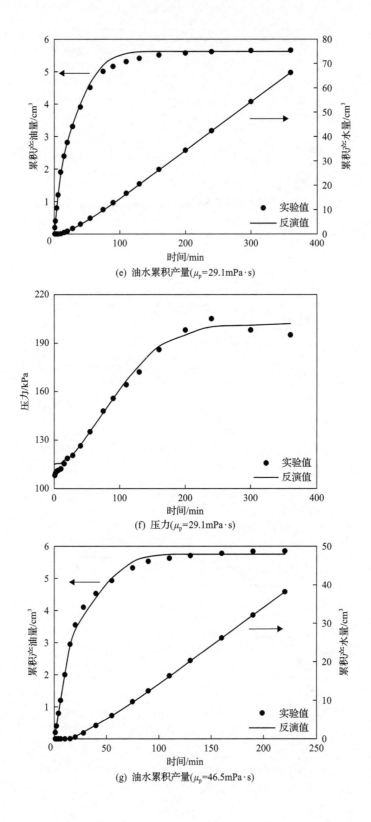

(e) 油水累积产量(μ_p=29.1mPa·s)

(f) 压力(μ_p=29.1mPa·s)

(g) 油水累积产量(μ_p=46.5mPa·s)

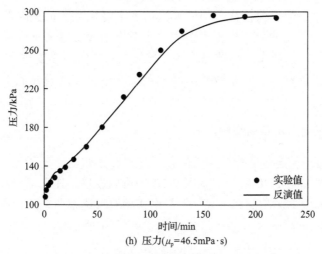

(h) 压力(μ_p=46.5mPa·s)

图 2-18　不同聚合物溶液黏度下的动态数据拟合结果

μ_p-聚合物溶液黏度

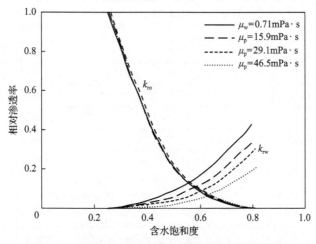

图 2-19　水驱和不同黏度聚合物驱的相对渗透率曲线

图 2-18 各产油曲线表明,四组实验都是初期累积产油量增长较快,几乎呈线性增长,但产油速度很快下降(曲线出现拐点),之后产油速度逐渐降低直至为零,且聚合物溶液黏度越大,实验结束得越早,注入聚合物溶液的体积越小(表 2-6)。这是因为随聚合物溶液黏度增加,水相和油相流度比降低,驱替前缘更容易均匀推进,非活塞现象变弱。压力曲线表明,稳定压力随聚合物溶液黏度增加而升高,这表明随聚合物溶液黏度增加,水相渗流阻力也相应增加。

图 2-19 为计算得到的水驱和不同黏度聚合物驱的相对渗透率曲线,图中四组油水相对渗透率曲线的等渗点含水饱和度均大于 0.5,表明实验用的岩心为水湿岩心。四条油相相对渗透率曲线非常接近,考虑实验和计算的误差,油相相对渗透率曲线之间的差异不具有显著性,即聚合物溶液黏度对油相相对渗透率曲线影响较小。

水相相对渗透率曲线随黏度增大明显下移,虽然以往研究均证实了聚合物可有效降低水相相对渗透率，但目前往往采用最大渗透率下降系数表征其降低程度。与第二节结论类似，虽然所建立的数值模拟模型中已经考虑最大渗透率下降系数的影响，但计算结果表明水相相对渗透率的降低仍然存在，且聚合物溶液黏度越大，降低程度越大，这说明仅仅靠最大渗透率下降系数并不能完全反映聚合物溶液降低水相相对渗透率的能力。

三、渗流速度对相对渗透率曲线的影响

不同渗流速度下聚合物驱驱油实验的各项基本参数如表 2-8 所示，计算得到的油水相相对渗透率曲线如图 2-20 所示。从图 2-20 中可以发现，在水湿岩心中，渗流速度对油相相对渗透率曲线的影响仍然不大，但是水相相对渗透率曲线随渗流速度的增加而上移，即在注入相同黏度的聚合物溶液条件下，随渗流速度增加，水相流体的流动能力增强。

表 2-8　不同渗流速度下的聚合物驱驱油实验基本参数

实验方案	渗透率/$10^{-3}\mu m^2$	孔隙度/%	注入速度/(cm³/min)	渗流速度/(m/d)	最大渗透率下降系数	注入体积(PV 数)	束缚水饱和度	残余油饱和度
5	935	20.88	0.2	0.59	3.44	7.82	0.251	0.189
6	966	22.11	0.5	1.47	3.23	9.85	0.247	0.196
7	1023	20.16	1.0	2.94	3.01	13.45	0.255	0.193
8	986	21.03	3	8.81	2.76	15.40	0.261	0.199
9	1025	21.35	5	14.68	2.38	16.63	0.257	0.205

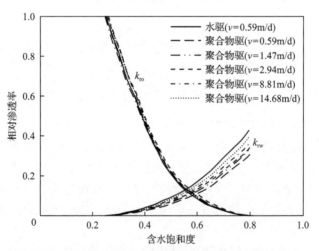

图 2-20　不同渗流速度下的聚合物驱相对渗透率曲线

虽然聚合物溶液具有剪切稀释特性，即聚合物溶液在流动过程中随渗流速度增加黏度会降低，进而增加水相相对渗透率，但在式(2-58)中已经考虑了剪切速率对聚合物溶液黏度的影响，这说明室内实验所测得的剪切稀释性不足以表征聚合物溶液在地层中渗

流时的真实剪切情况。

其主要原因在于室内实验测量聚合物溶液的剪切稀释性时并不会对聚合物产生机械破坏，而由大分子线团构成的聚合物溶液在多孔介质中渗流时其支链容易被破坏，即存在机械降解。为证明该现象，通过实验得到了聚合物溶液以不同渗流速度通过岩心后的机械降解情况，并用黏度损失率对降解程度进行表征，测量结果如表 2-9 所示。

表 2-9　不同渗流速度下聚合物溶液在岩心中的黏度损失率

注入速度/(cm³/min)	岩心出口聚合物溶液黏度/(mPa·s)	黏度损失率/%
0.2	20.3	0.00
0.5	20.1	0.99
1	20.1	0.99
3	20	1.48
5	19.8	2.46

四、聚合物驱水相相对渗透率偏离度表征与曲线预测模型

基于聚合物驱驱油实验，考虑聚合物溶液黏度和渗流速度综合影响，建立了聚合物驱水相相对渗透率偏离度表征与曲线预测模型。

1. 偏离度表征模型

定义偏离度为聚合物驱相对渗透率曲线与水驱相对渗透率曲线之间的偏差程度，即

$$\delta = \frac{\sum\limits_{i=1}^{n}\left(x_{\text{p}i} - x_{\text{w}i}\right)}{\sum\limits_{i=1}^{n} x_{\text{w}i}} \times 100\% \tag{2-65}$$

式中，δ 为偏离度，%；$x_{\text{p}i}$ 为聚合物驱相对渗透率曲线第 i 点的值；$x_{\text{w}i}$ 为相同饱和度下水驱相对渗透率曲线第 i 点的值。

水相和油相相对渗透率曲线偏离度计算结果如图 2-21 和图 2-22 所示，由于油相相对渗透率曲线偏离度较小，仅建立水相相对渗透率曲线偏离度表征模型，其表达式为

$$\delta_{\text{w}} = c_0 + c_1 \times \mu_{\text{p}} + c_2 \times v^{c_3} \tag{2-66}$$

式中，c_i 为多项式系数，$i = 0,1,2,3$；v 为渗流速度，m/d。

为了得到表征模型的各项参数，对聚合物溶液黏度和渗流速度进行四水平全面试验设计建成 L_{16} 试验设计表，如表 2-10 和表 2-11 所示。在各参数间互不影响的假设前提下，按照表 2-11 设计的试验方案进行聚合物驱驱油试验，并计算得到各方案的相对渗透率曲线，统计水相相对渗透率曲线的偏离度并对其进行多元回归得到聚合物溶液黏度和渗流

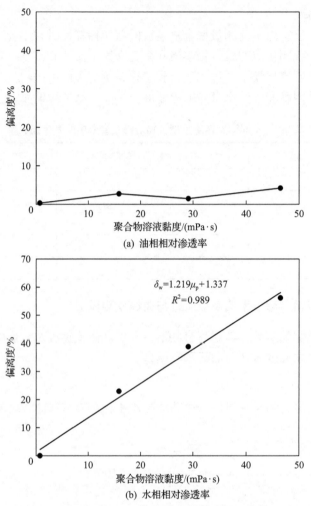

(a) 油相相对渗透率

(b) 水相相对渗透率

图 2-21　聚合物溶液黏度对相对渗透率曲线偏离度的影响

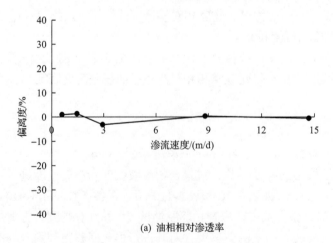

(a) 油相相对渗透率

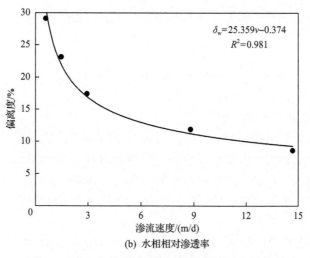

(b) 水相相对渗透率

图 2-22　渗流速度对相对渗透率曲线偏离度的影响

表 2-10　试验的因素和水平设计表

因素	水平			
	1	2	3	4
聚合物溶液黏度/(mPa·s)	10.8	20.3	29.1	38.8
注入速度/(cm³/min)	0.6	1.5	3.0	4.5

表 2-11　试验设计方案及计算结果

方案	聚合物溶液黏度 /(mPa·s)	注入速度 /(cm³/min)	渗流速度 /(m/d)	水相相对渗透率曲线偏离度 /%
1	10.8	0.6	1.76	9.25
2	10.8	1.5	4.40	7.25
3	10.8	3.0	8.81	3.21
4	10.8	4.5	13.21	2.56
5	20.3	0.6	1.76	23.3
6	20.3	1.5	4.40	18.7
7	20.3	3.0	8.81	15.23
8	20.3	4.5	13.21	11.23
9	29.1	0.6	1.76	35.66
10	29.1	1.5	4.40	25.31
11	29.1	3.0	8.81	22.23
12	29.1	4.5	13.21	22.35
13	38.8	0.6	1.76	42.13
14	38.8	1.5	4.40	40.23
15	38.8	3.0	8.81	38.52
16	38.8	4.5	13.21	32.12

速度共同影响下聚合物驱水相相对渗透率曲线偏离度的表征模型，见式(2-67)，回归相关指数 R^2 为 0.973。

$$\delta_{\mathrm{w}} = 1.187\mu_{\mathrm{p}} - 45.012v^{0.095} + 44.306 \tag{2-67}$$

2. 水相相对渗透率曲线预测模型

相对渗透率曲线是由控制节点控制，因而当分别确定了控制油、水相相对渗透率曲线的各节点后就可以利用三次 B 样条函数计算得到相对渗透率曲线，为此需要建立油、水相相对渗透率曲线各控制节点的预测模型。前述计算结果表明，油相相对渗透率曲线不受聚合物溶液黏度和渗流速度的影响，因此只需对水相相对渗透率曲线的各控制节点进行预测。

在计算过程中水相相对渗透率曲线按照无因次含水饱和度均匀划分成 6 段（即 $n=6$），则水相相对渗透率曲线共计 7 个控制节点，各控制节点对应的无因次含水饱和度 $S_{\mathrm{wD}}(z_i)$ 为

$$S_{\mathrm{wD}}(z_i) = 1/6 \times i, \quad i = 0,1,3,\cdots,6 \tag{2-68}$$

建立水相相对渗透率曲线各控制节点的预测模型需要分别对表 2-11 设计的 16 组试验方案的水相相对渗透率曲线的各控制节点进行多元非线性回归，其中已知 z_0^{w} 值为 0，回归得到的其他控制节点的预测模型如下：

$$z_1^{\mathrm{w}} = -4.709 \times 10^{-4}\mu_{\mathrm{p}} - 0.011v^{-0.219} + 0.037 \tag{2-69}$$

$$z_2^{\mathrm{w}} = -1.029 \times 10^{-3}\mu_{\mathrm{p}} - 0.016v^{-0.327} + 0.076 \tag{2-70}$$

$$z_3^{\mathrm{w}} = -1.616 \times 10^{-3}\mu_{\mathrm{p}} + 0.011v^{0.453} + 0.089 \tag{2-71}$$

$$z_4^{\mathrm{w}} = -2.352 \times 10^{-3}\mu_{\mathrm{p}} + 3.121v^{0.006} - 2.951 \tag{2-72}$$

$$z_5^{\mathrm{w}} = -2.625 \times 10^{-3}\mu_{\mathrm{p}} - 0.151v^{-0.193} + 0.405 \tag{2-73}$$

$$z_6^{\mathrm{w}} = -5.035 \times 10^{-3}\mu_{\mathrm{p}} + 0.055v^{0.261} + 0.382 \tag{2-74}$$

3. 模型验证

为验证预测模型的可靠性，对表 2-6 中各方案的控制节点进行预测，并与实际结果进行对比，结果如图 2-23 所示。可以看出，利用预测模型计算得到的聚合物驱水相相对渗透率曲线与实测曲线拟合度较高，三组验证曲线的相关指数 R^2 分别为 0.983、0.988、0.991，因此所建立的模型可用于预测不同聚合物溶液黏度和渗流速度下的水相相对渗透率曲线。

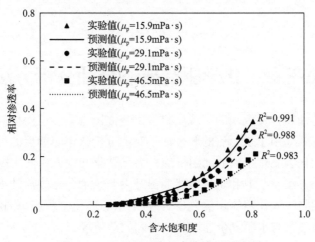

图 2-23　水相相对渗透率曲线预测结果

第三章 化学驱受效剩余油分析方法

剩余油分布是油田开发效果的直观反映，也是油田进一步挖潜提高原油采收率的基础。化学驱方法有效动用了水驱后的剩余油，对比分析化学驱前后的剩余油饱和度分布规律，有助于揭示化学驱剩余油的动用机理，为化学驱开发方式优化提供理论指导。

油藏数值模拟方法是获取和定量描述油田开发剩余油分布规律的重要手段。利用油藏数值模拟获取相同注入孔隙体积倍数(PV 数)下水驱和化学驱剩余油饱和度分布场，计算得到对应网格化学驱与水驱剩余油饱和度之间的差值场，即化学驱受效剩余油分布场。化学驱"受效剩余油"实质上是反映在相同注采开发条件下，化学驱相对于水驱多动用的剩余油(侯健等，2010；Hou et al., 2013)。

本章以二元复合驱为例提出了化学驱受效剩余油分析方法。基于先导试验区油藏和开发条件建立概念模型，进行水驱及化学驱油藏数值模拟。在定义化学驱受效剩余油的基础上，分析聚合物驱、表面活性剂驱和二元复合驱受效剩余油分布及动态变化规律。将二元复合驱受效剩余油区域划分为洗油效率提高区、加合增效区、波及系数改善区三个特征分区，并阐述二元复合驱加合增效特征。提出过流量计算方法，通过过流量提高程度分析揭示受效剩余油分区的成因机制。建立受效剩余油分布定量表征指标，分析不同化学剂浓度下受效剩余油分区特征及提高过流程度的变化规律。讨论储层韵律性、原油黏度、隔夹层分布等因素影响下二元复合驱受效剩余油饱和度分布的差异。

第一节 化学驱受效剩余油分布特征

基于二元复合驱先导试验区油藏条件和开发特征建立概念模型，进行水驱及化学驱油藏数值模拟。在此基础上，分析聚合物驱、表面活性剂驱和二元复合驱等化学驱方法受效剩余油分布及动态变化规律，阐述二元复合驱加合增效特征。

一、油藏数值模拟模型的建立

孤东油田七区西 Ng_5^4 — Ng_6^1 单元是胜利油田第一个实施二元复合驱的区块，其油藏条件和开发特征具有代表性。结合化学剂性能评价室内实验结果，采用化学驱油藏数值模拟软件对二元复合驱单元开发历史进行拟合，确定化学剂物性参数。其中，聚合物物性参数包括注入流体黏度、渗透率下降系数、不可及孔隙体积分数、等温吸附参数等；表面活性剂物性参数包括界面张力、等温吸附参数、相对渗透率变化等。在后续的机理模型研究中，数值模拟均采用获取的二元复合驱化学剂物性参数。

实际油藏地质条件复杂，数值模拟影响因素较多，会对讨论二元复合驱驱油机理产生一定的干扰。以二元复合驱先导试验区开发状况为依据，建立能够反映该区块整体地质特征和化学驱机理的油藏数值模拟概念模型（图 3-1）。概念模型划分为 31×16×36 的网格系统，平面网格大小为 10m×10m。模型采用一注一采系统，排状交错井网。模型设定为高、低渗两个小层，其油藏参数分别与二元复合驱先导试验区 Ng_5^4 和 Ng_6^1 小层相近，两小层平均有效厚度分别为 8.3m 和 4.0m，平均渗透率分别为 $1500\times10^{-3}\mu m^2$ 和 $950\times10^{-3}\mu m^2$。小层内分别划分为 24 个韵律层和 12 个韵律层，以正韵律分布，各层内韵律层垂向变异系数为 0.58，两小层间设置隔层，如图 3-2 所示。模型初始含油饱和度均为 0.72，孔隙度为 0.34，原油黏度为 45mPa·s。

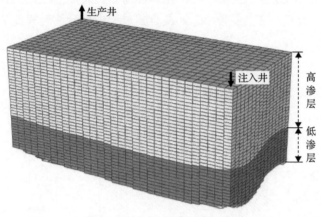

图 3-1　油藏数值模拟概念模型

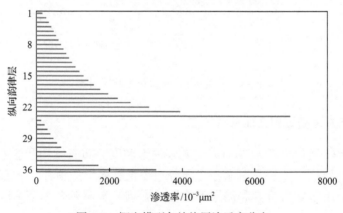

图 3-2　概念模型各韵律层渗透率分布

基于二元复合驱先导试验区开发历史设置概念模型注采动态。转二元复合驱时含水率为 96.1%，化学剂注入阶段采用三个化学剂段塞的注入方式，共注入 0.45PV：前置段塞注入浓度为 2000mg/L 的聚合物（段塞尺寸为 0.05PV）；主体段塞注入浓度为 1700mg/L 的聚合物和质量分数为 0.45% 的表面活性剂复合体系（段塞尺寸为 0.30PV）；后置段塞注入浓度为 1500mg/L 的聚合物（段塞尺寸为 0.10PV）。

为了对比不同化学驱方法受效剩余油分布的差异，在二元复合驱注入方案的基础上分别建立了聚合物驱、表面活性剂驱和水驱油藏数值模拟注入方案，建立的各方案与二元复合驱方案注采时间一致且生产动态参数相同，只是注入化学剂用量有所不同。其中，聚合物驱化学剂注入阶段注入方案为 0.05PV 浓度为 2000mg/L 的聚合物前置段塞+0.30PV 浓度为 1700mg/L 的聚合物主体段塞+0.10PV 浓度为 1500mg/L 的聚合物后置段塞；表面活性剂驱化学剂注入阶段注入方案为 0.05PV 水前置段塞+0.30PV 浓度为 0.45%的表面活性剂段塞+0.10PV 水后置段塞；水驱阶段在相同的 0.45PV 段塞中单纯注入水，未注化学剂。

水驱和不同化学驱方法最终采收率对比如图 3-3 所示。聚合物驱、表面活性剂驱、二元复合驱相对于水驱提高采收率分别为 9.07 个百分点、2.04 个百分点、14.10 个百分点。相对于水驱，二元复合驱提高采收率比聚合物驱和表面活性剂驱各自提高采收率之和还要高 2.99 个百分点，这主要是由二元复合驱过程中聚合物与表面活性剂的协同作用的结果。

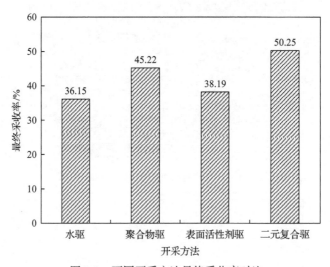

图 3-3　不同开采方法最终采收率对比

二、不同化学驱方法受效剩余油分布特征

概念模型水驱至含水率为 98%时的剩余油饱和度分布三维图和注采井间剖面图如图 3-4 所示。可以看出，水驱后剩余油主要分布于正韵律层的顶部，并且越靠近生产井，剩余油越富集。由于重力分异和储层韵律性的影响，水驱剩余油富集区域边缘呈"下凸状"。

分别进行二元复合驱、聚合物驱和表面活性剂驱油藏数值模拟，对比不同化学驱方法开采结束时与水驱结束时剩余油饱和度分布的差别，分析不同化学驱方法受效剩余油分布特征。

1. 二元复合驱受效剩余油分布特征

二元复合驱后续水驱阶段含水率恢复到 98%时刻的剩余油饱和度分布如图 3-5 所示。可以看出，二元复合驱后剩余油分布明显少于水驱，注入井附近及高渗韵律层剩余油饱和度接近残余油饱和度，远离注入井的中低渗韵律段含油饱和度高，但在此处的含油饱和度分布与水驱仍有所差别，二元复合驱波及范围更大，驱油效率更高。

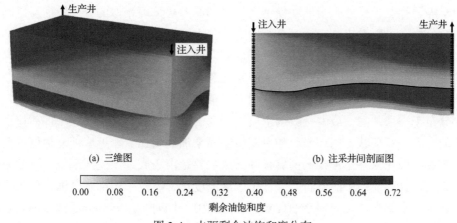

(a) 三维图　　　　　　　　　　　(b) 注采井间剖面图

0.00　0.08　0.16　0.24　0.32　0.40　0.48　0.56　0.64　0.72
剩余油饱和度

图 3-4　水驱剩余油饱和度分布

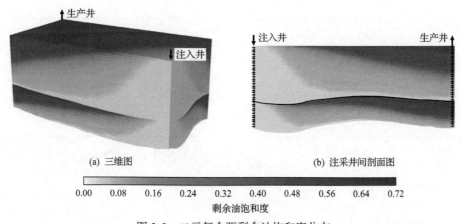

(a) 三维图　　　　　　　　　　　(b) 注采井间剖面图

0.00　0.08　0.16　0.24　0.32　0.40　0.48　0.56　0.64　0.72
剩余油饱和度

图 3-5　二元复合驱剩余油饱和度分布

为进一步分析化学驱相对水驱动用剩余油机制，计算了二元复合驱开发结束时各网格剩余油饱和度与相同注入孔隙体积倍数时水驱开发对应网格剩余油饱和度之间的差值，得到饱和度差值场，即二元复合驱受效剩余油分布场，如图 3-6 所示。

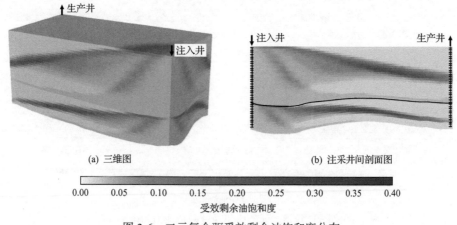

(a) 三维图　　　　　　　　　　　(b) 注采井间剖面图

0.00　0.05　0.10　0.15　0.20　0.25　0.30　0.35　0.40
受效剩余油饱和度

图 3-6　二元复合驱受效剩余油饱和度分布

　　由于隔层存在，受效剩余油在模型高渗层和低渗层呈现相似的分区特征。以高渗层为例进行分析，可以看出，二元复合驱增效油分为两个区域：注入井周围的"坝形"受效剩余油和注采井间的"斜纺锤体形"受效剩余油，其中后者受效剩余油饱和度高于前者，前者边缘部分受效剩余油饱和度高于其内部区域。

　　图 3-7 为部分韵律层二元复合驱受效剩余油饱和度平面分布。可以看出，受效剩余油主要分布于注采井间，最大受效剩余油饱和度层位分布于第 7～13 层中部韵律段，在平面上的分布呈双环状，内环半径随着韵律层的增加而增加。靠近底部韵律层，受效剩余油分布逐渐向注采井主流线的两翼移动，这主要是由于底部主流线部位水驱效果已经很好，二元复合驱体系中的聚合物降低了水油流度比，波及了边部剩余油，增大了波及系数，动用了水驱未波及的剩余油（Du et al., 2019）。同时，二元复合驱体系中的表面活性剂降低了油水界面张力，提高了高渗韵律层的洗油效率，高渗韵律层也存在受效剩余

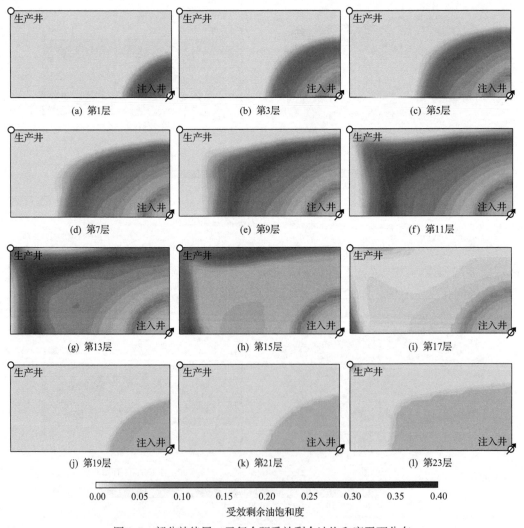

图 3-7　部分韵律层二元复合驱受效剩余油饱和度平面分布

油，说明二元复合驱改善了高渗韵律层的开发效果。

2. 聚合物驱受效剩余油分布特征

聚合物驱后续水驱阶段含水率恢复到 98%时刻的剩余油饱和度分布图如图 3-8 所示。与水驱结束时剩余油饱和度分布（图 3-4）对比，可以看出，水驱开发过程中，由于重力分异和储层韵律性的影响，剩余油富集区域边缘呈"下凸状"；聚合物驱开发过程中，聚合物驱较好地抑制了注入流体在高渗层的窜流，使注入流体更多地冲刷高渗层上部层位，而且聚合物的调驱作用使冲刷作用动力很强，聚合物驱剩余油富集区域边缘呈"下凹状"。

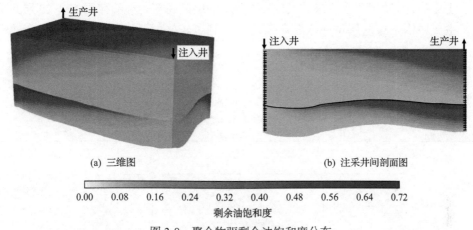

(a) 三维图　　　　　　　　　　　　　　(b) 注采井间剖面图

0.00　0.08　0.16　0.24　0.32　0.40　0.48　0.56　0.64　0.72
剩余油饱和度

图 3-8　聚合物驱剩余油饱和度分布

聚合物驱受效剩余油饱和度分布如图 3-9 所示。可以看出，由于聚合物溶液的调驱作用，各个小层在不同开发时刻相继受效。受效剩余油主要存在于水驱注水窜流区的上部，而注入井和生产井附近受效剩余油饱和度较低，注采井间的中间部位受效剩余油饱和度相对较高，并且分布范围较大；同时距离注入井越近，受效剩余油越靠近顶部，因

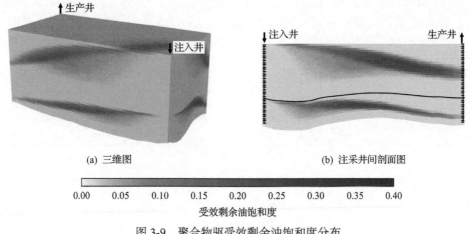

(a) 三维图　　　　　　　　　　　　　　(b) 注采井间剖面图

0.00　0.05　0.10　0.15　0.20　0.25　0.30　0.35　0.40
受效剩余油饱和度

图 3-9　聚合物驱受效剩余油饱和度分布

此呈"斜纺锤体形"。"纺锤体"的上部靠近生产井一侧由于聚合物驱仍然存在窜流，不能够波及，不存在受效剩余油；"纺锤体"的下部由于水驱作用剧烈，水淹已经很严重，聚合物驱不能再提高其开发效果，受效剩余油也较少。受效剩余油垂向分布位置及分布规律充分说明了聚合物驱提高采收率的调驱机理：聚合物注入后有效调整了吸水剖面，注入水向上部中、低渗层位推进，有效动用了顶部剩余油。

　　图 3-10 为部分韵律层聚合物驱受效剩余油饱和度平面分布。可以看出，受效剩余油主要分布于注采井间，呈环状分布，最大受效剩余油饱和度层位分布于中部韵律段的第 5～13 层；越靠近底部，受效剩余油分布逐渐向注采井主流线的两翼移动，这主要是由于底部主流线部位水驱效果已经很好，聚合物驱增大了水油流度比，波及了边部剩余油，扩大了波及系数，动用了水驱未波及的剩余油；油层最底部高渗韵律层 17～23 层几乎未受效，主要原因是这些层位在水驱阶段已经达到了较好的开发效果，接近残余油饱和

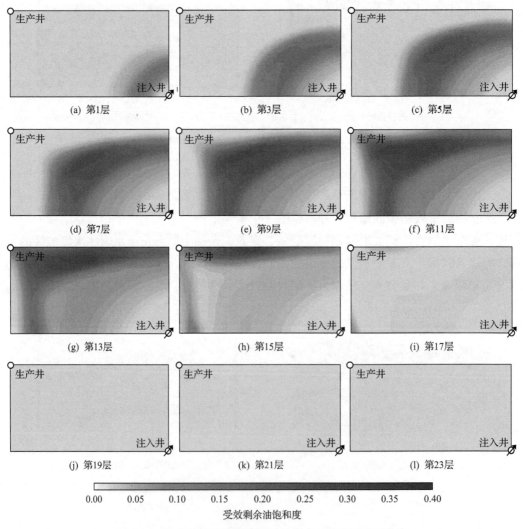

图 3-10　部分韵律层聚合物驱受效剩余油饱和度平面分布

度，另一原因是聚合物的调驱作用使注入流体在这些高渗层位流量相对减少，冲刷程度降低，这两个原因最终导致这些高渗层位受效程度低。

3. 表面活性剂驱受效剩余油分布特征

表面活性剂驱后续水驱阶段含水率恢复到 98%时刻的剩余油饱和度分布图如图 3-11 所示。可以看出，表面活性剂驱后剩余油主要分布于层位的顶部，并且越靠近生产井，剩余油越富集。表面活性剂通过在油水界面吸附，降低油水界面张力。原油黏附功减小，容易在孔喉固体表面上被洗下来，提高洗油效率。注入井附近区域表面活性剂驱洗油作用明显，剩余油饱和度接近零。

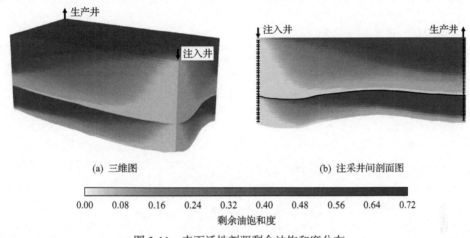

(a) 三维图　　　　　　　　　(b) 注采井间剖面图

| 0.00 | 0.08 | 0.16 | 0.24 | 0.32 | 0.40 | 0.48 | 0.56 | 0.64 | 0.72 |

剩余油饱和度

图 3-11　表面活性剂驱剩余油饱和度分布

表面活性剂驱受效剩余油饱和度分布如图 3-12 所示。可以看出，表面活性剂驱受效剩余油主要集中在注入井附近，在垂向上呈现"坝形"分布；从低渗韵律层到高渗韵律层，剩余油受效程度越来越高；在重力分异和韵律性作用下，"坝形"受效剩余油边缘呈明显的下凹趋势。

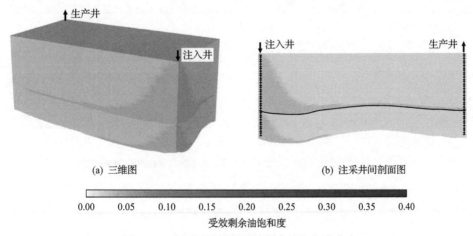

(a) 三维图　　　　　　　　　(b) 注采井间剖面图

| 0.00 | 0.05 | 0.10 | 0.15 | 0.20 | 0.25 | 0.30 | 0.35 | 0.40 |

受效剩余油饱和度

图 3-12　表面活性剂驱受效剩余油饱和度分布

图 3-13 为部分韵律层表面活性剂驱受效剩余油饱和度平面分布。可以看出，受效剩余油主要分布于底部高渗韵律层，越靠近底部，受效剩余油分布面积越大。与其他韵律层受效剩余油的分布相比，第 23 层受效面积突然变大，这主要是水驱开发方式底部主流线部位开发效果已经很好，接近残余油饱和度，渗流阻力变小，导致该韵律层表面活性剂溶液较多，在高渗韵律层洗油效果显著。油层顶部低渗韵律层几乎未受效，主要原因是在储层韵律性和重力作用下，这些层位在水驱阶段开发效果较差，渗流阻力会相对较大，表面活性剂溶液在地层中很快就流向了相对高渗层位，受效不明显。总之，在低渗韵律层，表面活性剂冲刷程度小，受效剩余油面积较小，表面活性剂驱过流量主要集中在高渗韵律层，导致高渗韵律层受效剩余油范围与低渗韵律层相比明显增加。

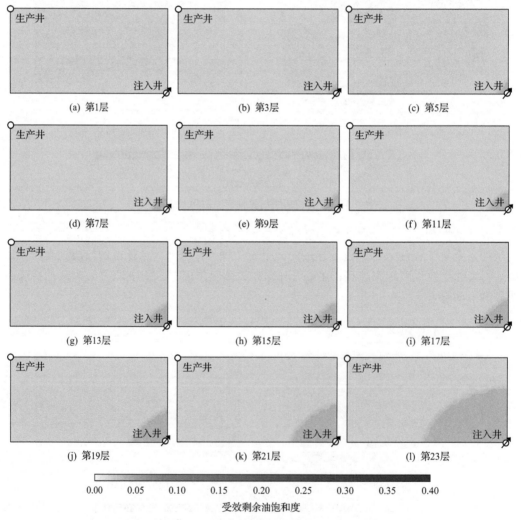

图 3-13　部分韵律层表面活性剂驱受效剩余油饱和度平面分布

三、二元复合驱加合增效特征

与注入水相比，二元复合体系作为驱替介质具有溶液黏度大、波及系数高、油水界面张力低、洗油效率高的优势。油藏不同区域的剩余油受效机理有所不同，呈现分区特征，如图 3-14 所示。在注入过程中，由于高渗韵律层的流度高于低渗韵律层的流度，二元复合体系优先进入高渗韵律层。体系中的聚合物分子在高渗韵律层的孔隙结构中产生滞留，从而对高渗韵律层进行有效封堵，产生残余渗流阻力导致驱替液上返，驱替介质向上部中低韵律层窜流，对中低渗韵律层进行有效驱替，该部位水驱结束时含油饱和度高，因此垂向上受效剩余油分布呈现"斜纺锤体形"，如图 3-14 中 P 区所示，定义为波及系数改善区。二元复合体系中的聚合物能够改善注入剖面、提高流体黏度，进而扩大波及体积，这是 P 区受效剩余油形成的主要原因，而表面活性剂对高含油饱和度部位洗油效率提高的作用有限。

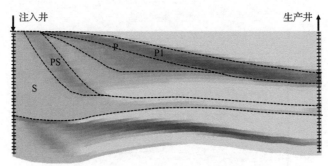

图 3-14　二元复合驱受效剩余油分区

S-洗油效率提高区；PS-加合增效区；P-波及系数改善区；P1-波及系数强改善区

水驱后注入井附近及高渗韵律层含油饱和度接近水驱残余油饱和度，二元复合体系注入后，体系中的表面活性剂在注入井附近及高渗韵律层降低油水界面张力，发挥强洗油作用（Wang et al.，2009a）。表面活性剂增油区域主要位于图 3-14 中的 S 区和 PS 区，且这两个区的产生机理也不同：S 区为洗油效率提高区，受效剩余油的受效强度较低，该部位由于离注入井较近，水驱冲刷倍数高，且含油饱和度接近水驱残余油饱和度，二元复合体系中聚合物的增黏和降低渗透率机理发挥作用不大，这个部位受效油主要来自二元复合体系中表面活性剂降低油水界面张力机理的作用贡献；PS 区为二元复合驱加合增效区，受效剩余油强度高于 S 区，主要是因为该部位水驱后剩余油饱和度相对于 S 区要高，而且与注入井距离越远，含油饱和度越高，渗流阻力越大，呈现为具有一定增效宽度的"坝形"边缘。此部位增效油的形成是二元体系中聚合物和表面活性剂加合增效机制作用的结果。

综上所述，二元复合驱受效剩余油可以划分为洗油效率提高区（S 区）、加合增效区（PS 区）、波及系数改善区（P 区）三个特征分区（图 3-14）。S 区呈"坝形"分布，受效剩余油饱和度较低，主要位于高渗层注入井附近；PS 区受效剩余油较高，位于 S 区周围；P 区呈"斜纺锤体形"，受效剩余油饱和度更高，主要位于低渗层远离注入井部位。在 P

区内部的 P1 区的受效剩余油饱和度明显高于 P 区其他部位,因此将 P1 区命名为波及系数强改善区。

　　图 3-15 对比了聚合物驱、表面活性剂驱及二元复合驱受效剩余油分布。可以看出,聚合物驱受效剩余油分布仅包含波及系数改善区(P 区),表面活性剂驱受效剩余油分布仅包含洗油效率提高区(S 区),而二元复合驱受效剩余油分布除了包含 S 区、P 区外,还增加了一个加合增效区(PS 区)。加合增效区的形成是聚合物和表面活性剂协同作用的结果,也是二元复合驱提高原油采收率大于单一聚合物驱和单一表面活性剂驱提高原油采收率之和的原因。

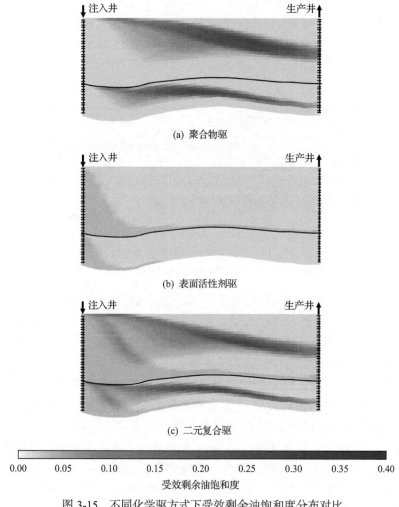

图 3-15　不同化学驱方式下受效剩余油饱和度分布对比

四、化学驱受效剩余油分布的动态变化规律

　　在不同开发阶段,化学驱受效剩余油分布呈现动态变化。以化学剂开始注入时为起始时刻,绘制不同注入体积(PV 数)时刻受效剩余油分布图。选取了 6 个不同时刻:

0.08PV（注入前置段塞+0.03PV 主体段塞）、0.35PV（主体段塞注入结束）、0.45PV（化学剂注入阶段结束）、0.7PV（后续水驱阶段）、1.0PV（后续水驱阶段）、2.0PV（后续水驱阶段）。

1. 聚合物驱受效剩余油分布的动态变化规律

聚合物驱不同时刻受效剩余油饱和度分布动态变化如图 3-16 所示。可以看出，注聚合物初期聚合物驱受效剩余油主要集中在注入井周围，呈"坝形"分布。随着聚合物注入量的增加，聚合物有效调整吸水剖面，使聚合物驱"纺锤体形"受效剩余油逐渐显现，"纺锤体"的中轴线逐渐变长。在后续水驱阶段，"纺锤体形"受效剩余油分布基本定型，并随着后续水驱的进行其起始点远离注入井，终结点更靠近生产井，此阶段"纺锤体形"受效剩余油的左下区域渐渐消失，并变得修长，而其中轴线逐步远离高渗层位向上部低渗层位偏移。

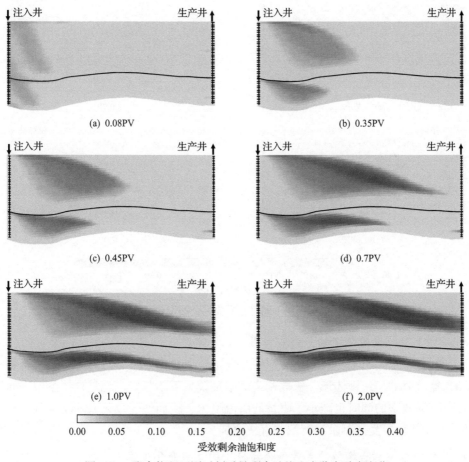

图 3-16　聚合物驱不同时刻受效剩余油饱和度分布动态变化

2. 表面活性剂驱受效剩余油分布的动态变化规律

表面活性剂驱不同时刻受效剩余油饱和度分布动态变化如图 3-17 所示。可以看出，在注入体积为 0.08PV 时刻（表面活性剂注入了 0.03PV），表面活性剂驱受效剩余油主要分布于注入井井底，受效范围较小；在注入 0.35PV 时刻和 0.45PV 时刻表面活性剂驱垂向上受效剩余油分布范围扩大，但两个时刻的受效区域形状变化不大；在后续水驱阶段，随注入 PV 增加，平面上表面活性剂洗油的范围不断增加，但受效剩余油区域的边缘受效程度有所降低。

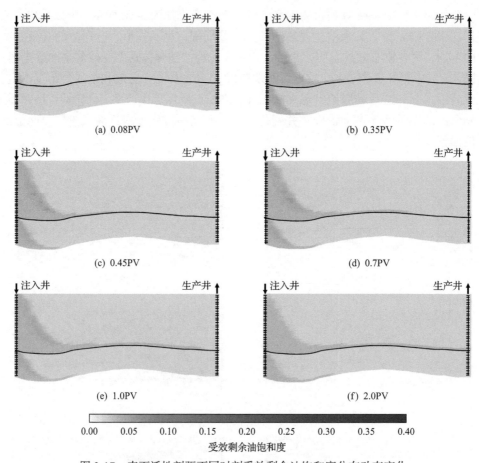

图 3-17　表面活性剂驱不同时刻受效剩余油饱和度分布动态变化

3. 二元复合驱受效剩余油分布的动态变化规律

二元复合驱不同时刻受效剩余油饱和度分布动态变化如图 3-18 所示。与聚合物驱相比，二元复合驱的"纺锤体形"受效剩余油中轴线呈下凹状。二元复合体系中表面活性剂在提高驱油效率的同时也减小了驱替的渗流阻力，反而使受效区域的波及范围有所减小，但第 24 韵律层受效剩余油范围一直在增加。

4. 二元复合驱加合增效区受效剩余油分布的动态变化规律

二元复合驱加合增效区受效剩余油饱和度分布动态变化如图 3-19 所示。可以看出，注入开发初期加合增效区位于注入井附近，靠近井底分布，范围较小；随着开发的进行，二元复合驱加合增效区离注入井越来越远，在化学剂注入阶段形成了两个相对集中的加合增效区域；进入后续水驱阶段后，靠近生产井的相对集中的加合增效区域逐渐消失，同时加合增效剩余油的形状和范围变化速度变缓。

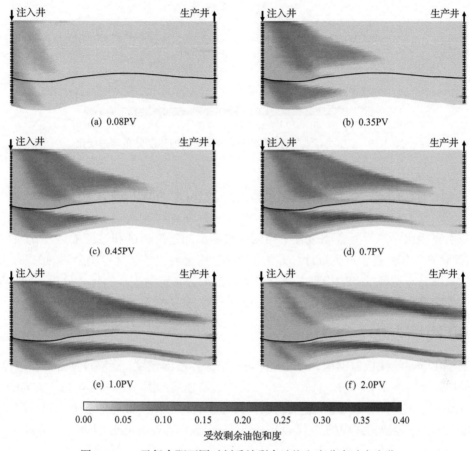

图 3-18　二元复合驱不同时刻受效剩余油饱和度分布动态变化

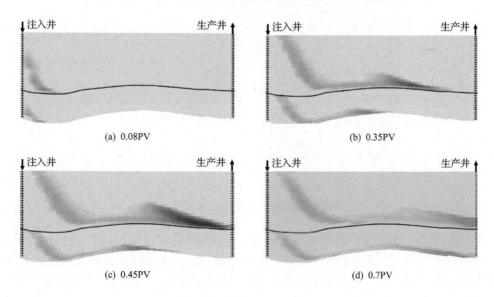

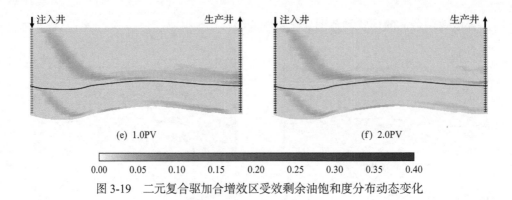

(e) 1.0PV　　　　　　　　　　　　　　　(f) 2.0PV

0.00　0.05　0.10　0.15　0.20　0.25　0.30　0.35　0.40

图 3-19　二元复合驱加合增效区受效剩余油饱和度分布动态变化

第二节　化学驱受效剩余油产生机理分析

与水驱相比,二元复合驱过程中相同油藏部位的过流速度和过流量(包括过油量和过水量)存在差别。基于过流量计算方法,分析过流量与化学驱受效剩余油的关系,揭示受效剩余油分布特征的产生机理。建立受效剩余油分布定量表征指标,分析不同化学剂浓度下受效剩余油分布的变化规律。

一、过流量计算方法

基于化学驱油藏数值模拟,通过统计各网格流体渗流速度,能够计算各网格过流量。数值模拟模型网格 (i,j,k) 在 x、y、z 三个方向的过流速度如图 3-20 所示。每个方向的过流速度(Flux)均由过水速度和过油速度组成,其中过水速度和过油速度分别由 $[\mathrm{Flux}_D^w(t)]_{i,j,k}$ 和 $[\mathrm{Flux}_D^o(t)]_{i,j,k}$ 表征,式中的 D 代表 x、y、z 三个方向,w 和 o 分别代表水和油。

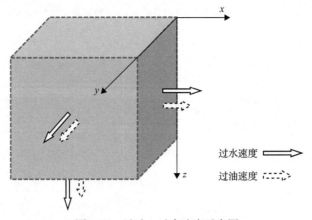

过水速度　⟹
过油速度　⤍

图 3-20　过油、过水速度示意图

过流量是指一定时间阶段内通过网格的流体累积体积。过流量(FT)根据过流速度的绝对值与时间的乘积计算得到。考虑过流量的矢量性,从 0 到 T 时刻模型网格 (i,j,k) 的 D 方向过水量、过油量、过流量分别用 $(\mathrm{FT}_D^w)_{i,j,k}$、$(\mathrm{FT}_D^o)_{i,j,k}$、$(\mathrm{FT}_D^{w+o})_{i,j,k}$ 表示,即

$$(FT_D^W)_{i,j,k} = \int_0^T \left| \left[Flux_D^W(t) \right]_{i,j,k} \right| dt \tag{3-1}$$

$$(FT_D^o)_{i,j,k} = \int_0^T \left| \left[Flux_D^o(t) \right]_{i,j,k} \right| dt \tag{3-2}$$

$$(FT_D^{w+o})_{i,j,k} = (FT_D^W)_{i,j,k} + (FT_D^o)_{i,j,k} \tag{3-3}$$

网格 (i,j,k) 在 T 时刻总的过流量 $\left| FT_{i,j,k}^{w+o} \right|$ 等于三个方向过流量的总和，如式 (3-4) 所示。为了更好地理解，图 3-21 展示了 $\left| FT_{i,j,k}^{w+o} \right|$ 与 $(FT_D^{w+o})_{i,j,k}$ 的几何关系。

$$\left| FT_{i,j,k}^{w+o} \right| = \sqrt{\sum_{D=x,y,z} \left((FT_D^{w+o})_{i,j,k} \right)^2} \tag{3-4}$$

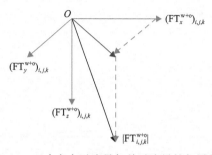

图 3-21　三个方向过流量与总过流量的矢量关系

根据油藏数值模拟计算得到各网格过流速度，通过式 (3-4) 即可计算得到各网格的过流量。以概念模型第 1 韵律层为例，绘制了水驱和二元复合驱过流量分布等值图，如图 3-22 所示。可以看出，不管是水驱还是二元复合驱，过流量较大区域均位于注入井和生产井附近，主流线两翼过流量较小。在该韵律层二元复合驱主流线部位过流量高于水驱，说明二元复合驱在该韵律层的波及程度高于水驱。

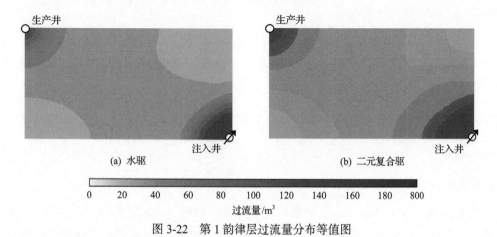

图 3-22　第 1 韵律层过流量分布等值图

　　为进一步计算韵律层的整体过流量，定义韵律层过流量表达式，见式(3-5)。统计计算了水驱高渗层各韵律层过流量，如图 3-23 所示。可以看出，由于高渗层各韵律层的渗透率呈正韵律分布，随着韵律层序号增加，各韵律层过流量增加，第 24 韵律层的过流量为第 1 韵律层的 705.2 倍，高渗韵律层与低渗韵律层过流量差异显著。

$$\left| FT_m^{w+o} \right| = \sqrt{ \sum_{D=x,y,z} \left(\sum_{\substack{j \leqslant J_{max}, i \leqslant I_{max}}}^{k=m} (FT_D^{w+o})_{i,j,k} \right)^2 } \tag{3-5}$$

式中，m 为韵律层序号；I_{max}、J_{max} 分别为平面上 x、y 方向上的最大网格数目。

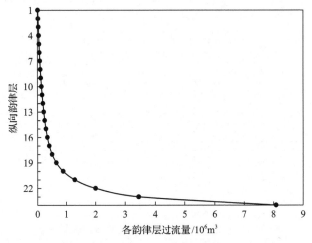

图 3-23　水驱高渗层各韵律层过流量统计对比

　　二元复合驱相对于水驱提高了过流程度，这也反映了二元复合驱增大波及程度的效果(Shen et al., 2009)。为了定量表征油藏中相同部位水驱与二元复合驱过流量的差异，定义了一个新的表征参数"提高过流程度"(increased flux percentage，IFP)，其含义为二元复合驱相对于水驱提高网格过流量占水驱过流量的百分数，直观地反映二元复合驱相对水驱波及体积的提高程度。

$$IFP_{i,j,k} = \frac{\left. \left| FT_{i,j,k}^{w+o} \right| \right|_{ps} - \left. \left| FT_{i,j,k}^{w+o} \right| \right|_{w}}{\left. \left| FT_{i,j,k}^{w+o} \right| \right|_{w}} \times 100\% \tag{3-6}$$

式中，$IFP_{i,j,k}$ 为提高过流程度；$\left. \left| FT_{i,j,k}^{w+o} \right| \right|_{w}$、$\left. \left| FT_{i,j,k}^{w+o} \right| \right|_{ps}$ 分别为水驱和二元复合驱网格 (i,j,k) 的过流量。

二、受效剩余油分布与过流量的关系

　　图 3-24 为二元复合驱相对水驱提高过流程度分布场图。可以看出，提高过流程度主要存在两个区：一个分区位于远离注入井的中低渗韵律层，与增效油的波及系数强改善

区 P1 相对应；另一分区位于距离注入井较近部位，该分区与增效油的加合增效区 PS 相对应。二元复合驱相对于水驱提高过流程度与二元复合驱增效油分区特征具有较好的对应关系，揭示了受效剩余油的产生机理。

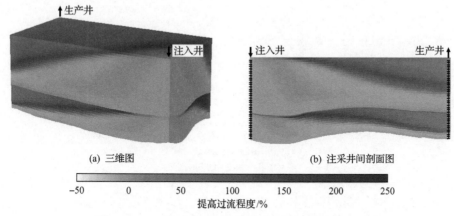

(a) 三维图　　　　　　　　　(b) 注采井间剖面图

提高过流程度/%

图 3-24　二元复合驱相对水驱提高过流程度分布场图

在受效剩余油分布的 P1 区，二元复合驱相对水驱过流量提高值非常明显，主要是由于二元复合驱过程中，注入流体首先进入高渗层，起到一定的调剖作用，在后续水驱阶段迫使流体向低渗层波及。同时，由于低渗层在水驱阶段吸水能力有限，二元复合驱相对水驱过流量在这个区域大幅提高，从而形成了如图 3-14 所示的受效剩余油最有利区域 P1 区。

在受效剩余油分布的 PS 区，二元复合驱相对水驱过流量提高程度分布图也呈"坝形"分布，其内部值高于边缘部位，主要是由于在该区域聚合物和表面活性剂协同作用。在"坝形"边缘部位靠近注入井一侧，过流量提高值出现了负值，主要是聚合物的封堵效应导致该区域过流量相对水驱有所降低。该区域对应于图 3-14 中受效剩余油分布的 S 区。

为了更好地描述不同韵律层提高过流程度平均值，定义韵律层平均提高过流程度 IFP_m，表征各韵律层二元复合驱相对于水驱提高过流量占各韵律段水驱过流量的百分数：

$$IFP_m = \frac{\left|FT_m^{w+o}\right|_{ps} - \left|FT_m^{w+o}\right|_w}{\left|FT_m^{w+o}\right|_w} \times 100\% \tag{3-7}$$

式中，$\left|FT_m^{w+o}\right|_w$、$\left|FT_m^{w+o}\right|_{ps}$ 分别为水驱和二元复合驱第 m 韵律层各网格过流量之和。

统计高渗层各韵律层二元复合驱相对于水驱平均提高过流程度值，如图 3-25 所示。其中，图 3-25(a) 为化学剂注入结束时刻的情况。可以看出，随韵律层的增加平均提高过流程度降低。底部层位平均提高过流程度值为负值，这是因为化学驱的延迟效应导致注化学剂结束时刻过流量不能及时增加，二元复合驱过流量低于水驱。

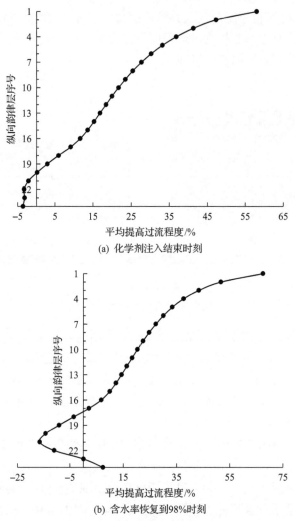

(a) 化学剂注入结束时刻

(b) 含水率恢复到98%时刻

图 3-25　二元复合驱不同韵律层平均提高过流程度值的变化

　　图 3-25（b）为化学驱结束时刻（含水率达到 98%）不同韵律层提高过流程度值的变化。可以看出，对于正韵律地层，水驱过程韵律层过流量随渗透率增加而增加，但对于二元复合驱过程，由于化学剂的调驱作用，高渗层过流量降低，注入流体被迫进入顶部低渗层。因此，模型中第 1～21 韵律层，二元复合驱提高过流程度平均值随层位增加逐渐降低，其中第 18～21 韵律层平均提高过流程度值甚至出现了负值；第 22～24 韵律层提高过流程度平均值随层位增加逐渐增加，其中第 22～23 韵律层提高过流程度值为负，这是由于底部韵律层水驱后剩余油能够通过二元复合体系中表面活性剂作用进一步驱替出来，毛细管阻力降低，在后续注水期间，大量流体流过该模拟层，导致平均提高过流程度值增加至正值。

　　总体来看，二元复合驱油藏过流量变化区域的分布与受效剩余油分区基本吻合，受效剩余油分布与提高过流程度分布之间具有很好的相关性，较好地解释了洗油效率提高区（S 区）、波及系数改善区（P 区）以及加合增效区（PS 区）等分区成因。S 区的形成机制是由于表面活性剂降低界面张力、提高了驱替效率。P 区的形成机制是由于聚合物增加了二元复合驱油体系的黏度、改善了注入剖面。PS区的形成机制是由于二元复合体系中表面活性剂和聚合物之间的协同效应，这种协同效应被认为是矿场先导试验中获得良好效果的重要因素。

三、不同化学剂浓度下受效剩余油分布变化规律

为了实现受效剩余油分区特征的定量表征，对二元复合驱受效剩余油分区图（图 3-14）进行图像处理，统计分析相关特征参数，如图 3-26 所示。设定图像左下角为坐标原点，提取各分区内的像素点的坐标。确定不同分区边界，统计不同的特征参数：分区的面积、周长、质心和圆度。

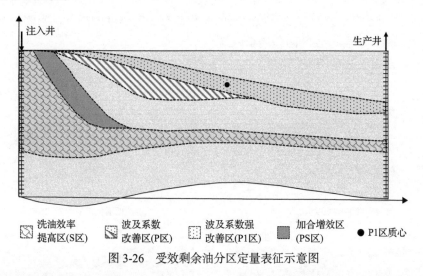

图 3-26　受效剩余油分区定量表征示意图

分区面积通过各分区像素点数目与单个像素面积乘积计算得到，分区周长通过累加分区边界上相邻像素间的距离求得。

分区质心是指分区的重心位置，用于表征二元复合驱受效剩余油区域波及部位。P1 区质心能够反映二元复合驱波及系数强改善的作用效果。如果分区质心越靠近低渗层，距离注入井越远，二元复合驱提高波及系数作用越大。分区质心位置 (x', y') 计算公式为

$$x' = \frac{\sum_{i=1}^{n} x_i S_i}{\sum_{i=1}^{n} S_i}, \quad y' = \frac{\sum_{i=1}^{n} y_i S_i}{\sum_{i=1}^{n} S_i} \tag{3-8}$$

式中，n 为研究区域内的像素点数目；x_i、y_i 为第 i 个像素点的坐标；S_i 为第 i 个像素点的受效剩余油饱和度。

圆度反映受效剩余油分区的形状与圆形的接近程度，通过形状因子进行表征。形状因子越大则该区域越饱满，形状因子越小则该区域越狭长，其计算公式为

$$G = \frac{4\pi A}{C_L^2} \tag{3-9}$$

式中，G 为圆度；A 为研究区域面积；C_L 为研究区域周长。

1. 不同表面活性剂浓度下的变化规律

图 3-27 反映表面活性剂浓度对二元复合驱受效剩余油分布的影响。油藏数值模拟条件为：表面活性剂浓度由 0.00% 增加到 0.75%，聚合物浓度保持 2000mg/L 不变，化学驱注入段塞长度为 0.3PV。可以看出，表面活性剂浓度对受效剩余油的洗油效率提高区和加合增效区分布影响较大，而对波及系数改善区分布几乎没有影响。统计了分区面积随表面活性剂浓度的变化，如图 3-28 所示。随表面活性剂浓度的增加，洗油效率提高区、加合增效区面积逐渐增大，波及系数改善的面积却有一定程度的降低。当表面活性剂浓度超过 0.45% 时，加合增效区面积增幅减缓。

图 3-29(a)反映表面活性剂浓度对二元复合驱波及系数强改善区(P1 区)形状圆度的

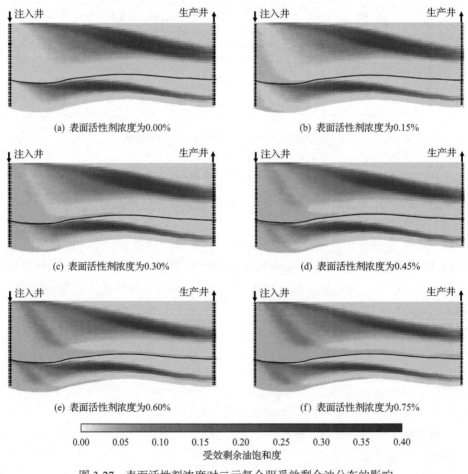

（a）表面活性剂浓度为0.00%　　　　　　　（b）表面活性剂浓度为0.15%

（c）表面活性剂浓度为0.30%　　　　　　　（d）表面活性剂浓度为0.45%

（e）表面活性剂浓度为0.60%　　　　　　　（f）表面活性剂浓度为0.75%

0.00　0.05　0.10　0.15　0.20　0.25　0.30　0.35　0.40
受效剩余油饱和度

图 3-27　表面活性剂浓度对二元复合驱受效剩余油分布的影响

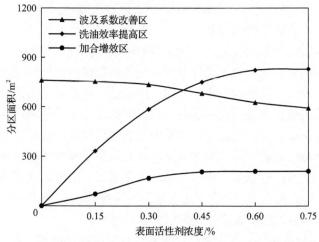

图 3-28　受效剩余油不同分区面积与表面活性剂浓度的关系

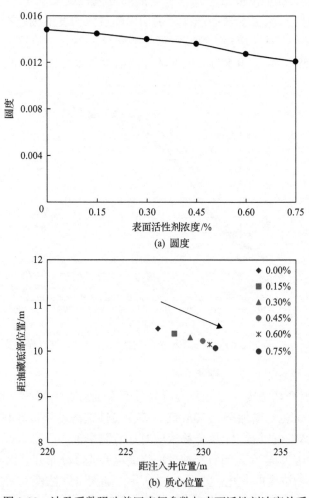

图 3-29　波及系数强改善区表征参数与表面活性剂浓度关系

影响。可以看出，随着表面活性剂浓度增加，P1 区圆度减小，这表明 P1 区饱满程度越差，二元复合体系扩大波及效果越差。

图 3-29(b)反映 P1 区质心位置随表面活性剂浓度的变化。表面活性剂浓度越高，质心向油藏的右下方偏移，这表明二元复合驱在低渗韵律层的扩大波及效果越差。表面活性剂对聚合物的扩大波及效果起到负面作用，这是由"低界面张力窜流"现象导致的。驱替过程中的波及系数是由流度比决定的，驱替液流度等于活性剂进入的岩心部位的相渗透率与驱替液的黏度之比。二元复合体系中的表面活性剂进入油藏的高渗部位后，由于洗油能力强，会降低孔隙中的含油饱和度，从而增加了高渗部位对水相的相渗透率。而低渗部位进入的表面活性剂少，相渗透率增加得不多。因此，油藏高渗部位的驱替液流度会增加，其整体波及系数会下降。表面活性剂浓度越高，"低界面张力窜流"现象越明显，所以二元复合体系中的表面活性剂浓度不宜过高。

图 3-30 为不同韵律层二元复合驱平均提高过流程度变化曲线。可以看出，对于某一韵律层，随着表面活性剂浓度的增加，平均提高过流程度值减小。当表面活性剂浓度为 0.00%～0.45%时，二元复合驱各韵律层平均提高过流程度值相差不大；而当表面活性剂浓度大于 0.45%后，对平均提高过流程度影响明显。因此，推荐二元复合体系中表面活性剂浓度为 0.45%，高于 0.45%后表面活性剂浓度对聚合物提高波及效果的反作用显著增加。

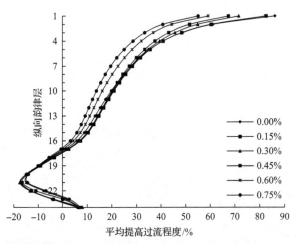

图 3-30　不同表面活性剂浓度下各韵律层平均提高过流程度变化

2. 不同聚合物浓度下的变化规律

图 3-31 反映聚合物浓度对二元复合驱受效剩余油分布的影响。油藏数值模拟条件为：聚合物浓度由 0mg/L 增加至 2500mg/L，表面活性剂浓度保持 0.45%不变，化学驱注入段塞长度为 0.3PV。可以看出，聚合物浓度对受效剩余油波及系数改善区(P 区)和加合增效区(PS 区)分布影响较大，而对洗油效率提高区(S 区)分布几乎没有影响。统计了不同分区面积随聚合物浓度的变化，如图 3-32 所示。随聚合物浓度的增加，S 区、PS 区和 P 区面积均有增大的趋势，但 S 区增加程度较小。当聚合物浓度超过 2000mg/L 时，PS 区分布面积增幅减缓。

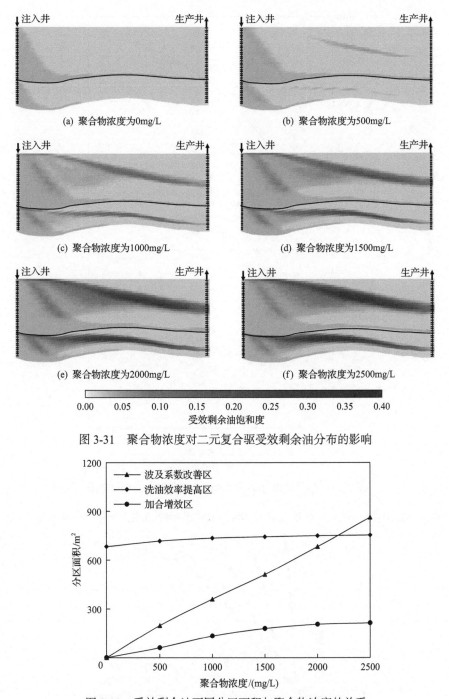

图 3-31　聚合物浓度对二元复合驱受效剩余油分布的影响

图 3-32　受效剩余油不同分区面积与聚合物浓度的关系

图 3-33(a)反映聚合物浓度对二元复合驱波及系数强改善区(P1 区)形状圆度的影响。可以看出，随着聚合物浓度的增加，P1 区圆度增大，逐渐呈圆形分布，饱满程度提高，有利于提高二元复合驱开发效果。图 3-33(b)反映 P1 区质心位置随聚合物浓度的变化。聚合物浓度越高，质心向油藏的左上方低渗层偏移，P1 区向顶部低渗层移动。

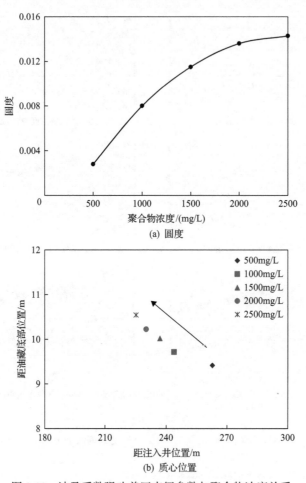

(a) 圆度

(b) 质心位置

图 3-33　波及系数强改善区表征参数与聚合物浓度关系

图 3-34 为不同韵律层二元复合驱平均提高过流程度变化曲线。可以看出，对于某一

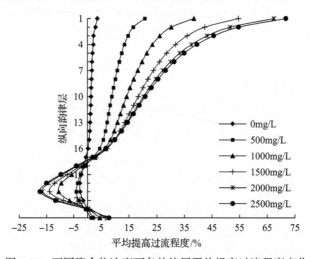

图 3-34　不同聚合物浓度下各韵律层平均提高过流程度变化

韵律层,随着聚合物浓度的增加,提高过流程度绝对值增大。当聚合物浓度高于2000mg/L后,二元复合驱进一步提高过流程度增加程度能力减弱。

第三节　化学驱受效剩余油影响因素分析

在油藏数值模拟概念模型的基础上,考虑储层韵律性、原油黏度、隔夹层分布等影响因素,讨论各因素影响下二元复合驱受效剩余油饱和度分布的差异。

一、储层韵律性的影响

非均质油藏不同层段化学驱受效剩余油分布和受效程度不同(沈平平等,2004)。保持油藏平均渗透率和各韵律层渗透率场分布规律不变,通过调整各韵律层平均渗透率改变渗透率垂向变异系数,开展化学驱油藏数值模拟计算,讨论正韵律、反韵律模型化学驱受效剩余油分布规律。

1. 正韵律油藏

正韵律油藏上部韵律层渗透率低,下部韵律层渗透率高。建立具有不同渗透率垂向变异系数的正韵律模型,分别进行水驱和二元复合驱油藏数值模拟。基于受效剩余油饱和度分布图,通过各网格孔隙体积加权计算得到平均受效剩余油饱和度。

图3-35为正韵律油藏不同渗透率垂向变异系数下平均受效剩余油饱和度对比。可以看出,对于正韵律油藏,随着渗透率垂向变异系数的增大,二元复合驱平均受效剩余油饱和度先增大后减小。这是由于渗透率垂向变异系数较小时,油藏较为均质,水驱开发后剩余油饱和度较低,二元复合驱增油作用有限,导致受效剩余油饱和度较低;当渗透率垂向变异系数为0.30~0.70时,二元复合驱受效剩余油饱和度最高,但随着渗透率垂向变异系数增大,受效剩余油饱和度有所降低。

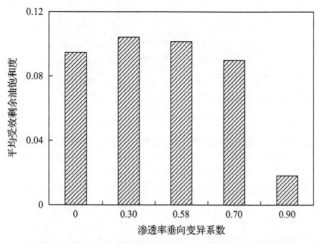

图3-35　正韵律油藏不同渗透率垂向变异系数下平均受效剩余油饱和度对比

　　整体来看，当渗透率垂向变异系数小于 0.70 时，对受效剩余油饱和度的影响较小，这主要是由于当渗透率垂向变异系数增大时，表面活性剂容易沿着高渗层窜流，提高洗油效率机理作用范围减小，然而二元复合体系中的聚合物发挥了更重要的作用，其调驱机理使二元复合驱能够动用更多的顶部剩余油，两者共同作用下平均受效剩余油饱和度维持在 0.10 左右；当渗透率垂向变异系数大于 0.70 后，油藏非均质程度加剧，二元复合体系中的表面活性剂沿着高渗层窜流损耗加剧，聚合物驱替低渗层剩余油效果也不再显著，导致受效剩余油饱和度明显减小。

　　图 3-36 为正韵律油藏不同渗透率垂向变异系数下受效剩余油分布对比。可以看出，渗透率垂向变异系数越小，"纺锤体形"受效剩余油越靠近顶部，受效程度和受效范围越大，"坝形"受效剩余油分布的层位越多，分布的范围越广。

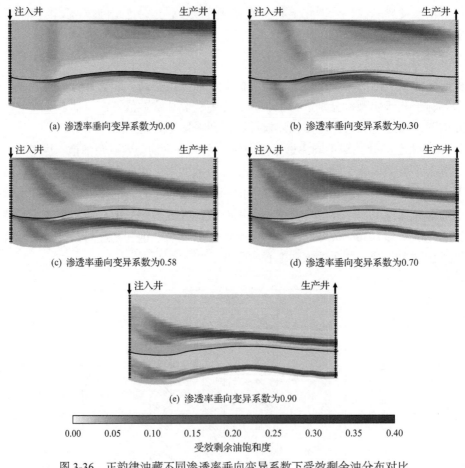

图 3-36　正韵律油藏不同渗透率垂向变异系数下受效剩余油分布对比

2. 反韵律油藏

　　反韵律油藏上部韵律层渗透率高，下部韵律层渗透率低。建立具有不同渗透率垂向变异系数的反韵律模型，分别进行水驱和二元复合驱油藏数值模拟。

图 3-37 为反韵律油藏不同渗透率垂向变异系数下平均受效剩余油饱和度对比。可以看出，随渗透率垂向变异系数的增大，平均受效剩余油饱和度先降低后升高。这是由于反韵律油层顶部物性较好，同时重力作用导致水向底部低渗层位渗流，使反韵律油藏各分层间的矛盾得以缓和，水驱开发效果要比正韵律油层好，化学驱提高采收率的物质基础减少，使反韵律油藏二元复合驱受效剩余油饱和度相对较低。

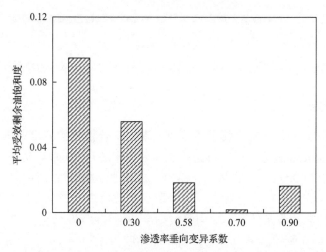

图 3-37　反韵律油藏不同渗透率垂向变异系数下平均受效剩余油饱和度对比

图 3-38 为反韵律油藏不同渗透率垂向变异系数下受效剩余油分布对比。可以看出，二元复合驱主要动用了顶部由于重力作用水驱未波及的剩余油。渗透率垂向变异系数越小，顶部剩余油受效程度越高，受效范围越广。

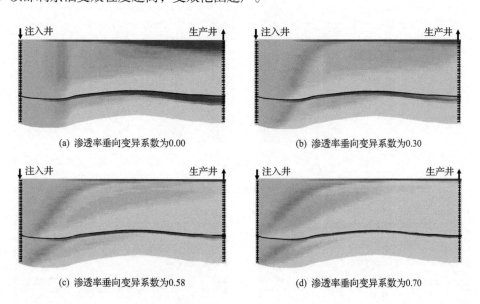

(a) 渗透率垂向变异系数为0.00　　　　　(b) 渗透率垂向变异系数为0.30

(c) 渗透率垂向变异系数为0.58　　　　　(d) 渗透率垂向变异系数为0.70

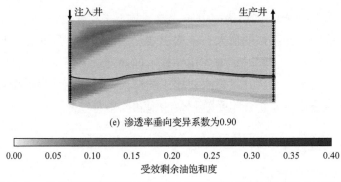

(e) 渗透率垂向变异系数为0.90

```
0.00   0.05   0.10   0.15   0.20   0.25   0.30   0.35   0.40
```
受效剩余油饱和度

图 3-38　反韵律油藏不同渗透率垂向变异系数下受效剩余油分布对比

二、原油黏度的影响

原油黏度是影响化学驱增油效果的重要因素。聚合物驱的最重要机理就是增大驱替液黏度，通过提高水油黏度比，达到提高原油采收率的目的(郭兰磊等，2008)。基于渗透率垂向变异系数为 0.58 的正韵律油藏模型，在其他油藏条件和注采条件相同情况下，通过调整原油黏度分别进行水驱和二元复合驱油藏数值模拟，统计受效剩余油分布规律。

在不同原油黏度油藏条件下，平均受效剩余油饱和度对比如图 3-39 所示，受效剩余油分布对比如图 3-40 所示。可以看出，当原油黏度为 45mPa·s 时，二元复合驱平均受效剩余油饱和度最高。随着原油黏度增大，注入流体向底部窜流变得严重，受效剩余油饱

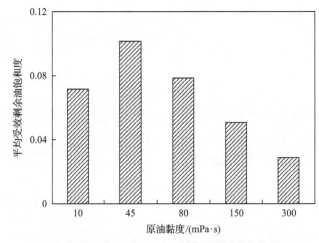

图 3-39　不同原油黏度油藏平均受效剩余油饱和度对比

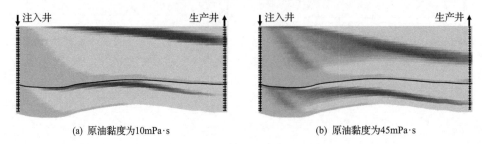

(a) 原油黏度为10mPa·s　　　　　　　　　(b) 原油黏度为45mPa·s

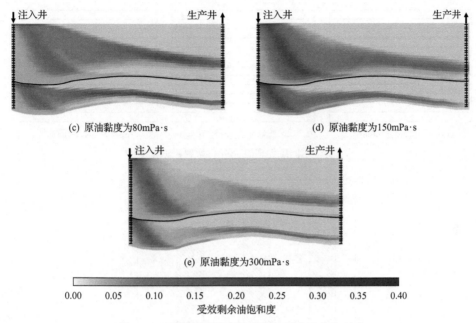

图 3-40　不同原油黏度油藏受效剩余油分布对比

和度越低，分布部位越靠近底部，波及效果改善区形态由"纺锤体形"变为了"三角形"，洗油效率提高区"坝形"受效剩余油边缘凸显，受效范围减小，受效剩余油饱和度值降低。

三、隔夹层分布的影响

厚油层内隔夹层对剩余油分布具有很强的控制作用，对化学驱受效剩余油分布也具有重要影响。注采井组内分布稳定的隔夹层，会将厚油层细分成若干个流动单元，易形成多段水淹。若隔夹层分布不稳定，则表现为注入水下窜（重力作用）。不稳定隔夹层越多，其间油水运动和分布也就越复杂（Hou et al.，2011a）。

隔夹层的存在减弱了重力和毛细管力的作用，对于正韵律厚油层来说，隔夹层有利于提高注水纵向波及系数（van Le and Chon，2016，2018）。以正韵律模型为例，建立不同隔夹层垂向分布位置和隔夹层面积模式，讨论二元复合驱受效剩余油分布规律。

1. 隔夹层垂向分布位置的影响

以油藏数值模拟概念模型为基础，在生产井、注入井间设定隔夹层，隔夹层平面形状与模拟区形状一致，分别设置隔夹层位于距模型顶部 1/4、1/2 及 3/4 油层厚度处，如图 3-41 所示，分别进行水驱和二元复合驱开发模拟。

不同隔夹层垂向分布位置对剩余油的控制作用不同，对二元复合驱剩余油受效程度和受效剩余油的分布部位也有影响。图 3-42 反映不同隔夹层垂向分布位置对二元复合驱平均受效剩余油饱和度的影响。可以看出，隔夹层位于厚油层中部时，平均受效剩余油饱和度最高。

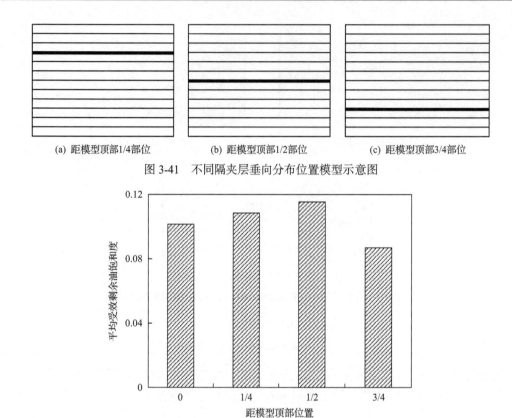

(a) 距模型顶部1/4部位   (b) 距模型顶部1/2部位   (c) 距模型顶部3/4部位

图 3-41　不同隔夹层垂向分布位置模型示意图

图 3-42　不同隔夹层垂向分布位置油藏平均受效剩余油饱和度对比

图 3-43 为不同隔夹层垂向分布位置二元复合驱受效剩余油分布对比图。可以看出，隔夹层垂向分布位置不同，受效剩余油饱和度在生产井、注入井间的分布状态有所差异，

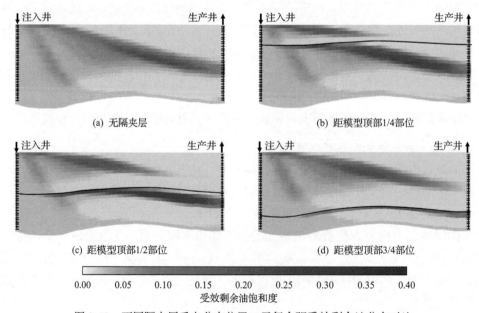

(a) 无隔夹层

(b) 距模型顶部1/4部位

(c) 距模型顶部1/2部位

(d) 距模型顶部3/4部位

图 3-43　不同隔夹层垂向分布位置二元复合驱受效剩余油分布对比

主要表现为与无隔夹层模型对比，隔夹层的存在抑制了注入流体的垂向作用，在隔夹层上部附近层位造成水淹，形成了隔夹层对受效剩余油分布的分隔；隔夹层的存在将原本连续分布的受效剩余油分布分割为上下两部分，分别呈"纺锤体形"，隔夹层以上的受效剩余油分布于油层的顶部附近，隔夹层以下的受效剩余油分布于紧邻隔夹层的下侧；隔夹层位置的影响主要表现为对受效剩余油分割部位的不同。

2. 隔夹层面积的影响

隔夹层的存在能阻挡注入水纵向窜流，影响驱替波及体积。分布面积大的隔夹层，能够抑制油层纵向非均质性造成的底部水淹，但随着隔夹层分布面积的减小，这种作用逐渐减弱。建立不同隔夹层面积的概念模型，隔夹层位于油层中部注采井之间，垂向上位于距模型顶部 1/2 油层厚度部位，隔夹层面积分别取模拟区平面面积的 25%、50%、75%，如图 3-44 所示。

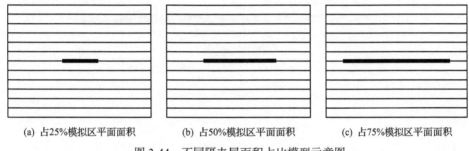

(a) 占25%模拟区平面面积　　(b) 占50%模拟区平面面积　　(c) 占75%模拟区平面面积

图 3-44　不同隔夹层面积占比模型示意图

图 3-45 为不同隔夹层面积二元复合驱平均受效剩余油饱和度对比图。可以看出，隔夹层面积越大，平均受效剩余油饱和度越低。图 3-46 为不同隔夹层面积二元复合驱受效剩余油分布图。可以看出，隔夹层面积对受效剩余油总体形态几乎没有影响，但隔夹层面积越大，对注入水的向下窜流抑制作用越强，隔夹层上部油层水驱作用越明显，对受效剩余油的分割程度越高。

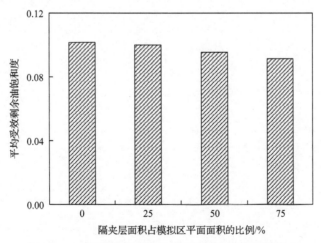

图 3-45　不同隔夹层面积平均受效剩余油饱和度对比

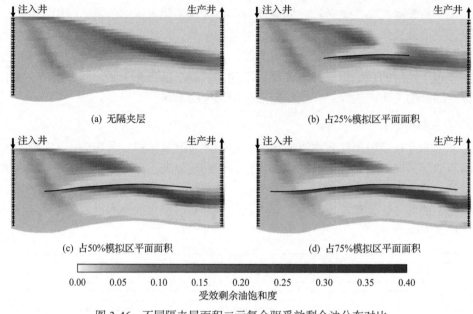

(a) 无隔夹层

(b) 占25%模拟区平面面积

(c) 占50%模拟区平面面积

(d) 占75%模拟区平面面积

图 3-46　不同隔夹层面积二元复合驱受效剩余油分布对比

第四章 化学驱生产动态定量表征与预测方法

化学驱生产动态的表征通常采用油藏数值模拟方法、分流理论、动态预测法，这些模型是在较为详细的聚合物驱物理化学特征描述的基础上建立的，能够反映化学驱基本的驱油机理(Pope and Nelson, 1978; Pope, 1980; 侯健等, 2002a)，但输入参数较多，原理较为复杂。由于化学驱增油曲线和含水率变化曲线属于增长型(或负增长型)曲线，一些学者尝试利用这种类型的经验曲线进行化学驱增油曲线或含水率变化曲线的拟合，包括广义翁氏模型、瑞利模型、神经网络法等。这些模型能够体现系统兴起、成长、成熟和衰退的过程，与化学驱增油曲线和含水率变化曲线的变化趋势较为一致。模型的建立往往需确定一些待定参数，但将上述模型用于化学驱生产动态曲线的定量表征，其待定参数物理意义不明确，为进一步的定量规律分析带来不便。

考虑到矿场实际化学驱动态曲线存在波动性(蔡燕杰等, 2000)，利用包含若干具有一定物理意义特征参数的回归模型对化学驱增油曲线或含水率变化曲线进行拟合，可整体上把握其变化趋势。分析这些回归模型的特征参数，就可以得到反映化学驱生产动态的定量关系或规律。开展已实施化学驱单元生产动态变化规律特征分析，对于化学驱方案编制、效果评价和预测及现场跟踪调整都具有重要的指导意义。

本章以聚合物驱为例，根据增油曲线或含水率变化曲线的特点，提出了聚合物驱生产动态的定量表征模型，以及相应的遗传算法自动拟合方法。利用包含有若干明确物理意义特征参数的回归模型(曲线)对聚合物驱生产动态进行拟合计算，可用于已具有一定动态变化趋势的聚合物驱实施单元的生产动态表征和预测(侯健等, 2008)。基于油藏数值模拟研究，分析影响聚合物驱生产动态的主要敏感性因素，包括油藏静态参数、动态参数，以及聚合物性质参数等，得到其对定量表征模型各特征参数和提高原油采收率值的影响规律。结合正交设计和支持向量机(support vector machine, SVM)方法建立聚合物驱效果及动态变化规律的定量预测模型，可用于聚合物驱单元实施前或实施早期缺乏实际动态拟合数据条件下聚合物驱单元生产动态的早期预测(Hou et al., 2009)。

第一节 生产动态定量表征模型

建立聚合物驱生产动态曲线定量表征模型的原则：①模型能较好拟合实际动态数据的同时，具有较好的外推性。因此，建立模型不能过于复杂。②模型中待定参数尽可能少，且最好具有明确的物理意义，便于待定参数的确定和模型数据趋势的把握。

一、增油曲线定量表征模型

聚合物驱增油曲线属于增长型曲线，如图 4-1 所示，增油曲线具有增油量从零开始上升，到达最大值后逐渐下降最终趋于零的变化过程，形成了类似于倒扣漏斗的形状。

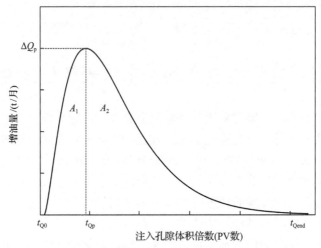

图 4-1 聚合物驱增油曲线变化规律示意图

由图 4-1 可以看出，刻画聚合物驱增油曲线变化趋势需确定 4 个特征参数：初始增油注入孔隙体积倍数 t_{Q0}（PV 数）；对应增油峰值注入孔隙体积倍数 t_{Qp}（PV 数）；增油期结束注入孔隙体积倍数 t_{Qend}（PV 数）；增油峰值 ΔQ_p，t/月。图 4-1 中 A_1、A_2 分别表示以注入孔隙体积倍数 $t = t_{Qp}$ 的直线为界分割出的左部分增油漏斗和右部分增油漏斗的面积。

聚合物驱增油曲线漏斗通常呈现出不对称性，为了描述这种不对称性，引入两个概念——漏斗宽度偏度 B、漏斗面积偏度 B'，它们分别定义为

$$B = \frac{t_{Qend} - t_{Qp}}{t_{Qp} - t_{Q0}} \tag{4-1}$$

$$B' = \frac{A_2}{A_1} = \frac{\int_{t_{Qp}}^{t_{Qend}} \Delta Q \mathrm{d}t}{\int_{t_{Q0}}^{t_{Qp}} \Delta Q \mathrm{d}t} \tag{4-2}$$

当漏斗宽度偏度 B 或漏斗面积偏度 B' 趋于 1 时，聚合物驱增油曲线漏斗对称性较好，否则，曲线的非对称性增强。

根据聚合物驱生产动态曲线定量表征模型的建立原则，在分析聚合物驱增油曲线基本特征的基础上，提出了聚合物驱增油曲线定量表征模型：

$$\Delta Q = \Delta Q_p \left(\frac{t - t_{Q0}}{t_{Qp} - t_{Q0}} \right)^b \mathrm{e}^{b\left(1 - \frac{t - t_{Q0}}{t_{Qp} - t_{Q0}}\right)} \tag{4-3}$$

式中，t_{Q0}、t_{Qp}、ΔQ_p、b 为待定特征参数，均具有较明确的物理意义，其中，b 与增油期结束注入孔隙体积倍数 t_{Qend} 有关。

模型具有以下特征。

(1) 当 $t = t_{Q0}$ 时，$\Delta Q = 0$ 。

(2) 当 $t = t_{Qp}$ 时，$\dfrac{\mathrm{d}\Delta Q}{\mathrm{d}t} = 0$ ，则增油曲线取得极值，即 $\Delta Q = \Delta Q_p$ 。

(3) 参数 b 与漏斗宽度偏度 B 、漏斗面积偏度 B' 有较好的相关关系。

将 $t = t_{Q0}$ 代入式 (4-3)，即可证明模型特征 (1)。

式 (4-3) 两端对 t 求导，则

$$
\frac{\mathrm{d}\Delta Q}{\mathrm{d}t} = \Delta Q_p e^b \left[b \left(\frac{t - t_{Q0}}{t_{Qp} - t_{Q0}} \right)^{b-1} \cdot \frac{1}{t_{Qp} - t_{Q0}} \cdot e^{-b\frac{t - t_{Q0}}{t_{Qp} - t_{Q0}}} \right.
$$
$$
\left. + \left(\frac{t - t_{Q0}}{t_{Qp} - t_{Q0}} \right)^b \cdot e^{-b\frac{t - t_{Q0}}{t_{Qp} - t_{Q0}}} \cdot \left(-\frac{b}{t_{Qp} - t_{Q0}} \right) \right] \tag{4-4}
$$

$$
\frac{\mathrm{d}\Delta Q}{\mathrm{d}t} = \frac{b \Delta Q_p e^b}{t_{Qp} - t_{Q0}} \cdot e^{-b\frac{t - t_{Q0}}{t_{Qp} - t_{Q0}}} \cdot \left[\left(\frac{t - t_{Q0}}{t_{Qp} - t_{Q0}} \right)^{b-1} - \left(\frac{t - t_{Q0}}{t_{Qp} - t_{Q0}} \right)^b \right] \tag{4-5}
$$

令 $\dfrac{\mathrm{d}\Delta Q}{\mathrm{d}t} = 0$ ，则得到 $t = t_{Qp}$ ，代入式 (4-3) 则 $\Delta Q = \Delta Q_p$ ，模型特征 (2) 得以证明。

为了验证模型特征 (3)，通过对增油曲线定量表征模型取不同组合的 t_{Q0} 、t_{Qp} 、ΔQ_p 、b 进行数值计算实验表明，B 或 B' 仅与 b 有关，且具有很好的相关关系，如图 4-2 和图 4-3 所示，其回归关系式分别为

$$
\lg b = 0.1896 (\lg B)^2 - 1.5706 \lg B + 1.2232, \quad R^2 = 1 \tag{4-6}
$$

$$
\lg b = 2.7984 (\lg B')^2 - 4.7394 \lg B' + 1.542, \quad R^2 = 0.9989 \tag{4-7}
$$

式中，R 为相关系数。值得说明的是，由于增油曲线定量表征模型具有 $t \to +\infty$ ，$\Delta Q \to 0$ 的特点，计算式 (4-1)、式 (4-2) 时 t_{Qend} 定义为 $\Delta Q = 0.5\% \times \Delta Q_p$ 时的注入孔隙体积倍数。

确定模型待定参数时，可首先通过实际聚合物驱动态曲线的趋势大致确定出 4 个参数：t_{Q0} 、t_{Qp} 、t_{Qend} 、ΔQ_p ，再由 t_{Qend} 根据式 (4-1)、式 (4-2) 得到 B 或 B' ，进而利用回归关系式 (4-6) 或式 (4-7) 计算出 b 。得到待定参数初值后，可采用遗传算法进行实际聚合物驱动态参数的拟合。本节中利用漏斗宽度偏度 B 计算 b 值。

二、含水率变化曲线定量表征模型

考虑到增长曲线具有 $t \to +\infty$ ，$\Delta Q \to 0$ 的特点，而含水率曲线最终以含水率达到 98% 为结束点。因此，进行如下转换后建立含水率变化曲线定量表征模型。

$$
\Delta f'_w = \Delta f_w + \left(f_{w0} - 98 \right) \tag{4-8}
$$

$$\Delta f_{w}' = \Delta f_{wp}' \left(\frac{t - t_{w0}'}{t_{wp} - t_{w0}'} \right)^{d} e^{d \left(1 - \frac{t - t_{w0}'}{t_{wp} - t_{w0}'} \right)} \tag{4-9}$$

式中，f_{w0} 为注聚时含水率，%；Δf_{w} 为含水率实际变化值，%；$\Delta f_{wp}'$ 为对应于 $(98 - f_{w0})$ 含水率值的含水率变化最大值，%，$\Delta f_{wp}' = \Delta f_{wp} + (f_{w0} - 98)$，$\Delta f_{wp}$ 为聚合物驱过程中含水率变化最大值（以下简称含水率变化最大值），%；t 为累积注入孔隙体积倍数（PV 数）；t_{w0}' 为对应于直线 $\Delta f_{w} = 98 - f_{w0}$ 的含水率下降漏斗起始点注入孔隙体积倍数（PV 数）；t_{wp} 为注聚后含水率变化最大时对应的累积注入孔隙体积倍数（以下简称对应含水率最大变化时注入孔隙体积倍数）（PV 数）；d 为待定系数，与对应于直线 $\Delta f_{w} = 98 - f_{w0}$ 的含水率下降漏斗宽度偏度 D 或漏斗面积偏度 D' 有关，D、D' 的定义与增油曲线漏斗宽度偏度 B、漏斗面积偏度 B' 类似，详见式(4-1)、式(4-2)。

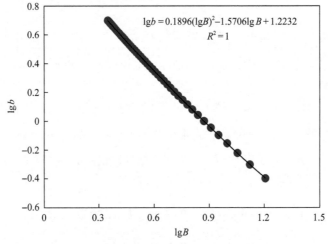

图 4-2　待定参数 b 与漏斗宽度偏度 B 关系曲线

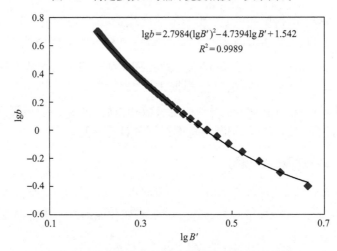

图 4-3　待定参数 b 与漏斗面积偏度 B' 关系曲线

各变量代表的物理含义如图 4-4 所示，另外需说明的是，t_{w0} 为注聚后含水率开始下降时对应的累积注入孔隙体积倍数[以下简称初始水率下降注入孔隙体积倍数（PV 数）]；t_{wend} 为注聚后含水率下降后恢复到注聚时刻含水率时对应的累积注入孔隙体积倍数[以下简称含水率恢复注入孔隙体积倍数（PV 数）]；t'_{wend} 为聚合物驱含水率变化曲线最终达到 $\Delta f_w = 98 - f_{w0}$ 时对应的累积注入孔隙体积倍数（PV 数）。

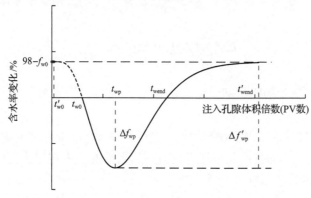

图 4-4　聚合物驱含水率变化曲线示意图

三、遗传算法求解方法

聚合物驱生产动态曲线定量表征模型的建立是在特征参数初值确定的基础上，采用遗传算法进行求解。

（一）基于实数编码的遗传算法

遗传算法作为一种全局优化搜索算法由 Holland 于 1975 年最先提出（Holland, 1975），是模拟达尔文的遗传选择和自然淘汰的生物进化过程的计算模型。其尤以处理传统搜索方法难以解决的复杂非线性问题见长。

传统遗传算法中采用的是二进制编码，这是最为自然，也最简单和通用的做法。但在求解连续参数优化问题时首先需将连续的空间离散化，即将实数码转化为二进制码，这样增加了计算量，引入了量化误差，精度受到了限制。如要提高精度必须以采用较长的编码、加大计算量为代价。而实数编码是连续参数优化问题直接的自然描述，取消了编码、解码的过程，提高了算法的速度和精度，优点非常明显（侯健等，2002b）。聚合物驱动态定量表征模型中的待定参数多为实数，采用基于实数编码的遗传算法更为适合。

对聚合物驱动态定量表征模型的求解都可表示为一个连续参数优化问题：

$$\max f: V \to R^1 \tag{4-10}$$

式中，f 为适应度函数；$V = \prod_{i=1}^{n}[x_{1i}, x_{2i}]$ 为搜索空间，$x_{1i} < x_{2i}, i = 1, 2, 3, \cdots, n$；$R$ 为最优解空间。

常规的基于实数编码的遗传算法的基本步骤如下。

(1)初始群体的生成。根据约束条件，随机产生一组实数型的参数值分布构成一个个体，个体实数个数即聚合物驱动态定量表征模型的待定参数个数。若以 a，b，c，$\cdots$ 分别代表聚合物驱动态定量表征模型中的待定参数，则个体可表示为 $U_{(i)}(a_i, b_i, c_i, \cdots)$，$i = 1, 2, 3, \cdots, N$。产生 N 个这种个体构成初始群体。

(2)适应性评估。建立评估函数来确定个体适应度值以评估其优劣，并以此作为遗传操作的依据。例如，聚合物驱增油曲线定量表征模型可定义相对误差函数 E：

$$E = \sum_{j=1}^{m_p} \left| \left(\Delta Q_{aj} - \Delta Q_{cj} \right) / \Delta Q_{aj} \right| \tag{4-11}$$

式中，m_p 为实际的聚合物驱增油数据点；ΔQ_{aj}、ΔQ_{cj} 分别为第 j 个实际和计算的聚合物驱增油值。

定义适应度函数时，应保证误差越大，适应度越小，取适应度函数 $f = 1/E$。

(3)选择操作。操作的目的是根据进化原则从当前群体中选出优良的个体，从而形成下一代。第 i 个个体的选择概率 P_{si} 定义为

$$P_{si} = f_i / \sum_{j=1}^{N} f_j \tag{4-12}$$

式中，f_i、f_j 为不同个体的适应度函数。

(4)交叉操作。按交叉概率 P_c 选出若干个体对进行交叉操作，如 $U_{(i)}$、$U_{(j)}$ 两个个体交叉后产生新个体 $U'_{(i)}$、$U'_{(j)}$。其中，交叉算子采用混合交叉算子。

以 $U^{(i)}$、$U^{(j)}$ 的每个分量对 (a_i, a_j) 为例，设 $a_i < a_j$，则在区间 $\left[a_i - \alpha(a_j - a_i), a_i + \alpha(a_j - a_i) \right]$ 中按均匀分布选择两个随机实数作为 a'_i、a'_j，其中 $\alpha > 0$ 为确定的参数，通常取 $\alpha = 0.5$。

(5)变异操作。以变异概率 P_m 分别对 $U'_{(i)}$ 中的每个分量进行变异操作，得到下一代的个体 $U''_{(i)}$。其中，变异算子采用高斯变异(Gaussian mutation)算子。

将选择的变元加上一个服从高斯(正态)分布 $N(0, \sigma^2)$ 的扰动 ζ，这里 σ 为高斯分布的标准差。以 a'_i 为例，$a''_i = a'_i + \text{Int}(\zeta)$。

(6)满足约束条件的情况下，重复步骤(3)~(5)，直到下一代新群体满为止。

(7)若发现占群体一定比例的个体已基本上是同一个体，或者算法迭代步数超出设定的阈值，终止算法迭代，则当前最优个体组成即所求聚合物驱动态定量表征模型的待定参数；否则重复步骤(2)~(6)，继续进化。

(二)遗传算法的若干改进策略

根据聚合物驱动态定量表征模型的特点，从求解速度、收敛特征等方面考虑，分别对遗传算法提出相应的改进策略。

1. 自适应变异策略

变异算子是影响遗传算法性能的重要因素之一。在进化前期，群体中个体的差异较大，所以选择和交叉操作的作用比较明显，进化速度较快。但到了进化后期，群体中个体的差异已变得很小，此时变异操作变得非常重要。关于变异算子的设计，主要考虑两个方面问题：变异率和变异量。

1) 变异率的自适应

在正常的进化过程(指每代都有更优解出现)中不引入变异操作或将变异率维持在一个近乎为零的水平，让其快速进化；而未进化(指未出现更优解)时间越长，可以认为依靠现行群体难以找到最优解，此时可提高变异率以扩大搜索范围。当未进化代数达到设定的某一阈值时，可认为此时群体已陷入早熟状态，此时通过一个非常大的变异率使群体迅速脱离早熟状态。

鉴于上述思想，变异概率 P_m 定义为

$$P_m\left(g_a\right) = P_{m(min)} + N_G \times a_{cof} \tag{4-13}$$

式中，g_a 为当前代数；$P_{m(min)}$ 为最小变异率，可取 0.001，即认为当前进化效果较好，几乎可不引入变异操作；N_G 为自上次进化以来至当前代为止连续未进化的代数；a_{cof} 为变异率提高系数，通常取值很小，如 0.005。当未进化时间增加，则 N_G 越大，变异率 P_m 越高，即认为应加强变异，扩大搜索范围。

2) 变异量的自适应

变异量决定了搜索范围。采用自适应的变异量的基本思想：在开始搜索时，变异量取相对较大值以扩大搜索范围，加快进化速度。若经过一定代数的进化仍然没有找到更优解时，认为在现有搜索范围内不可能找到最优解，此时减小变异量，在相对较小的范围内进行更细的搜索，以找到更优解。程序实现是通过改变 σ 值的大小。

2. 最优个体保留策略

研究表明，对收敛性来讲，在许多情况下，实施最优个体保留策略是必要的前提保证。其具体做法是，将第 0 代得到的最优个体(适应度值最大的个体)及其适应度值保留起来；从第 1 代开始，将每一代中得到的最优个体和前一代的保留个体进行比较，如果刚得到的最优个体优于前一代保留个体，则它将成为当前代的保留个体，否则将前一代保留个体作为当代保留个体。该保留个体及其适应度值可以用变量进行单独保存。

四、定量表征方法的验证

胜利油田飞雁滩老区和孤岛西区北 Ng_{3-6} 聚合物驱单元的生产动态拟合曲线如图 4-5 和图 4-6 所示，其中散点数据未参与曲线的拟合，可作为曲线拟合的检验数据。可以看出，拟合曲线符合矿场曲线变化趋势，检验数据证明拟合曲线的外推性较好。

飞雁滩老区聚合物驱单元特征参数：ΔQ_p =15467.7t/月；b=1.506；t_{Q0}=0.023PV；t_{Qp} = 0.175PV；f_{w0}=85.8%；$\Delta f'_{wp}$ =-24.26%；d=1.891；t'_{w0} =-0.038PV；t_{wp} =0.183PV。

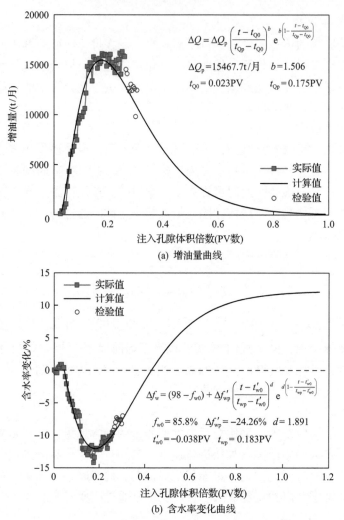

(a) 增油量曲线

(b) 含水率变化曲线

图 4-5　飞雁滩老区聚合物驱单元生产动态曲线定量表征

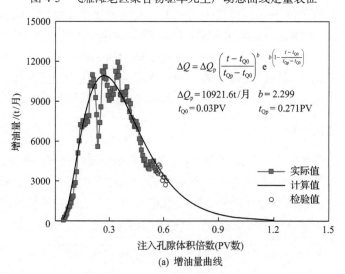

(a) 增油量曲线

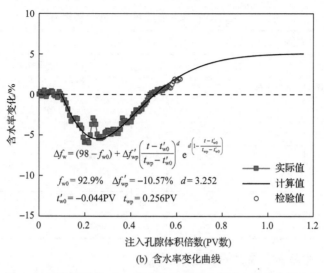

图 4-6　孤岛西区北 Ng_{3-6} 聚合物驱单元生产动态曲线定量表征

孤岛西区北 Ng_{3-6} 聚合物驱单元特征参数：$\Delta Q_p = 10921.6 t/月$；$b = 2.299$；$t_{Q0} = 0.03PV$；$t_{Qp} = 0.271PV$；$f_{w0} = 92.9\%$；$\Delta f'_{wp} = -10.57\%$；$d = 3.252$；$t'_{w0} = -0.044PV$；$t_{wp} = 0.256PV$。

第二节　生产动态定量规律

基于聚合物驱单元油藏分类，在聚合物驱单元增油曲线和含水率变化曲线定量表征的基础上，分析了增油曲线定量规律、含水率变化曲线定量规律及增油曲线和含水率变化曲线之间的定量关系。

一、聚合物驱单元油藏分类

不同聚合物驱单元反映出不同的开发效果和开采动态规律，这些不同动态特征的反映既有油藏静态条件的影响，也存在油藏水驱开采状态及聚合物驱条件的影响。胜利油田聚合物驱单元油藏分类标准（表 4-1）重点考虑对聚合物驱效果和开采动态规律的影响占主导地位的因素，主要包括注聚前物质基础、油藏静态参数、注采强度三个方面。其中，注聚前物质基础以剩余可采储量采出程度、含水率指标描述，它实质上反映了经过水驱开发后油藏的剩余储量和剩余油饱和度状况；油藏静态参数主要考虑对聚合物驱效果影响较大的地层原油黏度、温度、地层水矿化度指标；注采强度包括累积注水倍数、注水速度指标，它实质上是对大孔道、窜流现象是否存在的一种动态反映。

根据油藏分类标准，将胜利油田已实施聚合物驱单元分为 5 类，即Ⅰ～Ⅴ类。Ⅰ、Ⅱ、Ⅲ类油藏主要以注聚前物质基础划分，分别对应于注聚前处于高含水或特高含水的水驱油藏，依次注聚时刻变晚，Ⅳ类对应于高温高盐油藏，Ⅴ类对应于存在大孔道或窜流严重油藏。矿场实践表明，以聚合物驱开发效果从好到差排序依次为：Ⅰ类、Ⅱ类、Ⅳ类、Ⅲ类、Ⅴ类。

表 4-1　　胜利油田聚合物驱单元油藏分类标准

分类标准	一级标准(注聚前物质基础)		二级标准(不可改变因素)			三级标准(可改善因素)		单元特征
	剩余可采储量采出程度/%	含水率/%	地层原油黏度/(mPa·s)	温度/℃	地层水矿化度/(mg/L)	累积注水孔隙体积倍数(PV 数)	注水速度/(PV/a)	
I	≤80	<90						高含水
II	80~90	90~95	≥40	<80	<10000	<2	<0.2	特高含水
III	≥90	≥95						
IV	≥90	≥95	<40	≥80	≥10000	<2	<0.2	高温高盐
V	≥90	≥95	≥40	<80	<10000	≥2	≥0.2	大孔道

二、增油曲线和含水率变化曲线的拟合

对胜利油区实施的 14 个聚合物驱单元的增油曲线进行了拟合计算,得到了定量表征增油曲线的特征参数,如初始增油注入孔隙体积倍数 t_{Q0}、对应增油峰值注入孔隙体积倍数 t_{Qp}、增油期结束注入孔隙体积倍数 t_{Qend}、增油峰值 ΔQ_p 等。

表 4-2 和表 4-3 分别为聚合物驱单元增油曲线定量描述特征参数和提高采收率计算结果。其中,W_Q 为增油曲线漏斗宽度(PV 数)。

表 4-2　　聚合物驱单元增油曲线定量描述结果

类型	聚合物驱单元	t_{Q0}(PV 数)	t_{Qp}(PV 数)	ΔQ_p/(t/月)	t_{Qend}(PV 数)	b	W_Q(PV 数)	ΔQ_{Dp}/%	B
I	A-1	0.023	0.175	15467.7	0.988	1.506	0.965	27.737	5.38
II	B-1	0.032	0.370	15985.0	2.089	1.634	2.057	15.888	5.08
	B-2	0.030	0.271	10921.6	1.199	2.299	1.169	12.572	3.86
	B-3	0.012	0.323	14512.9	0.994	5.295	0.981	21.511	2.16
	B-4	0.027	0.271	21049.6	1.211	2.311	1.184	22.509	3.85
	B-5	0.026	0.394	29121.2	1.383	3.855	1.357	13.382	2.68
	B-6	0.015	0.367	19049.3	1.492	3.034	1.477	10.973	3.20
	B-7	0.021	0.220	13544.5	1.283	1.529	1.262	16.246	5.32
	B-8	0.020	0.325	21772.5	1.425	2.515	1.405	13.887	3.61
III	C-1	0.011	0.313	17532.1	1.400	2.557	1.389	9.071	3.60
IV	D-1	0.021	0.218	11848.4	1.189	1.688	1.168	16.059	4.92
V	E-1	0.068	0.299	1922.2	1.610	1.413	1.542	4.768	5.65
	E-2	0.031	0.361	3041.3	1.751	2.055	1.720	3.737	4.21
	E-3	0.185	0.492	8560.1	2.628	1.080	2.443	6.809	6.95

考虑地质储量和注采速度对增油量计算的影响,在增油峰值 ΔQ_p 的基础上定义最大 PV 增油速度 ΔQ_{Dp}:

$$\Delta Q_{Dp} = \frac{12 \times \Delta Q_p}{N_t \times 10^4 \times Q_I} \times 100\% \tag{4-14}$$

式中，ΔQ_{Dp} 为最大 PV 增油速度，%，它表示每注入单位孔隙体积倍数（PV 数）的累积增油量占地质储量的比例；N_t 为地质储量，10^4t；Q_I 为年注入孔隙体积倍数，PV/a。

表 4-3　聚合物驱单元提高采收率计算结果

类型	聚合物驱单元	提高采收率计算值/%	提高采收率实际值/%	相对误差/%	预测最终提高采收率/%
I	A-1	5.166	5.156	0.194	9.507
II	B-1	9.702	9.692	0.103	10.621
	B-2	4.280	4.038	5.993	5.056
	B-3	1.970	1.949	1.077	7.449
	B-4	9.184	8.911	3.064	9.772
	B-5	6.058	5.732	5.687	6.793
	B-6	2.785	2.727	2.127	5.780
	B-7	6.534	6.227	4.930	6.999
	B-8	3.900	3.907	0.179	7.002
III	C-1	2.013	2.028	0.740	4.377
IV	D-1	5.665	5.387	5.161	6.314
V	E-1	2.540	2.492	1.926	2.692
	E-2	1.581	1.613	1.984	2.223
	E-3	6.601	6.564	0.564	6.615

从表 4-3 可以看出，截至统计月份提高采出程度的计算值和实际值吻合较好，相对误差均在 6%以内，满足工程计算的误差要求。

对胜利油区实施的 14 个聚合物驱单元的含水率变化曲线进行了拟合计算，得到了定量表征含水率变化曲线的特征参数，如初始含水率下降时注入孔隙体积倍数 t_{w0}、对应含水率最大变化时注入孔隙体积倍数 t_{wp}、含水率恢复时注入孔隙体积倍数 t_{wend}、含水率变化最大值 Δf_{wp} 等。表 4-4 为聚合物驱单元含水率变化曲线定量描述结果，其中，W_{fw} 为注聚后含水率开始下降到再恢复到原值时构成的含水率下降。

表 4-4　聚合物驱单元含水率变化曲线定量描述结果

类型	聚合物驱单元	f_{w0}/%	t_{w0}（PV 数）	t_{wp}（PV 数）	Δf_{wp}/%	t_{wend}（PV 数）	d	W_{fw}（PV 数）	D
I	A-1	85.8	0.044	0.183	−12.06	0.429	1.891	0.385	1.76
II	B-1	94.1	0.095	0.377	−5.03	0.880	2.117	0.786	1.79
	B-2	92.9	0.098	0.256	−5.47	0.504	3.252	0.406	1.57
	B-3	95.2	0.134	0.294	−8.63	0.564	4.631	0.430	1.68

类型	聚合物驱单元	f_{w0}/%	t_{w0}(PV 数)	t_{wp}(PV 数)	Δf_{wp}/%	t_{wend}(PV 数)	d	W_{fw}(PV 数)	D
	B-4	95.0	0.078	0.267	−11.45	0.718	1.811	0.640	2.39
	B-5	94.1	0.179	0.372	−7.63	0.678	4.604	0.499	1.58
II	B-6	94.2	0.142	0.352	−6.03	0.702	3.112	0.560	1.67
	B-7	93.0	0.026	0.220	−13.01	0.545	4.284	0.518	1.68
	B-8	95.0	0.076	0.331	−8.63	0.744	5.159	0.668	1.62
III	C-1	96.3	0.092	0.352	−7.14	0.818	4.240	0.727	1.79
IV	D-1	95.9	0.057	0.205	−14.25	0.509	3.575	0.452	2.04
	E-1	96.9	0.077	0.259	−3.18	0.621	2.524	0.545	1.99
V	E-2	96.2	0.165	0.350	−2.36	0.613	5.978	0.448	1.42
	E-3	95.0	0.250	0.484	−4.44	0.838	4.811	0.588	1.51

三、增油曲线定量规律

为了分析不同类型聚合物驱单元增油曲线特征，统计各曲线特征参数变化范围和平均值，如表 4-5 所示。其中，$\Delta \eta$ 为预测提高采收率值，%。各曲线特征参数平均值采用地质储量加权平均的方法计算。在特征参数确定的基础上，利用聚合物驱增油曲线定量表征模型绘制了不同类型聚合物驱单元典型增油曲线，如图 4-7 所示。

表 4-5　不同类型聚合物驱单元增油曲线特征参数变化范围

类型	t_{Q0}(PV 数)	t_{Qp}(PV 数)	W_Q(PV 数)	ΔQ_{Dp}/%	b	$\Delta \eta$ /%
I	0.023	0.175	0.965	27.74	1.506	9.507
II	0.012~0.032 (0.023)	0.220~0.394 (0.330)	0.981~2.057 (1.371)	9.07~22.51 (14.82)	1.529~5.295 (2.890)	5.056~10.621 (7.101)
III	0.011	0.313	1.389	9.07	2.557	4.377
IV	0.021	0.218	1.168	16.06	1.688	6.314
V	0.031~0.185 (0.096)	0.299~0.492 (0.397)	1.542~2.443 (1.954)	3.74~6.81 (5.10)	1.080~2.055 (1.556)	2.223~6.615 (3.966)

注：( )内数值为平均值。

从表 4-5 和图 4-7 可以得到以下结论。

（1）不同类型聚合物驱单元预测提高采收率由大到小排序依次为：Ⅰ类＞Ⅱ类＞Ⅳ类＞Ⅲ类＞Ⅴ类，这与由聚合物驱方案预测提高采收率结论一致。

油藏物质基础是影响聚合物驱增油效果的重要因素，Ⅰ、Ⅱ、Ⅲ类聚合物驱单元油藏地质和流体性质类似，但随着注聚前可采储量采出程度的增加，聚合物驱增油效果依次变差；Ⅱ、Ⅳ类聚合物驱单元注聚前可采储量采出程度相近，但由于第Ⅳ类油藏为高温高盐油藏，第Ⅱ类聚合物驱单元增油效果好于第Ⅳ类；第Ⅴ类聚合物驱单元油藏存在大孔道或窜流严重，聚合物驱增油效果最差。

（2）对于Ⅰ、Ⅱ、Ⅲ、Ⅴ类聚合物驱单元，聚合物驱增油效果依次变差，最大 PV 增

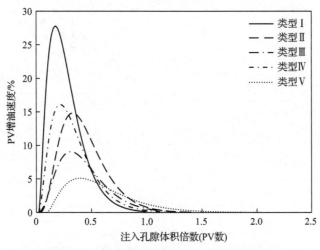

图 4-7 不同类型聚合物驱单元典型增油曲线

油速度 ΔQ_{Dp} 依次降低,增油曲线漏斗高度变低,而增油曲线漏斗宽度却依次加大。Ⅳ类聚合物驱单元增油效果介于Ⅱ、Ⅲ类聚合物驱单元之间,但却表现为最大 PV 增油速度 ΔQ_{Dp} 较大,而增油曲线漏斗宽度较窄。

(3)从对应增油峰值注入孔隙体积倍数 t_{Qp} 来看,Ⅰ、Ⅳ类聚合物驱单元较小,Ⅱ、Ⅲ类聚合物驱单元居中,而第Ⅴ类聚合物驱单元最大。

统计预测提高采收率与增油曲线特征参数之间的关系表明(图 4-8,图 4-9),预测提高采收率值与最大 PV 增油速度相关性较大,而与增油曲线漏斗宽度相关性较弱。聚合物驱增油效果的好坏更大程度上取决于是否具有较高的最大 PV 增油速度值。预测提高采收率值与最大 PV 增油速度关系回归公式为

$$\Delta \eta = 0.2917\Delta Q_{\text{Dp}} + 2.4481, \quad R^2 = 0.6624 \tag{4-15}$$

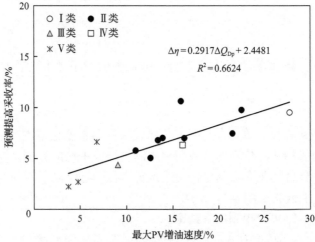

图 4-8 聚合物驱预测提高采收率与最大 PV 增油速度的关系

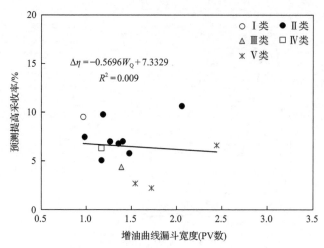

图 4-9　聚合物驱预测提高采收率与增油曲线漏斗宽度的关系

图 4-10 表明，聚合物驱最大 PV 增油速度与对应增油峰值注入孔隙体积倍数具有一定的相关关系，对应增油峰值注入孔隙体积倍数越小，最大 PV 增油速度越大。如果聚合物驱单元最大增油量出现得较晚，其最大 PV 增油速度将较小，最终增油效果也会较差。

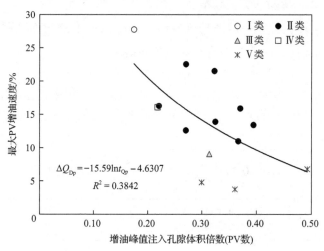

图 4-10　聚合物驱最大 PV 增油速度与增油峰值注入孔隙体积倍数的关系

四、含水率变化曲线定量规律

统计不同类型聚合物驱单元含水率变化曲线特征参数变化范围和平均值，如表 4-6 所示。其中，各曲线特征参数平均值采用地质储量加权平均的方法计算。在特征参数确定的基础上，利用聚合物驱含水率变化曲线定量表征模型绘制了不同类型聚合物驱单元典型的含水率变化曲线，如图 4-11 所示。

从表 4-6 和图 4-11 可以得到以下结论。

(1) 从初始含水率下降时注入孔隙体积倍数 t_{w0} 和对应含水率变化最大时注入孔隙体积倍数 t_{wp} 来看，Ⅰ、Ⅳ类聚合物驱单元较小，Ⅱ、Ⅲ类聚合物驱单元居中，而第Ⅴ类

表 4-6 不同类型聚合物驱单元含水率变化曲线特征参数变化范围

类型	f_{w0}/%	t_{w0}(PV 数)	t_{wp}(PV 数)	W_{fw}(PV 数)	Δf_{wp}/%	d
I	85.8	0.044	0.183	0.385	−12.06	1.891
II	92.9~95.2 (94.2)	0.026~0.179 (0.115)	0.220~0.377 (0.320)	0.406~0.786 (0.556)	−5.03~−11.45 (−7.93)	1.811~5.159 (3.754)
III	96.3	0.092	0.352	0.727	−7.14	4.240
IV	95.9	0.057	0.205	0.452	−14.25	3.575
V	95.0~96.9 (95.9)	0.077~0.250 (0.178)	0.259~0.484 (0.381)	0.448~0.588 (0.521)	−2.36~−4.44 (−3.31)	2.524~5.978 (4.817)

注：( )内数值为平均值。

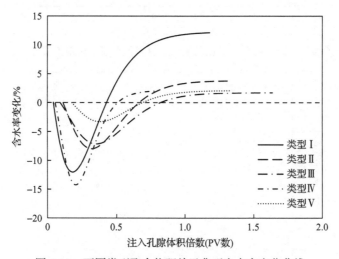

图 4-11 不同类型聚合物驱单元典型含水率变化曲线

聚合物驱单元最大，这与增油曲线规律一致。

（2）对于 I 、II 、III 类聚合物驱单元，聚合物驱增油效果依次变差，含水率变化最大值 Δf_{wp} 依次降低，含水率下降漏斗变浅，而含水率下降漏斗宽度 W_{fw} 却依次加大；第 IV 类聚合物驱单元含水率变化曲线与第 II 类相比，表现为含水率下降漏斗深而窄；第 V 类聚合物驱单元含水率变化曲线的特征为含水率下降漏斗宽度 W_{fw} 居中，但其深度最浅。

统计预测提高采收率与含水率变化曲线特征参数之间的关系（图 4-12，图 4-13），可得与含水率下降漏斗宽度 W_{fw} 相比，预测提高采收率值 $\Delta \eta$ 与含水率变化最大值 Δf_{wp} 相关性较大。含水率变化最大绝对值越大，预测提高采收率值越高。

对于各实施聚合物驱单元，初始含水率下降时注入孔隙体积倍数 t_{w0} 与对应含水率变化最大时注入孔隙体积倍数 t_{wp} 具有较好的相关性，如图 4-14 所示，其回归关系式为

$$t_{wp} = 1.156 t_{w0} + 0.1824, \quad R^2 = 0.7247 \tag{4-16}$$

图 4-15 表明,含水率变化最大值 Δf_{wp} 与对应含水率最大变化时注入孔隙体积倍数 t_{wp} 具有一定的相关关系，t_{wp} 越小， Δf_{wp} 绝对值越大。

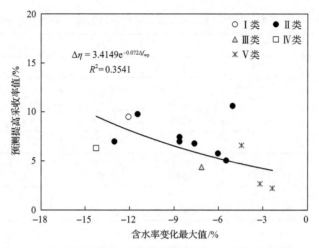

图 4-12　聚合物驱预测提高采收率值与含水率变化最大值的关系

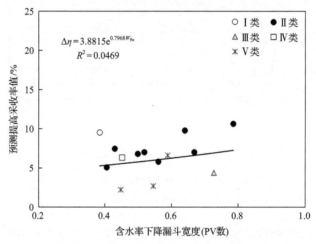

图 4-13　聚合物驱预测提高采收率值与含水率下降漏斗宽度的关系

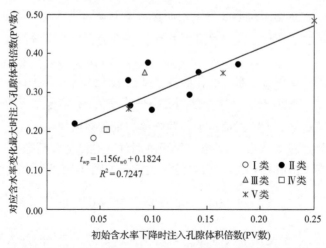

图 4-14　聚合物驱对应含水率变化最大时注入孔隙体积倍数与初始含水率下降时
注入孔隙体积倍数的关系

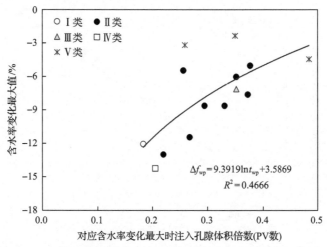

图 4-15　聚合物驱含水率变化最大值与对应含水率变化最大时注入孔隙体积倍数的关系

五、增油曲线和含水率变化曲线的定量关系

对比分析聚合物驱增油曲线和含水率变化曲线特征参数，可得到它们之间存在以下关系。

（1）初始增油注入孔隙体积倍数 t_{Q0} 一般小于初始含水率下降时注入孔隙体积倍数 t_{w0}，这是由于水驱产量递减造成的，如图 4-16 所示。

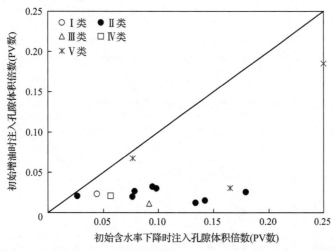

图 4-16　聚合物驱初始增油时注入孔隙体积倍数与初始含水率下降时注入孔隙体积倍数的关系

（2）如图 4-17 所示，对应含水率最大变化时注入孔隙体积倍数 t_{wp} 与对应增油峰值注入孔隙体积倍数 t_{Qp} 对应，也就是说，当含水率下降到最低值时，获得最大增油量，这在产液量保持不变的情况下应该是完全对应的。

（3）如图 4-18 和图 4-19 所示，由于增油曲线漏斗宽度 W_Q 一般大于含水率下降漏斗宽度 W_{fw}，增油曲线漏斗宽度偏度 B 往往也大于含水率下降漏斗宽度偏度 D。

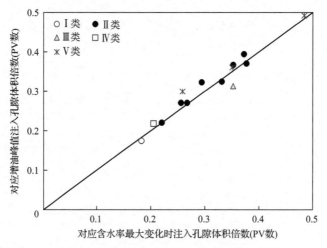

图 4-17　聚合物驱对应增油峰值注入孔隙体积倍数与对应含水率最大变化时注入孔隙体积倍数的关系

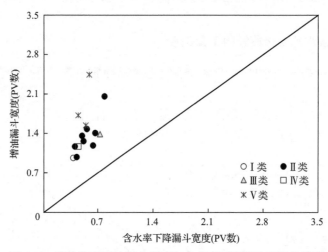

图 4-18　聚合物驱增油漏斗宽度与含水率下降漏斗宽度的关系

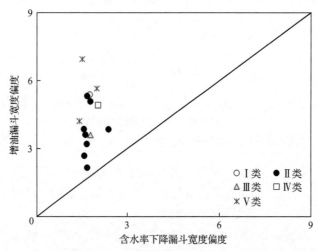

图 4-19　聚合物驱增油漏斗宽度偏度与含水率下降漏斗宽度偏度的关系

(4)如图 4-20 所示，最大 PV 增油速度 ΔQ_{Dp} 与含水率变化最大值 Δf_{wp} 存在一定的相关关系，即 ΔQ_{Dp} 越大，$|\Delta f_{wp}|$ 增大。但受产液量变化等的影响，部分点偏离回归线，其回归关系式为

$$\Delta Q_{Dp}=4.9277\mathrm{e}^{-0.1124\Delta f_{wp}}, \quad R^2=0.5632 \tag{4-17}$$

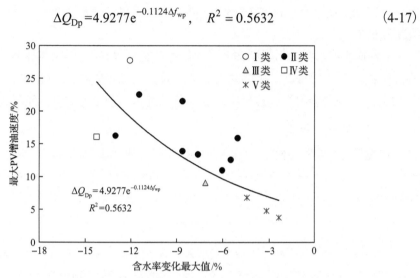

图 4-20　聚合物驱最大 PV 增油速度与含水率变化最大值的关系

第三节　生产动态影响因素

反映聚合物驱生产动态的增油和含水率变化曲线的定量表征模型都可分别归结为 4 个特征参数。因此，只要弄清这些特征参数和影响聚合物驱生产动态因素之间的关系，就能够定量描述或预测不同条件下的聚合物驱生产动态。本节以孤东油田七区西 Ng_5^{2+3} 南注聚区为原型建立油藏数值模拟模型，借助油藏数值模拟方法对聚合物驱生产动态影响因素及规律进行分析。

聚合物驱生产动态影响因素较多，包括油藏静态参数、动态参数，以及聚合物性质参数等。本节重点讨论 11 个影响聚合物驱生产动态的因素，其中，静态参数包括渗透率变异系数、原油黏度、地层水矿化度、地层温度；动态参数包括注聚时机、注聚用量、注入速度、累积注采比；聚合物性质参数包括渗透率下降系数、吸附作用、不可及孔隙体积。

一、油藏数值模拟研究

孤东油田七区西 Ng_5^{2+3} 南注聚区含油面积为 3.01km²，平均有效厚度为 6.0m，地质储量为 387×10^4t。采用正对式行列注采井网，排距为 300m、井距为 150m，注聚目的层 Ng_5^{2+3} 为单一开发层系，该层在七区西部大面积分布，上下隔层条件好，构造较平缓，埋藏深度为 1257.0～1298.5m，为高渗透、高饱和、中高黏度、河流相沉积的疏松砂岩亲

水油藏。油藏胶结物以泥质为主，胶结疏松。注聚区油层平均孔隙度为 34.0%，有效渗透率为 1.36μm²，纵向渗透率变异系数为 0.525，平均原始含油饱和度为 72.0%。

注聚层原油密度大，黏度较高，凝固点低，含蜡量少，含硫量低。饱和压力较高，地饱压差小，地下原油黏度为 41.25mPa·s，原始溶解气油比为 29.3m³/t，原油体积系数为 1.086，原始地层水总矿化度为 3025mg/L。注聚目的层原始地层压力为 12.76 MPa，油层温度为 68℃。

聚合物驱前水驱采出程度为 35.7%，含水率为 96.7%，标定水驱采收率为 37.8%，可采储量采出程度为 94.4%。孤东油田七区西 Ng_5^{2+3} 南注聚区于 1998 年 4 月开始注聚，2000 年 12 月底注完聚合物溶液转后续水驱，累计注入段塞 0.321PV，注聚合物干粉 3432t。

1. 数值模型的建立

数值模拟所选取的模拟区域如图 4-21 所示，模拟区选取孤东油田七区西 Ng_5^{2+3} 南注聚区相对连片分布区域。模拟区面积为 0.675km²，孔隙体积为 133.21×10⁴m³，地质储量 86.8×10⁴t。

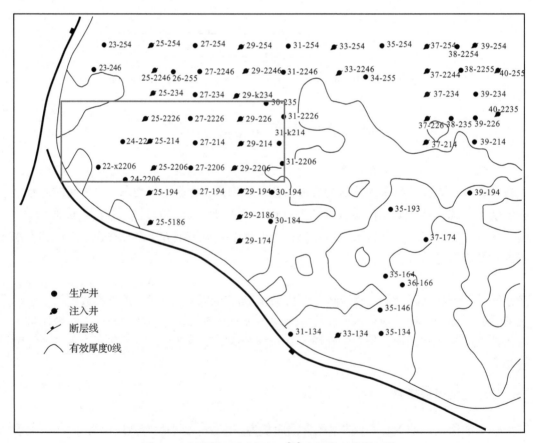

图 4-21　孤东油田七区西 Ng_5^{2+3} 南注聚区模拟区域

孤东油田七区西 Ng_5^{2+3} 南注聚区目的层为单层，为了考虑层内的非均质性，共建立 7

个模拟韵律层，中间设置为一个高渗薄层，高渗薄层渗透率为平均渗透率的 5 倍，7 个模拟韵律层的总有效厚度平均为 6m。模拟油藏长为 1500m，宽为 450m，按网格步长为 30m 均匀划分平面网格，这样该模拟区共划分为 50×15×7=5250 个网格，按行列式井网布置注入井 6 口，生产井 9 口，模拟过程中各模拟层全部射穿。所建三维模拟模型如图 4-22 所示。

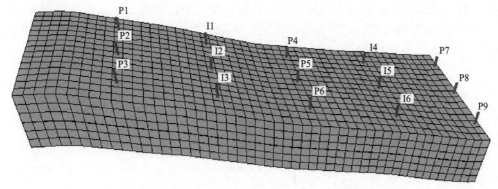

图 4-22　孤东油田七区西 Ng_5^{2+3} 南注聚区三维模拟模型

P 生产井；I-注入井

利用所取模拟区域井位顶面构造、砂层厚度分布、有效厚度分布信息插值得到网格数据，渗透率分布按照该区平面渗透率变异系数随机插值得到，而不同韵律层的渗透率分布赋值是以某基准层数据为基础，按照纵向渗透率变异系数的大小改变各层渗透率实现的，该模拟区符合正韵律油层特征。

模拟所用油水相相对渗透率曲线如图 4-23 所示。生产动态模型描述了整个模拟区的开发动态变化过程，以月为时间步长单位，逐月输入生产井的产量和注入井的注水量信息描述生产变化过程。注采数据都是以整个孤东油田七区西 Ng_5^{2+3} 南注聚区数据为基础进行折算后再平均分配到单井上的。注入量以注入的孔隙体积倍数折算，而采油量是以

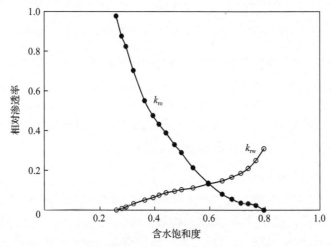

图 4-23　孤东油田七区西 Ng_5^{2+3} 南注聚区油水相相对渗透率曲线

采出程度折算，然后在保持具有相同的含水率变化趋势的基础上计算产液量。模型以注入井定注入量注水，生产井定产液量生产方式进行拟合计算。

2. 历史拟合

通过适当的参数调整，实现了模拟模型的地质储量和动态参数的拟合。孔隙体积和地质储量拟合相对误差均在 2% 以内，主要拟合指标对比和拟合曲线如表 4-7 和图 4-24 所示。截至模拟计算结束时刻，模拟区目前含水率、采出程度相对误差分别为 0.62%、1.66%，历史拟合效果较好，经参数调整后的油藏数值模型能较真实地反映地下的实际情况。

表 4-7　孤东油田七区西 Ng_5^{2+3} 南注聚区历史拟合指标对比

拟合指标	孔隙体积/10^4m^3	地质储量/10^4t	注聚前含水率/%	目前含水率/%	采出程度/%
拟合值	134.7	88.2	96.7	98.0	39.13
实际值	133.2	86.8	97.5	97.4	39.79
相对误差%	1.13	1.61	0.82	0.62	1.66

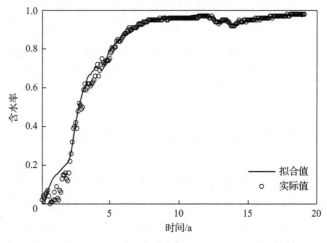

图 4-24　孤东油田七区西 Ng_5^{2+3} 南注聚区含水率拟合曲线

在历史拟合过程中，该模拟区在聚合物驱阶段具有含水率下降漏斗深度浅且存在波动，以及有明显的两个含水率下降漏斗的特点，考虑可能是层间窜聚严重引起聚合物在注入过程中的损耗造成的。因此，在拟合过程中主要对油藏高渗带的大小、聚合物性质参数及注入聚合物浓度进行了适当调整，如适当降低注入聚合物浓度、减小聚合物渗透率下降系数，以及增大聚合物吸附参数和不可及孔隙体积等。

3. 聚合物驱基础方案的建立

基础方案是以孤东七区西 Ng_5^{2+3} 南注聚模拟区地质模型为原型建立，相对渗透率曲线、PVT（压力、体积、温度）性质及顶面构造、砂层厚度分布、有效厚度分布、渗透率分布等地质参数均借用原模型，在基础方案中讨论聚合物驱动态影响因素的取值如表 4-8

所示。动态数据以月为时间步长单位，逐月输入生产井的产液量和注入井的注入量，描述生产变化过程。基础方案模拟计算得到的聚合物驱含水率变化和增油曲线如图 4-25 所示。

表 4-8 基础方案参数取值表

参数	参数值	参数	参数值
渗透率变异系数	0.5	注入速度/(PV/a)	0.2
原油黏度/(mPa·s)	40	累积注采比	1.0
地层水矿化度/(mg/L)	6000	最大渗透率下降系数 R_{kmax}	1.0
油层温度/℃	70	最大吸附质量浓度 $\hat{c}_{pmax}$/(10^{-5}kg/kg)	20
注聚前含水率/%	97	不可及孔隙体积分数 F_p	0.3
注聚用量/(PV·mg/L)	450		

二、静态参数的影响

讨论渗透率变异系数、原油黏度、地层水矿化度、地层温度等静态参数对聚合物驱生产动态的影响。

1. 渗透率变异系数的影响

渗透率变异系数表示油层的层间或层内非均质程度的大小。渗透率变异系数较大的油层，层间或层内非均质性强，水驱开发效果差，聚合物驱最终采收率也低。聚合物驱与水驱相比，对于具有一定非均质性的油层有调整和改善注入剖面的作用，从而能得到更好的增油效果，因此，渗透率变异系数增加，聚合物驱提高采收率值有所提高，但渗透率变异系数超过一定值，聚合物驱这种改善注入剖面作用又显得有限。

图 4-26 反映渗透率变异系数对含水率变化曲线和增油曲线的影响。可以看出，渗透率变异系数对各特征参数有较大的影响。随着渗透率变异系数的增加，对应含水率变化最大时注入孔隙体积倍数 t_{wp} 和对应增油峰值注入孔隙体积倍数 t_{Qp} 减小，含水率变化最大值 Δf_{wp} 和最大 PV 增油速度 ΔQ_{Dp} 加大，但漏斗宽度减小。在一定油藏和注入条件下，对于聚合物驱提高采收率值，渗透率变异系数有一个最优值，在该油藏条件下的渗透率变异系数最优值为 0.7 左右。

2. 原油黏度的影响

原油黏度是影响水驱采收率的重要因素，也是影响聚合物驱增油效果的参数之一。随着地下原油黏度的增加，水驱和聚合物驱采收率都降低，但提高采收率值却增加。这是因为聚合物驱的主要机理在于改善流度比、扩大波及体积，从而提高采收率。在原油黏度较高的情况下，这种作用更为明显。但地层原油黏度增加到一定程度，提高采收率值的变化幅度变小。

图 4-27 反映原油黏度对含水率变化和增油曲线的影响。可以看出，原油黏度主要对含水率变化最大值 Δf_{wp} 与最大 PV 增油速度 ΔQ_{Dp} 有一定的影响。随着原油黏度的增加，

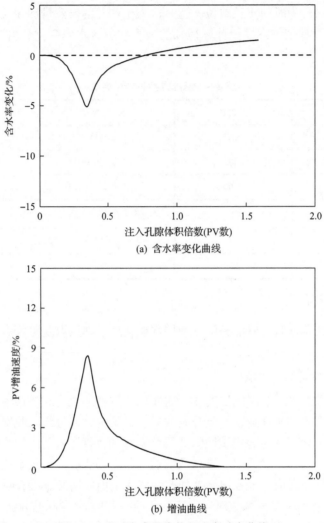

(a) 含水率变化曲线

(b) 增油曲线

图 4-25　基础方案聚合物驱生产动态曲线

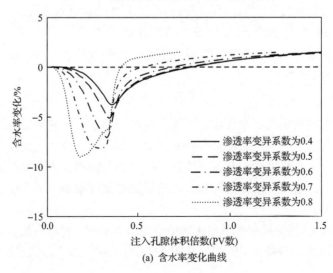

(a) 含水率变化曲线

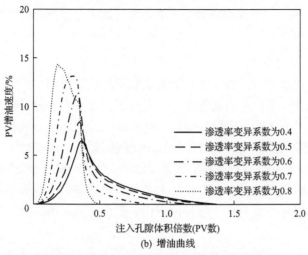

(b) 增油曲线

图 4-26   渗透率变异系数对生产动态曲线的影响

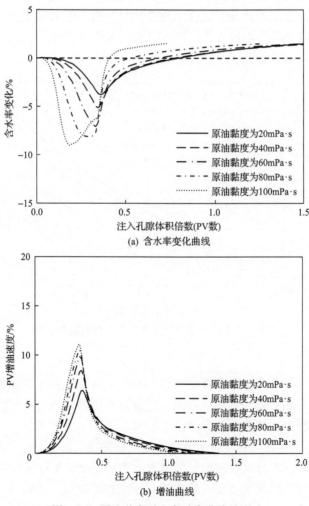

(a) 含水率变化曲线

(b) 增油曲线

图 4-27   原油黏度对生产动态曲线的影响

Δf_{wp} 和 ΔQ_{Dp} 加大，漏斗稍微向左偏移。原油黏度的加大会使聚合物驱提高原油采收率值增加，但总体上影响不大。

3. 地层水矿化度的影响

随着地层水矿化度增加，聚合物驱提高采收率的效果变差。因为无机盐中的阳离子比水有更强的亲电性，所以它们优先取代了水分子，与聚合物分子链上的羧基形成反离子对，屏蔽了高分子链上的负电荷，使聚合物线团间的静电斥力减弱，溶液中的聚合物分子由伸展渐趋于卷曲，分子的有效体积缩小，线团紧密，溶液黏度下降；并且随着地层水矿化度的增加，聚合物岩石表面的吸附量增大，使聚合物溶液的有效质量浓度降低，黏度下降。地层水矿化度越大，溶液黏度下降越多，提高采收率值相对越小。同时可以看出，地层水矿化度在小于 10000mg/L 范围内，提高采收率值的变化对地层水矿化度的改变更为敏感。

图 4-28 反映了在等温条件下不同地层水矿化度对聚合物溶液黏浓曲线的影响，在数值模拟计算中基于该曲线进行描述。图 4-29 反映地层水矿化度对含水率变化和增油曲线的影响。可以看出，地层水矿化度对含水率变化最大值 Δf_{wp} 和最大 PV 增油速度 ΔQ_{Dp}、漏斗宽度、提高采收率值影响较大。随着地层水矿化度的增加，Δf_{wp} 和 ΔQ_{Dp} 减小，且漏斗宽度减小，提高采收率值降低。

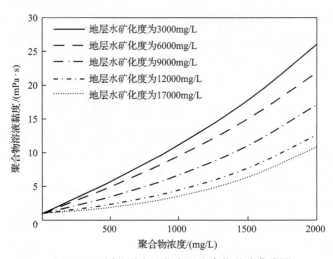

图 4-28　不同地层水矿化度下聚合物黏浓曲线图

4. 地层温度的影响

聚合物溶液的特性随着地层温度的改变而发生变化，尤其是聚合物溶液黏度随温度的升高而降低，这是聚合物在高温下降解反应加速造成的。随着地层温度的升高，聚合物对水的增黏作用降低，提高采收率值减小。

图 4-30 反映了不同地层温度对聚合物溶液黏浓曲线的影响，在数值模拟计算中基于该曲线进行描述。图 4-31 分别反映地层温度对含水率变化和增油曲线的影响。可以看出，地层温度对含水率变化最大值 Δf_{wp}、最大 PV 增油速度 ΔQ_{Dp}、提高采收率值影响较大。随着地层温度的增加，Δf_{wp} 和 ΔQ_{Dp} 减小，且漏斗宽度减小，提高采收率值降低。

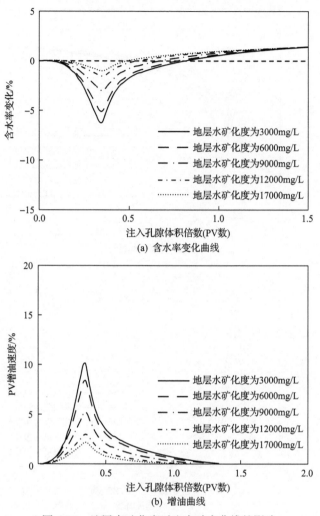

(a) 含水率变化曲线

图 4-29 地层水矿化度对生产动态曲线的影响

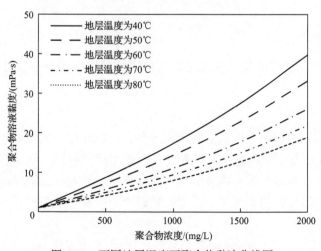

图 4-30 不同地层温度下聚合物黏浓曲线图

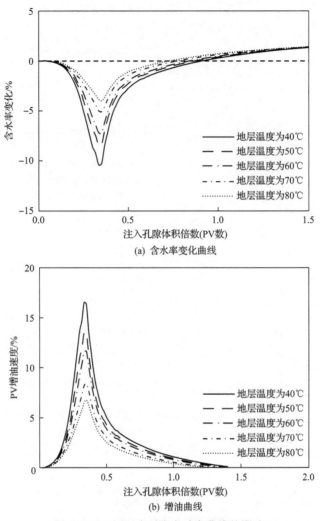

(a) 含水率变化曲线

(b) 增油曲线

图 4-31　地层温度对生产动态曲线的影响

三、动态参数的影响

讨论注聚时机、注聚用量、注入速度、累积注采比等动态参数对聚合物驱生产动态的影响。

1. 注聚时机的影响

不同时机转聚合物驱影响到地下剩余油的多少，因此对开采效果会产生影响。转聚合物驱的时机越早，驱替效果越好。注聚合物时的水油比越低，地层剩余油饱和度相对较高，聚合物溶液注入地层后，容易形成原油富集带，见效早，聚合物利用率高，效果更好。同时，早期转聚合物驱最终注入 PV 数较小，能有效地缩短开采时间，节约注水量，提高经济效益。

图 4-32 反映注聚时机(用注聚前含水率表征)对含水率变化和增油曲线的影响。可以

看出，注聚时机对各特征参数有较大的影响。随着注聚时机的提前，对应含水率变化最大时注入孔隙体积倍数 t_{wp} 和对应增油峰值注入孔隙体积倍数 t_{Qp} 减小，含水率变化最大值 Δf_{wp} 和最大 PV 增油速度 ΔQ_{Dp} 加大，但漏斗宽度减小，聚合物驱提高采收率值提高。

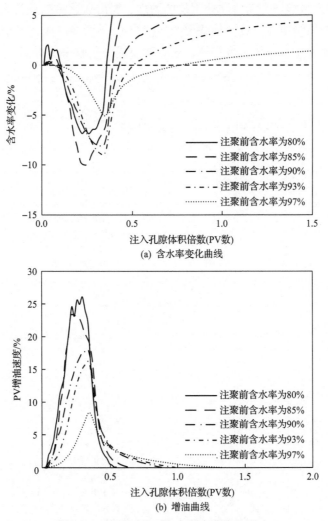

(a) 含水率变化曲线

(b) 增油曲线

图 4-32　注聚时机对生产动态曲线的影响

2. 注聚用量的影响

注聚用量的改变可以体现在两个方面：注入段塞大小和注入聚合物浓度的变化。讨论的 5 组注聚用量 350PV·mg/L、400PV·mg/L、450PV·mg/L、500PV·mg/L、550PV·mg/L 分别对应的注入段塞大小和注入聚合物浓度取值为 0.27PV（1300mg/L）、0.28PV（1400mg/L）、0.30PV（1500mg/L）、0.31PV（1600mg/L）、0.32PV（1700mg/L）。

随着注入聚合物溶液段塞尺寸的增加，提高采收率增加，这是因为注入段塞增大，聚合物作用体积变大，波及系数增大；而由于聚合物分子的缠绕作用，聚合物溶液黏度随浓度的增加而增大，也会使提高采收率增加。虽然两者都会影响提高采收率值，但影响聚合物驱生产动态规律不一样：注入段塞大小主要影响含水率变化或增油漏斗宽度大小，而注入聚合物浓度主要影响含水率变化或增油漏斗的深浅。

图 4-33 反映注聚用量对含水率变化和增油曲线的影响。可以看出，注聚用量对提高原油采收率有较大的影响。随着注聚用量的增加，对应含水率变化最大时注入孔隙体积倍数 t_{wp} 和对应增油峰值注入孔隙体积倍数 t_{Qp} 增加，含水率变化最大值 Δf_{wp} 和最大 PV 增油速度 ΔQ_{Dp} 加大，且漏斗宽度加宽，聚合物驱提高采收率值提高。

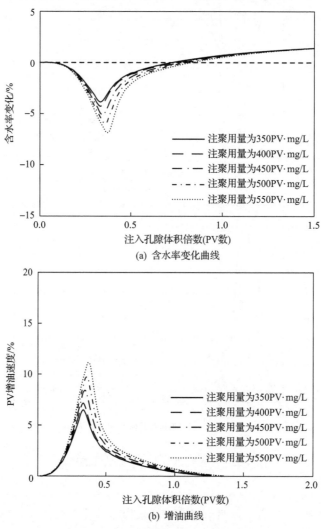

(a) 含水率变化曲线

(b) 增油曲线

图 4-33　注聚用量对生产动态曲线的影响

3. 注入速度的影响

注入速度反映了聚合物驱注采强度和聚合物在地下的流动状况，进而影响聚合物的物化特性（如聚合物剪切、吸附等）和驱油效果。在注采比平衡的情况下，讨论了注入速度对聚合物驱生产动态特征的影响。

图 4-34 反映注入速度对含水率变化和增油曲线的影响。可以看出，注入速度对各特

征参数有较大的影响。随着注入速度的提高，对应含水率最大变化时注入孔隙体积倍数 t_{wp} 和对应增油峰值注入孔隙体积倍数 t_{Qp} 减小，漏斗宽度减小，含水率变化最大值 Δf_{wp} 略有减小，但最大 PV 增油速度 ΔQ_{Dp} 加大。从聚合物驱提高采收率值来看，注入速度控制在 0.15PV/a 以内较好。

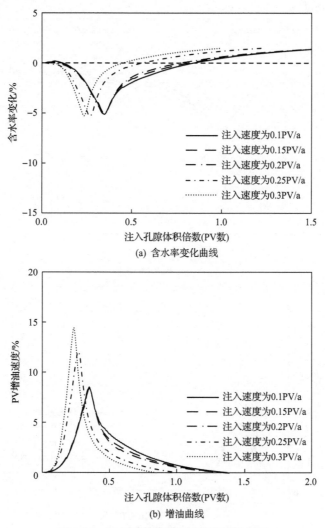

(a) 含水率变化曲线

(b) 增油曲线

图 4-34　注入速度对生产动态曲线的影响

4. 累积注采比的影响

聚合物溶液注入地层以后，驱替剂黏度增加，改善了水驱时的不利流度比。降低驱油剂的流度，造成渗流阻力增大，造成地层供液能力减小。而产液量的变化直接导致油层的供液能力和油层压力发生变化，因此，产液量的变化也会对聚合物驱的生产动态特征造成一定的影响。

油藏数值模拟中注采比的设置是在相同注入量条件下通过改变产液量实现的。为了与矿场情况较为吻合，调整产液量按照先升后降或者先降后升的模式实现，以累积注入比指标作为调整的控制参数。

图 4-35 反映注采比对含水率变化和增油曲线的影响。可以看出，注采比对含水率变化和增油漏斗峰值、宽度有较大的影响。随着累积注采比的增加，含水率变化最大值 Δf_{wp} 和最大 PV 增油速度 ΔQ_{Dp} 降低，含水率下降漏斗宽度减小但增油漏斗宽度加大，聚合物驱提高采收率值降低。

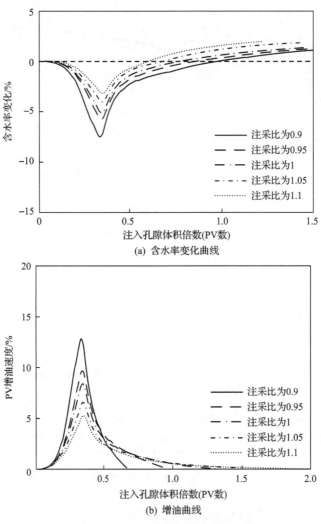

图 4-35　注采比对生产动态曲线的影响

四、聚合物性质参数的影响

讨论渗透率下降系数、吸附作用、不可及孔隙体积等聚合物性质参数对聚合物驱生产动态的影响。

1. 渗透率下降系数的影响

聚合物溶液首先进入高渗层，造成高渗层水相渗透率下降，从而扩大了聚合物驱的波及体积。渗透率下降系数越大,见效时刻越早,并且含水率下降幅度越大、下降漏斗越宽,聚合物驱效果越好。在油藏数值模型中,可以通过调整描述渗透率下降系数 R_k 方程[式(2-59)]中的最大渗透率下降系数 R_{kmax} 值来实现对渗透率下降系数影响规律的讨论。

图 4-36 反映最大渗透率下降系数对含水率变化和增油曲线的影响,图中不同方案值代表最大渗透率下降系数 R_{kmax} 值。可以看出,最大渗透率下降系数对含水率变化和增油漏斗峰值、宽度及提高采收率值有较大的影响。随着最大渗透率下降系数的增加,含水率变化最大值 Δf_{wp} 和最大 PV 增油速度 ΔQ_{Dp} 加大,含水率变化和增油漏斗加宽,聚合物驱提高采收率值增加。

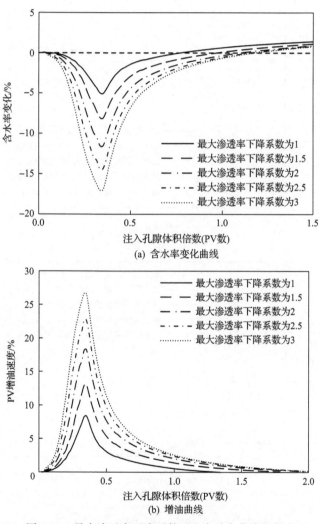

图 4-36　最大渗透率下降系数对生产动态曲线的影响

2. 吸附作用的影响

聚合物在油层孔隙表面的吸附是聚合物驱油过程中发生的重要物理化学现象。由于聚合物的吸附，聚合物溶液变稀，聚合物溶液黏度减小，在吸附较少时，由于吸附同时降低了水相渗透率，对聚合物却产生有利的影响，但吸附量较大时，水相渗透率降低作用不足以补偿吸附产生的黏度下降，最终导致聚合物驱油效果变差。在油藏数值模型中，可以通过调整描述吸附质量浓度 $\hat{c}_p$ 方程［式(2-60)］中的最大吸附质量浓度 $\hat{c}_{pmax}$ 来实现对吸附作用影响规律的讨论。

图 4-37 反映吸附作用对含水率变化和增油曲线的影响，图中不同方案值代表最大吸附质量浓度 $\hat{c}_{pmax}$ 值。可以看出，吸附作用对含水率变化和增油漏斗峰值、提高采收率值有较大的影响。随着吸附作用的增强，含水率变化最大值 Δf_{wp} 和最大 PV 增油速度 ΔQ_{Dp} 减小，增油漏斗加宽，对含水率下降漏斗宽度影响不大，聚合物驱提高采收率值降低。

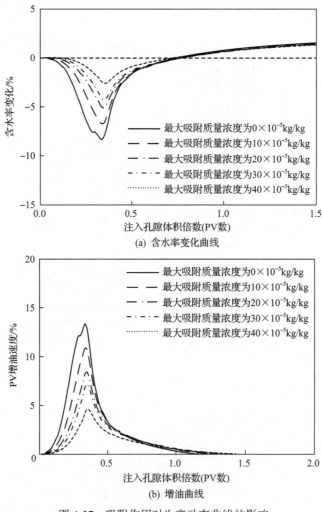

图 4-37　吸附作用对生产动态曲线的影响

3. 不可及孔隙体积的影响

不可及孔隙体积的存在影响聚合物溶液能通过的孔隙体积。不可及孔隙体积分数越小，聚合物溶液浓度越小，增油效果越差，造成聚合物驱见效时刻推迟，聚合物驱开发效果变差。

图 4-38 反映不可及孔隙体积分数对含水率变化和增油曲线的影响，图中不同方案值代表聚合物不可及孔隙体积分数 F_p 值。可以看出，随着聚合物不可及孔隙体积分数的减小，含水率变化和对应增油峰值注入孔隙体积倍数增加，含水率变化最大值 Δf_{wp} 和最大 PV 增油速度 ΔQ_{Dp} 减小，含水率变化和增油漏斗变窄，聚合物驱提高采收率值降低。

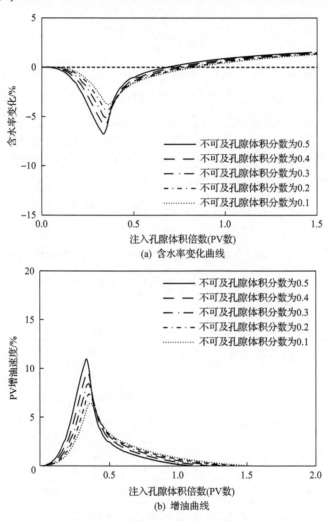

图 4-38　不可及孔隙体积分数对生产动态曲线的影响

五、各因素影响程度分析

各因素的影响程度各异，影响规律也不尽相同。在模拟计算得到的聚合物驱含水率变化曲线和增油曲线的基础上，以拟合提高采收率为约束条件，分别得到描述聚合物驱含水率变化曲线和增油曲线特征的 8 个特征参数值：t_{w0}、t_{wp}、Δf_{wp}、t_{wend}、t_{Q0}、t_{Qp}、ΔQ_{Dp}、t_{Qend}，以及提高采收率值 $\Delta \eta$。

为了对比各因素对聚合物驱开发动态特征参数的影响程度，总结影响聚合物驱开发动态特征的关键因素，引入变异系数概念作为评价指标。数理统计中变异系数 C_V 定义为一组考察数据的标准差 σ 与平均值绝对值 $|\overline{y}|$ 的比值，表示为

$$C_V = \frac{\sigma}{|\overline{y}|} \tag{4-18}$$

$$\sigma = \sqrt{\frac{1}{n-1}\sum_{i=1}^{n}(y_i - \overline{y})^2} \tag{4-19}$$

式中，n 为数据序列个数；y_i 为第 i 个数据值；$\overline{y}$ 为数据值的平均值。C_V 反映了一组数据分散和差异程度，C_V 越大说明该数据序列数据间差异程度越大；否则，数据越集中。在聚合物驱开发动态影响因素分析中，C_V 值的大小表征聚合物驱开发动态特征参数对各因素的敏感程度，进一步可确定影响聚合物驱动态特征参数的主要因素。

表 4-9 和表 4-10 分别为含水率变化特征和增油特征影响因素程度变异系数值，表中反映了各影响因素取值范围，以及与各影响因素相对应的各聚合物驱开发动态特征参数的变异系数 C_V 值。变异系数 C_V 值越大，表明该影响因素对这个聚合物驱开发动态特征参数影响越大。

表 4-9　含水率变化特征的影响因素的影响程度对应的变异系数值

参数		取值范围	$C_V(t_{w0})$	$C_V(t_{wp})$	$C_V(\Delta f_{wp})$	$C_V(t_{wend})$
静态参数	渗透率变异系数	0.4～0.8	0.493	0.240	0.555	0.268
	原油黏度/(mPa·s)	20～100	0.351	0.027	0.170	0.096
	地层水矿化度/(mg/L)	3000～17000	0.240	0.000	0.540	0.209
	地层温度/℃	40～80	0.234	0.027	0.293	0.092
动态参数	注聚前含水率/%	80～97	0.343	0.173	0.327	0.359
	注聚用量/(PV·mg/L)	350～550	0.216	0.048	0.179	0.052
	注入速度/(PV/a)	0.1～0.3	0.478	0.183	0.038	0.254
	注采比	0.9～1.1	0.448	0.022	0.514	0.184
聚合物性质参数	最大渗透率下降系数	1～3	0.209	0.027	0.351	0.161
	最大吸附质量浓度/(10^{-5}kg/kg)	0～40	0.496	0.027	0.389	0.029
	不可及孔隙体积分数	0.1～0.5	0.415	0.041	0.174	0.082

表 4-10　增油特征的影响因素的影响程度对应的变异系数值

参数		取值范围	$C_V(t_{Q0})$	$C_V(t_{Qp})$	$C_V(\Delta Q_{Dp})$	$C_V(t_{Qend})$	$C_V(\Delta\eta)$
静态参数	渗透率变异系数	0.4～0.8	0.214	0.240	0.592	0.337	0.154
	原油黏度/(mPa·s)	20～100	0.021	0.027	0.162	0.097	0.071

续表

参数		取值范围	$C_V(t_{Q0})$	$C_V(t_{Qp})$	$C_V(\Delta Q_{Dp})$	$C_V(t_{Qend})$	$C_V(\Delta\eta)$
静态参数	地层水矿化度/(mg/L)	3000~17000	0.027	0.005	0.503	0.111	0.591
	地层温度/℃	40~80	0.027	0.027	0.288	0.034	0.314
动态参数	注聚前含水率/%	80~97	0.191	0.152	0.524	0.278	0.328
	注聚用量/(PV·mg/L)	350~550	0.033	0.048	0.175	0.026	0.202
	注入速度/(PV/a)	0.1~0.3	0.180	0.183	0.199	0.206	0.061
	注采比	0.9~1.1	0.067	0.022	0.616	0.420	0.090
聚合物性质参数	最大渗透率下降系数	1~3	0.028	0.027	0.350	0.199	0.472
	最大吸附质量浓度/(10^{-5}kg/kg)	0~40	0.055	0.027	0.394	0.089	0.304
	不可及孔隙体积分数	0.1~0.5	0.066	0.041	0.163	0.130	0.029

如果将表 4-9 和表 4-10 中各列数据从大到小排序，就可以得到各聚合物驱开发动态特征参数的影响因素的主次排序。在各列数据中挑选出大于某列数据平均变异系数值的影响因素，标记为"–"符号作为该聚合物驱开发动态特征参数的较主要影响因素；而将其中的前 4 位标记为"∧"符号作为该聚合物驱开发动态特征参数的主要影响因素。表 4-11 即聚合物驱动态的主要影响因素表，统计结果表明：

表 4-11　聚合物驱动态主要影响因素表

参数		t_{w0}	t_{wp}	Δf_{wp}	t_{wend}	t_{Q0}	t_{Qp}	ΔQ_{Dp}	t_{Qend}	$\Delta\eta$
静态参数	渗透率变异系数	∧	∧	∧	∧	∧	∧	∧	∧	
	地下原油黏度	–								
	地层水矿化度			∧				∧		∧
	地层温度									∧
动态参数	注聚前含水率		∧	–	∧	∧	∧	∧	∧	
	注聚用量								–	
	注入速度	∧	∧		∧	∧	∧		∧	
	注采比	∧		∧	–			∧	∧	
聚合物性质参数	最大渗透率下降系数			–				–		∧
	最大吸附质量浓度	∧		∧				–		–
	不可及孔隙体积分数	–								

(1)对聚合物驱生产动态特征影响较大的因素包括渗透率变异系数、地层水矿化度、地层温度、注聚前含水率、注聚用量、注入速度、注采比、最大渗透率下降系数、最大吸附质量浓度等。

(2)初始含水率下降时注入孔隙体积倍数 t_{w0} 的主要影响因素为渗透率变异系数、注入速度、注采比、最大吸附质量浓度,而初始增油注入孔隙体积倍数 t_{Q0} 的主要影响因素为渗透率变异系数、注聚前含水率、注入速度。

(3)对应含水率最大变化时注入孔隙体积倍数 t_{wp} 和对应增油峰值注入孔隙体积倍数 t_{Qp} 的主要影响因素均为渗透率变异系数、注聚前含水率和注入速度。

(4)含水率变化最大值 Δf_{wp} 的主要影响因素为渗透率变异系数、地层水矿化度、注采比、最大吸附质量浓度,而最大 PV 增油速度 ΔQ_{Dp} 的主要影响因素为渗透率变异系数、地层水矿化度、注聚前含水率、注采比。

(5)含水率恢复时注入孔隙体积倍数 t_{wend} 的主要影响因素为渗透率变异系数、地层水矿化度、注聚前含水率、注入速度,而增油期结束注入孔隙体积倍数 t_{Qend} 的主要影响因素为渗透率变异系数、注聚前含水率、注入速度、注采比。

(6)提高原油采收率值的主要影响因素包括地层水矿化度、地层温度、注聚前含水率、最大渗透率下降系数。

第四节　生产动态定量预测模型

反映聚合物驱增油和含水率变化生产动态的定量表征模型可分别简化为 4 个特征参数。因此,只要计算出这些特征参数与聚合物驱生产动态影响因素之间的关系,就可以定量预测不同条件下聚合物驱的生产动态。

基于聚合物驱生产动态的影响因素和规律分析,结合正交设计和支持向量机方法建立了考虑多因素协同作用的生产动态定量预测模型。这些模型反映了聚合物驱生产动态特征参数、提高采收率值与各静态和动态影响因素之间的复杂非线性关系。

一、支持向量机方法

基于数据的机器学习是现代智能技术中的重要方面,研究从观测数据(样本)出发寻找规律,利用这些规律对未来数据或无法观测的数据进行预测。机器学习方法重要的理论基础之一是统计学。传统统计学研究的是样本数目趋于无穷大时的渐近理论,现有统计学学习方法也多是基于此假设。但在实际问题中,样本数往往是有限的,因此一些理论上很优秀的学习方法(如人工神经网络)实际中表现得却可能不尽如人意。

与传统统计学相比,统计学习理论(statistical learning theory, SLT)是一种专门研究小样本情况下机器学习规律的理论。Vapnik 等从 20 世纪六七十年代开始致力于此方面的研究,到 90 年代中期,统计学习理论不断地发展和成熟,是一种能够指导在小样本情况下建立有效的学习和推广方法的理论(Vapnik, 1995)。

在这一理论基础上发展了一种新的通用学习方法——支持向量机,它是和神经网络一样适用于各种非线性关系拟合的通用的机器学习方法,从总样本中挑选出少数具有代表性的样本即所谓支持向量构成拟合函数,比较圆满地解决了通用性和推广性的问题:根据 Vapnik 结构风险最小化原则,尽量提高学习机的泛化能力,即由有效的训练集样本得到的小的误差能够保证对独立的测试集仍保持小的误差;同时,由于支持向量机算法是一个凸优化问题，局部最优解一定是全局最优解。

有三类基本的统计学习问题，即模式识别、函数逼近和概率密度估计。聚合物驱效果及动态定量预测属于函数逼近的范畴。

1. 内积核的定义

在解决通用性问题时，支持向量机采用了核函数技术，它不依赖于非线性拟合函数的形式。为了寻求通用的非线性拟合函数，对于未知函数 $f(x,\omega)$ 采用傅里叶（Fourier）多项式逼近：

$$f(x) = \frac{a_0}{\sqrt{2}} + \sum_{k=1}^{N} (a_k \sin kx + b_k \cos kx) \tag{4-20}$$

式中，a_0 为常数项系数；a_k、b_k 均为第 k 项的系数。

若记基函数系为

$$U(x) = (1/2, \sin x, \cdots, \sin Nx, \cos x, \cdots, \cos Nx)^{\mathrm{T}}$$

$$C = (a_0, a_1, \cdots, a_N, b_1, \cdots, b_N)$$

式中，$a_0, a_1, \cdots, a_N, b_1, \cdots, b_N$ 均为系数。

则有

$$f(x) = \sum_{i=1}^{M} c_i u_i(x) = \langle C, U(x) \rangle \tag{4-21}$$

式中，$M = 2N+1$；$\langle \ \rangle$ 为内积；c_i 为 C 的第 i 个元素；u_i 为 $U(x)$ 的第 i 个元素。

那么，对于 n 个观测样本，函数拟合问题即求解下列方程的参数 $(c_1, c_2, c_3, \cdots, c_M)$。

$$y_j = \sum_{i=1}^{M} c_i u_i(x_j), \quad j = 1, 2, 3, \cdots, n \tag{4-22}$$

函数拟合精度依赖函数项数量（即 N 值）的增加，同时随着变量 x 的维数上升，基函数的数目 M 将急剧增长，使样本数 $n \ll M$，用欠定方程式（4-22）求解 C 将没有意义。为此将 $C(C \in \mathbf{R}^M)$ 用 n 个向量 $\{U(x_j) | U \in \mathbf{R}^M, j = 1, 2, \cdots, n\}$ 表示，则有

$$C = \sum_{j=1}^{n} \beta_j U(x_j) \tag{4-23}$$

式中，$\beta_1, \beta_2, \beta_3, \cdots, \beta_n$ 为待定参数。

那么，式（4-21）可表示为

$$f(x) = \langle \boldsymbol{C}, \boldsymbol{U}(x) \rangle = \sum_{j=1}^{n} \beta_j K_N \left(x, x_j \right) \tag{4-24}$$

其中，定义内积核函数：

$$
\begin{aligned}
K_N \left(x, x_j \right) &= \left\langle \boldsymbol{U}(x), \boldsymbol{U}\left(x_j \right) \right\rangle \\
&= \frac{1}{2} + \sum_{k=1}^{N} \left(\sin kx \sin kx_j + \cos kx \cos kx_j \right) \\
&= \frac{1}{2} + \sum_{k=1}^{N} \cos \left[k\left(x - x_j \right) \right] = \sin \left[\frac{2N+1}{2} \left(x - x_j \right) \right] \bigg/ \sin \left(\frac{x - x_j}{2} \right)
\end{aligned}
\tag{4-25}
$$

当 n 值较大时，式 (4-24) 中不为零的 β_j 只是其中的一小部分，它们对应的样本向量就是支持向量，一般是在函数变化比较剧烈的位置上的样本。不难看出，式 (4-25) 定义的核函数给出的拟合函数式 (4-24) 适用于具有 Fourier 级数展开的一大类非线性函数，而无需知道被拟合函数的具体形式。

概括地说，支持向量机就是首先通过内积函数定义的非线性变换将输入空间 R^n 变换到高维特征空间，再在高维特征空间进行函数拟合。而在寻优函数过程中只涉及训练样本之间的内积运算 $\left(x_i \cdot x_j \right)$，这样，在高维空间实际上只需进行内积运算，而这种内积运算是可以用原空间中的函数实现的，甚至没有必要知道变换的形式。

根据泛函的有关理论，只要一种核函数 $K\left(x, x_j \right)$ 满足默瑟 (Mercer) 定理，它就对应特征空间中的内积，即存在函数 $\varPhi$，使 $\varPhi(x) \cdot \varPhi\left(x_j \right) = K\left(x, x_j \right)$。目前 SVM 方法中常用的核函数包括以下 3 种。

（1）多项式核函数：

$$K\left(x, x_j \right) = \left[\left(x \cdot x_j \right) + 1 \right]^d, \quad d = 1, 2, 3, \cdots \tag{4-26}$$

（2）径向基 (RBF) 核函数：

$$K\left(x, x_j \right) = \exp\left(-\frac{\left| x - x_j \right|^2}{\sigma_0^2} \right) \tag{4-27}$$

式中，x_j 为第 j 个变量；σ_0 为自由参数。

（3）Sigmoid 函数：

$$K\left(x, x_j \right) = \tanh\left[\upsilon\left(x \cdot x_j \right) + c \right] \tag{4-28}$$

式中，υ、c 均为自由参数。

2. 用于函数拟合的 SVM

支持向量机在解决推广性问题时，采用了不适定问题的数值解法。选定核函数 $K(x, x_j)$，拟合函数可表示为

$$y(x) = \sum_{j=1}^{n} \beta_j K(x, x_j) + b_0 \tag{4-29}$$

对于给定样本集 $\{(x_i, y_i) \| i = 1, 2, 3, \cdots, n\}$，$b_0, \beta_1, \beta_2, \beta_3, \cdots, \beta_n$ 为下列不适定方程组的解。

$$\begin{cases} y_i = \sum_{j=1}^{n} \beta_j K(x_i, x_j) + b_0, & i = 1, 2, 3, \cdots, n \\ b_0 = \frac{1}{n} \sum_{i=1}^{n} y_i - \sum_{j=1}^{n} \beta_j \left(\frac{1}{n} \sum_{i=1}^{n} K(x_i, x_j) \right) \end{cases} \tag{4-30}$$

通常式(4-30)为病态方程组，采用常规最小二乘法求出的解往往存在不连续依赖于数据的现象。即假定 (x_i, y_i) 为其中一个样本，当拟合函数的输入为 $x_i + \Delta x$ 而其输出为 $y_i + \Delta y$ 时，即使 $|\Delta x|$ 较小，$|\Delta y|$ 却很大。也就是说，求解的关系式(4-29)除了样本集以外都不适用，即不具有推广性。20 世纪 60 年代，某些学者引入正则化泛函 $\Omega(f)$，提出了几种求解不适定问题的正则化方法。

采用菲利普斯(Phillips)方法对不适定方程组(4-30)求解，该式的解 $b_0, \beta_1, \beta_2, \beta_3, \cdots, \beta_n$ 变成下述二次规划问题的解：

$$\min \Omega(\beta) = \frac{1}{2} \sum_{j=1}^{n} \beta_j^2 \tag{4-31}$$

$$\text{s.t.} \quad y_i - \sum_{j=1}^{n} \beta_j K(x_i, x_j) - b_0 \leqslant \varepsilon, \quad i = 1, 2, 3, \cdots, n \tag{4-32}$$

$$\sum_{j=1}^{n} \beta_j K(x_i, x_j) + b_0 - y_i \leqslant \varepsilon, \quad i = 1, 2, 3, \cdots, n \tag{4-33}$$

式(4-31)～式(4-33)体现了支持向量机结构风险最小化准则的应用。最小化 $\Omega(\beta)$ 使拟合函数尽量平坦，设想当式(4-29)中 $\beta_1 = \beta_2 = \beta_3 = \cdots = \beta_n = 0$ 时，$y(x) = b_0$，函数达到最平坦。较平坦的拟合函数具有较小的 VC 维，从而具有较小的置信范围 Φ；而不等式约束是假设所有训练样本都可以在精度 ε 下无误差地进行函数拟合，实质是控制函数具有较小的经验风险 R_{emp}。求解二次规划问题就是使 $R_{\text{emp}} + \Phi$ 较小。可以看出，精度 ε 是协调拟合函数拟合精度(通用性)和预测精度(推广性)的一个正数，该值越大，推广性越好，拟合精度越差。

通过沃尔夫(Wolf)对偶准则，可将上述二次规划问题简化成约束条件简单、便于计

算的对偶规划问题进行求解。

二、训练样本集的生成

训练支持向量机模型的样本集应充分体现影响聚合物驱生产动态和开发效果的因素及其规律。采用正交设计和油藏数值模拟相结合的方法，提出了样本集的生成方法（或步骤）。

(1)筛选敏感性参数。针对油区实际情况，结合聚合物驱动态影响因素研究筛选出对聚合物驱生产动态特征影响较大的敏感性参数。

(2)通过正交设计方法产生样本方案，以较少的方案数反映出聚合物驱生产动态敏感性参数在选值范围内变化的各种情况。

(3)对各方案进行聚合物驱数值模拟，计算出聚合物驱生产动态。

(4)对各聚合物驱生产动态曲线进行定量表征模型的拟合，得到增油和含水率变化曲线的各特征参数。

影响聚合物驱生产动态的因素考虑油藏静态参数、动态参数及聚合物性质参数等。聚合物驱生产动态特征影响较大的敏感性参数为渗透率变异系数、原油黏度、地层水矿化度、地层温度、注聚时机、注聚用量、注入速度、注采比、渗透率下降系数、吸附作用、不可及孔隙体积。

同时，在聚合物驱动态定量预测模型建立中，还应综合考虑诸如边底水、大孔道、井况、油层连通性等不易分类描述或定量化因素的影响，这些因素可在油藏数值基础模型建立的过程中进行适当考虑。

参考胜利油区聚合物驱已实施单元的油藏及流体性质、注入条件、聚合物性质等数据，确定了正交设计参数的取值范围。每个正交设计参数在胜利油区油藏适当的取值范围内各取 5 个值。形成了一个 11 参数 5 水平问题，由此，选用 $L_{50}\left(5^{11}\right)$ 正交设计表，共产生了 50 套样本方案。

建立的参数水平取值表和正交设计表分别如表 4-12 和表 4-13 所示。表 4-13 中表头 "A～K" 分别代表渗透率变异系数等 11 个影响因素，各方案中 "1～5" 数字分别代表对应影响因素所取的参数水平数。

表 4-12 正交设计参数水平取值

参数		设计水平数				
		1	2	3	4	5
静态参数	A 渗透率变异系数	0.4	0.5	0.6	0.7	0.8
	B 原油黏度/(mPa·s)	20	40	60	80	100
	C 地层水矿化度/(mg/L)	3000	6000	9000	12000	17000
	D 地层温度/℃	40	50	60	70	80
动态参数	E 注聚前含水率/%	80	85	90	93	97
	F 注聚用量/(PV·mg/L)	350	400	450	500	550

续表

参数		设计水平数				
		1	2	3	4	5
	G 注入速度/(PV/a)	0.1	0.15	0.2	0.25	0.3
	H 注采比	0.9	0.95	1	1.05	1.1
聚合物性质参数	I 最大渗透率下降系数	1	1.5	2	2.5	3
	J 最大吸附质量浓度/(10^{-5}kg/kg)	0	10	20	30	40
	K 不可及孔隙体积分数	0.5	0.4	0.3	0.2	0.1

　　分别对 50 套方案进行聚合物驱数值模拟,获得聚合物驱生产动态曲线。在此基础上,对各聚合物驱生产动态曲线进行定量表征模型的拟合,得到增油曲线、含水率变化曲线各特征参数及提高采收率值。

　　为了使建立的聚合物驱效果及动态定量预测模型与矿场实际动态更加吻合,对数值模拟曲线拟合得到的增油曲线、含水率变化曲线各特征参数及提高采收率值进行了适当的修正。修正的原则(或约束条件)包括:①与胜利油区聚合物驱单元 V 类油藏生产动态曲线相拟合;②增油曲线、含水率变化曲线各特征参数与提高采收率值相匹配;③增油曲线、含水率变化曲线某些特征参数间符合一定的统计关系。修正后的增油曲线、含水率变化曲线各特征参数以及提高采收率值如表 4-13 所示。部分特征参数、提高采收率值之间存在的统计关系如图 4-39～图 4-42 所示。

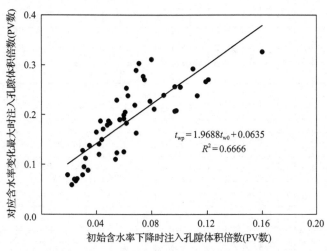

图 4-39　对应含水率变化最大时注入孔隙体积倍数与初始含水率下降时注入孔隙体积倍数的关系

三、生产动态定量预测模型的建立

　　将某一个要预测的参数作为因变量 Y 值,如初始含水率下降时注入孔隙体积倍数 t_{w0}、对应含水率变化最大时注入孔隙体积倍数 t_{wp}、含水率恢复时注入孔隙体积倍数

表 4-13 正交设计表

序号	A	B	C	D	E	F	G	H	I	J	K	t_{w0} (PV数)	t_{wp} (PV数)	Δf_{wp}/%	t_{wend} (PV数)	t_{Q0} (PV数)	t_{Qp} (PV数)	ΔQ_{Dp}/%	t_{Qend} (PV数)	$\Delta\eta$/%
1	1	1	1	1	1	1	1	1	1	1	1	0.060	0.192	-8.791	0.586	0.028	0.221	20.014	1.225	8.139
2	1	2	2	2	2	2	2	2	2	2	2	0.057	0.190	-8.529	0.654	0.042	0.213	15.736	1.627	7.893
3	1	3	3	3	3	3	3	3	3	3	3	0.110	0.292	-6.803	0.619	0.067	0.316	12.135	1.968	7.572
4	1	4	4	4	4	4	4	4	4	4	4	0.089	0.239	-5.182	0.452	0.043	0.262	9.178	2.568	7.005
5	1	5	5	5	5	5	5	5	5	5	5	0.063	0.238	-3.749	0.439	0.058	0.264	7.466	2.848	6.089
6	2	1	2	3	4	5	4	2	3	4	5	0.160	0.326	-7.424	0.831	0.052	0.349	11.753	2.121	8.103
7	2	2	3	4	5	1	5	3	4	5	1	0.074	0.277	-4.400	0.725	0.039	0.300	6.799	2.686	5.592
8	2	3	4	5	1	2	1	4	5	1	2	0.050	0.183	-7.219	0.412	0.036	0.214	17.118	2.040	10.429
9	2	4	5	1	2	3	2	5	1	2	3	0.060	0.125	-6.051	0.194	0.036	0.151	12.804	1.493	5.531
10	2	5	1	2	3	4	3	1	2	3	4	0.062	0.183	-9.185	0.552	0.038	0.206	16.925	1.463	7.763
11	3	1	3	5	2	4	4	1	3	5	2	0.035	0.138	-8.980	0.470	0.028	0.162	17.540	1.332	7.167
12	3	2	4	1	3	5	5	2	4	1	3	0.045	0.171	-12.284	0.514	0.036	0.194	21.259	1.763	11.218
13	3	3	5	2	4	1	1	3	5	2	4	0.079	0.227	-9.412	0.606	0.036	0.252	14.048	2.291	9.784
14	3	4	1	3	5	2	2	4	1	3	5	0.069	0.289	-3.499	0.607	0.046	0.312	5.493	1.833	3.290
15	3	5	2	4	1	3	3	5	2	4	1	0.098	0.208	-6.206	0.330	0.033	0.241	15.734	1.372	7.109
16	4	1	4	2	5	3	4	5	1	3	2	0.040	0.165	-3.799	0.334	0.026	0.188	7.541	0.922	2.329
17	4	2	5	3	1	4	5	1	2	4	3	0.068	0.219	-5.710	0.332	0.031	0.237	15.418	1.278	6.556
18	4	3	1	4	2	5	1	2	3	5	4	0.048	0.179	-10.834	0.468	0.031	0.202	18.585	1.931	10.778
19	4	4	2	5	3	1	2	3	4	1	5	0.097	0.207	-10.460	0.575	0.054	0.230	17.614	1.796	9.587
20	4	5	3	1	4	2	3	4	5	2	1	0.042	0.141	-14.312	0.444	0.018	0.165	21.785	1.717	11.206
21	5	1	5	4	3	2	4	2	1	2	5	0.031	0.095	-8.162	0.203	0.033	0.121	15.232	1.268	5.446
22	5	2	1	5	4	3	5	3	2	3	1	0.026	0.071	-11.603	0.285	0.016	0.094	18.579	1.592	7.823
23	5	3	2	1	5	4	1	4	3	4	2	0.044	0.150	-9.749	0.642	0.031	0.173	14.004	2.584	9.827
24	5	4	3	2	1	5	2	5	4	5	3	0.034	0.088	-15.995	0.547	0.009	0.113	30.778	1.478	13.106
25	5	5	4	3	2	1	3	1	5	1	4	0.030	0.079	-8.539	0.200	0.026	0.102	16.293	0.856	4.134

续表

序号	A	B	C	D	E	F	G	H	I	J	K	t_{w0}(PV 数)	t_{wp}(PV 数)	Δf_{wp}/%	t_{wend}(PV 数)	t_{Q0}(PV 数)	t_{Qp}(PV 数)	ΔQ_{Dp}/%	t_{Qend}(PV 数)	$\Delta\eta$/%
26	1	1	1	4	5	4	3	2	5	2	3	0.080	0.311	−7.569	0.919	0.055	0.334	11.212	2.631	9.144
27	1	2	2	5	1	5	4	3	1	3	4	0.061	0.205	−4.283	0.403	0.035	0.238	14.156	1.180	5.574
28	1	3	3	1	2	1	5	4	2	4	5	0.030	0.128	−6.309	0.383	0.039	0.151	13.880	1.678	6.539
29	1	4	4	2	3	2	1	5	3	5	1	0.062	0.253	−5.805	0.428	0.068	0.276	10.883	1.969	6.560
30	1	5	5	3	4	3	2	1	4	1	2	0.101	0.255	−9.804	0.620	0.041	0.281	15.255	1.803	8.882
31	2	1	2	2	3	3	2	4	5	5	4	0.075	0.270	−7.395	0.718	0.056	0.293	12.663	2.915	10.845
32	2	2	3	3	4	4	3	5	1	1	5	0.071	0.303	−5.112	0.484	0.055	0.327	8.312	1.804	4.907
33	2	3	4	4	5	5	4	1	2	2	1	0.082	0.211	−6.782	0.618	0.033	0.234	11.258	1.284	4.777
34	2	4	5	5	1	1	5	2	3	3	2	0.055	0.123	−6.559	0.292	0.020	0.146	18.208	1.277	7.130
35	2	5	1	1	2	2	1	3	4	4	3	0.043	0.187	−8.120	0.602	0.036	0.210	14.851	2.258	9.759
36	3	1	3	3	1	2	5	5	4	2	4	0.054	0.110	−6.391	0.375	0.020	0.137	17.181	2.190	10.146
37	3	2	4	4	2	3	1	1	5	3	5	0.060	0.199	−9.986	0.669	0.033	0.222	18.035	1.856	10.310
38	3	3	5	5	3	4	2	2	1	4	1	0.121	0.270	−4.912	0.307	0.051	0.296	9.798	0.934	3.065
39	3	4	1	1	4	5	3	3	2	5	2	0.119	0.266	−7.781	0.604	0.049	0.289	11.737	2.042	7.554
40	3	5	2	2	5	1	4	4	3	1	3	0.049	0.187	−7.425	0.573	0.026	0.210	11.389	2.217	7.493
41	4	1	4	5	4	1	2	5	2	3	3	0.097	0.256	−4.640	0.320	0.042	0.279	8.141	1.297	3.542
42	4	2	5	1	5	2	3	1	3	4	4	0.113	0.238	−8.014	0.702	0.041	0.264	12.422	1.514	6.156
43	4	3	1	2	1	3	4	2	4	5	5	0.042	0.120	−9.560	0.509	0.020	0.139	21.558	1.957	11.714
44	4	4	2	3	2	4	5	3	5	1	1	0.025	0.067	−17.843	0.345	0.006	0.090	30.387	1.673	13.607
45	4	5	3	4	3	5	1	4	1	2	2	0.055	0.229	−7.003	0.277	0.049	0.253	12.415	1.344	5.438
46	5	1	5	2	2	5	3	4	4	3	1	0.019	0.079	−11.932	0.350	0.031	0.105	20.403	2.032	10.222
47	5	2	1	3	3	1	4	5	5	4	2	0.024	0.070	−12.608	0.338	0.029	0.093	20.905	2.289	11.098
48	5	3	2	4	4	2	5	1	1	5	3	0.022	0.059	−8.805	0.248	0.013	0.082	15.466	0.738	3.452
49	5	4	3	5	5	3	1	2	2	1	4	0.069	0.163	−8.443	0.545	0.025	0.186	12.970	1.141	4.833
50	5	5	4	1	1	4	2	3	3	2	5	0.032	0.112	−11.922	0.396	0.018	0.129	24.280	1.531	10.730

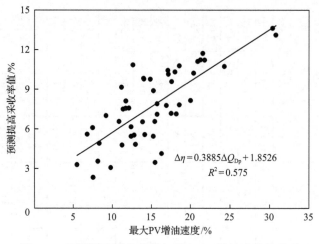

图 4-40 预测提高采收率值与最大 PV 增油速度的关系

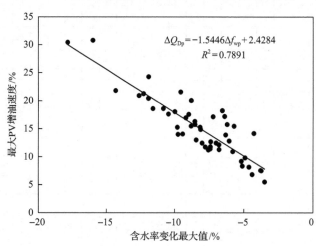

图 4-41 最大 PV 增油速度与含水率变化最大值的关系

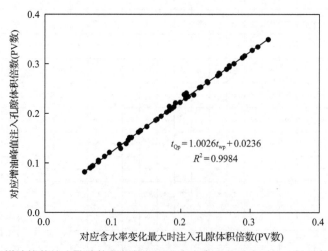

图 4-42 对应增油峰值注入孔隙体积倍数与对应含水率变化最大时注入孔隙体积倍数的关系

t_{wend}、含水率变化最大值 Δf_{wp}、初始增油注入体积倍数 t_{Q0}、对应增油峰值注入孔隙体积倍数 t_{Qp}、增油期结束注入孔隙体积倍数 t_{Qend}、最大 PV 增油速度 ΔQ_{Dp} 或预测提高采收率值 $\Delta\eta$；将 11 个主要影响因素作为自变向量 X，包括渗透率变异系数、原油黏度、地层水矿化度、地层温度、注聚时机、注聚用量、注入速度、注采比、渗透率下降系数、吸附作用、不可及孔隙体积等。根据统计学原理确定因素之间的关系，即可得到所求的拟合函数。

如表 4-13 所示，共有 50 组数据（样本）。随机抽取其中序号为 5、14、22、35、48 的样本作为检验样本集，用以检验拟合函数的外推性。其余 45 个样本作为拟合样本集，用以确定拟合函数参数。函数拟合中选用径向基核函数。

分别利用支持向量机方法建立 t_{w0}、t_{wp}、t_{wend}、Δf_{wp}、t_{Q0}、t_{Qp}、t_{Qend}、ΔQ_{Dp} 或 $\Delta\eta$ 的拟合函数。

图 4-43～图 4-51 分别反映出各聚合物驱生产动态特征参数或提高采收率值利用支持向量机方法计算值与实际值之间的偏差。可以看到，拟合数据点离对角线较近，拟合精度较高，拟合平均相对误差基本控制在 3.5% 以内（表 4-14）。检验样本数据点精度稍差，但最大相对误差不超过 8.5%，反映出利用支持向量机方法的拟合精度和外推性能都是比较好的，能够用于工程预测。

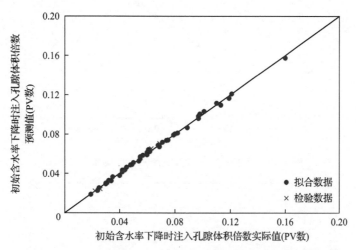

图 4-43　初始含水率下降时注入孔隙体积倍数预测值与实际值关系

图 4-52 和图 4-53 分别为孤东七区西 Ng_5^{2+3} 单元南和孤东七区西 Ng_5^4 — Ng_6^2 单元北聚合物驱单元预测生产动态曲线。图 4-52 和图 4-53 中的散点为矿场实际数据点，虚线为基于数据点拟合的定量描述曲线，而实线则为将影响因素单元取值代入聚合物驱动态定量预测模型得到的预测曲线。结果表明，预测曲线与定量描述曲线趋势基本吻合，建立的聚合物驱动态定量预测模型能较好地预测聚合物驱生产动态。

表 4-15 反映了各聚合物驱生产动态特征参数或预测提高采收率值利用支持向量机方法预测值与定量描述拟合值之间的相对误差绝对值。可以看到，除 t_{Q0}、t_{w0} 相对误差绝对值稍大，其他特征参数相对误差绝对值均控制在 10% 以内。

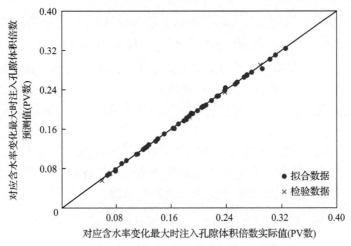

图 4-44　对应含水率变化最大时注入孔隙体积倍数预测值与实际值关系

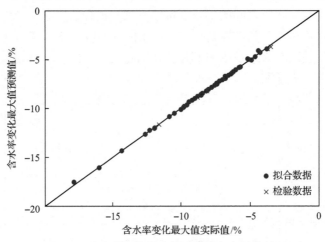

图 4-45　含水率变化最大值预测值与实际值关系

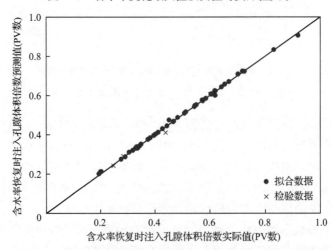

图 4-46　含水率恢复时注入孔隙体积倍数预测值与实际值关系

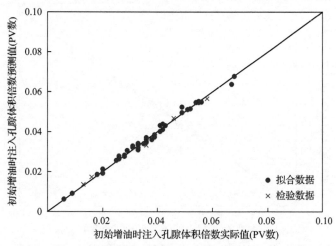

图 4-47 初始增油时注入孔隙体积倍数预测值与实际值关系

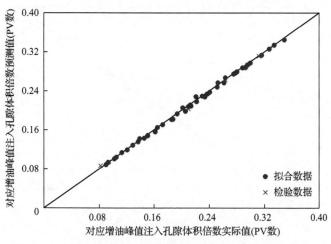

图 4-48 对应增油峰值注入孔隙体积倍数预测值与实际值关系

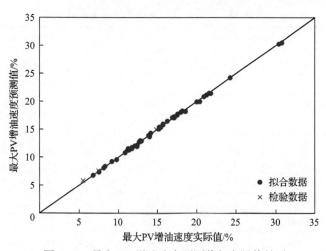

图 4-49 最大 PV 增油速度预测值与实际值关系

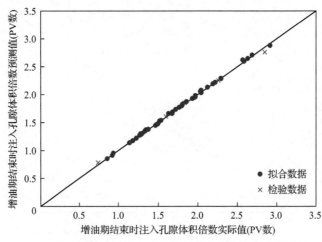

图 4-50 增油期结束时注入孔隙体积倍数预测值与实际值关系

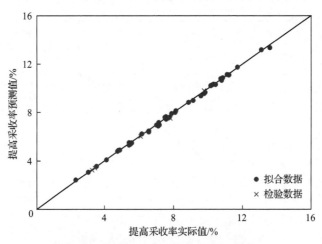

图 4-51 提高采收率预测值与实际值关系

表 4-14 支持向量机方法预测误差统计

特征参数	拟合样本相对误差/%			检验样本相对误差/%		
	最小值	最大值	平均值	最小值	最大值	平均值
t_{w0}	0.165	5.833	1.939	0.465	7.692	3.127
t_{wp}	0.074	5.823	1.065	0.415	6.102	2.261
Δf_{wp}	0.102	6.596	1.098	0.525	6.127	2.596
t_{wend}	0.102	5.850	0.993	0.247	6.378	2.351
t_{Q0}	0.196	7.308	3.067	1.739	8.125	4.934
t_{Qp}	0.120	3.932	1.485	0.224	5.488	2.035
ΔQ_{Dp}	0.156	4.098	1.031	0.218	6.337	2.128
t_{Qend}	0.140	2.037	0.772	0.301	5.921	2.231
$\Delta \eta$	0.118	3.980	1.236	0.592	3.935	1.615

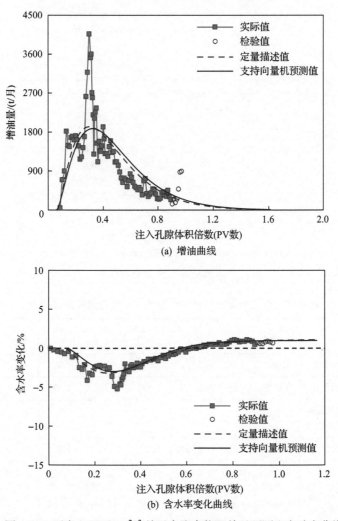

(a) 增油曲线

图 4-52 孤东七区西 Ng_5^{2+3} 单元南聚合物驱单元预测生产动态曲线

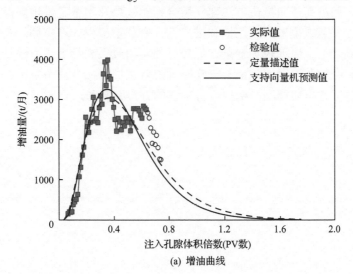

(a) 增油曲线

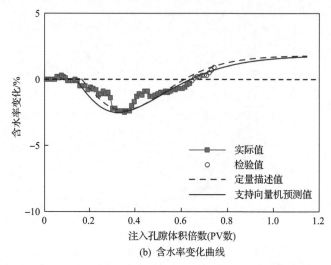

(b) 含水率变化曲线

图 4-53　孤东七区西 Ng_5^4 — Ng_6^2 单元北聚合物驱单元预测生产动态曲线

表 4-15　聚合物驱生产动态预测模型矿场数据应用结果表

特征参数		t_{w0} (PV 数)	t_{wp} (PV 数)	Δf_{wp}/%	t_{wend} (PV 数)	t_{Q0} (PV 数)	t_{Qp} (PV 数)	ΔQ_{Dp}/%	t_{Qend} (PV 数)	$\Delta\eta$/%
孤东七区西 Ng_5^{2+3} 南	预测值	0.083	0.281	2.885	0.576	0.059	0.324	4.659	1.726	2.670
	拟合值	0.077	0.259	3.180	0.621	0.068	0.299	4.768	1.610	2.692
	相对误差绝对值/%	7.792	8.494	9.277	7.246	13.235	8.361	2.286	7.205	0.817
孤东七区西 Ng_5^4 — Ng_6^2 北	预测值	0.141	0.326	2.511	0.658	0.035	0.349	4.003	1.604	2.245
	拟合值	0.165	0.350	2.360	0.613	0.031	0.361	3.737	1.751	2.223
	相对误差绝对值/%	14.545	6.857	6.398	7.341	12.903	3.324	7.118	8.395	0.990

　　研究表明，利用支持向量机方法建立聚合物驱效果及动态定量预测模型能够在有限样本集的基础上，兼顾模型的通用性和推广性，有利于工程计算应用。它建立在一套较坚实的理论基础之上，原理较为复杂，但较好的实用效果展示了该方法具有良好的应用前景。能够在聚合物驱单元实施前缺乏实际动态数据进行拟合的条件下，进行聚合物驱单元生产动态特征的早期预测，指导聚合物驱的方案编制和动态调整。

第五章　化学驱井间动态连通性反演方法

油藏连通性分析是油藏评价的重要内容，可为油田开发方案编制提供有效依据。油藏的井间连通性包括静态连通性和动态连通性。地质勘探阶段研究得到的地层连通性属于静态范畴，而井间的动态连通性是指储层流体在流动过程中的连通性，对油田开发研究更有参考价值。在水驱、化学驱等开发过程中，地下油水渗流规律复杂，油藏井间动态连通关系也会不断发生变化(Gbadamosi et al., 2019)。反演井间动态连通性，弄清注入井水流方向，不仅能够指导油藏剩余油分布的定量描述，而且对于改善开发效果、提高原油采收率也具有重要意义(Kaviani et al., 2012)。

目前井间动态连通性研究方法主要包括矿场测试方法、油藏数值模拟方法等。其中，矿场测试方法包括井间示踪剂技术、压力测试、干扰试井和脉冲试井等，其实施影响油田的正常生产，且措施周期长、费用高，油藏数值模拟方法则需要复杂且耗时的建模和计算过程(Korrani et al., 2016；Lashgari et al., 2018)。因此，不少研究者提出了结合生产动态数据和地质统计学来判断油藏井间连通性。由于注采动态数据获取便捷，利用注采数据反演油藏井间动态连通性已成为一类比较重要的方法(Liang, 2010)。Heffer 等(1997)采用了斯皮尔曼(Spearman)秩相关性分析判断井组间的连通性，首先提出油藏的连通情况可以通过注采井液量变化关系来体现；Albertoni 和 Lake(2003)建立了基于注入量和产液量的(平衡)多元线性回归(MLR 和 BMLR)模型，并反演得到了表征油藏井间动态连通程度的权重系数；Yousef 等(2006)基于信号学原理，通过滤波算法对注入量进行了预处理，建立了考虑注入信号时滞性和衰减性的井间连通性反演模型；Levitan(2007)、Nomura 和 Horne(2009)建立卷积模型用于压力测试、干扰试井和脉冲试井等压力数据的处理和解释来识别油藏井间动态连通性；Juliusson 和 Horne(2011)在卷积模型的基础上，利用示踪剂注入浓度和产出浓度数据建立了井间动态连通性定量表征方法；Hou 等(2011b)研究了油藏动静态参数对注入信号时滞性和衰减性的影响规律并在此基础上对多元线性回归模型进行了改进；赵辉等(2017)以连通单元为对象进行物质平衡方程计算，建立了多层油藏井间连通性反演方法。

本章以水驱和聚合物驱为例，建立井间动态连通性反演方法。引入时间常数作为表征注入信号时滞性和衰减性的评价指标，在研究油藏静、动态参数对注入信号时滞性和衰减性影响规律的基础上，构建基于信号处理(SP)的注入数据褶积器，改进多元线性回归模型，建立水驱油藏井间动态连通性反演方法；类比示踪剂测试分析方法，将聚合物组分作为"示踪剂"。引入信号卷积处理方法，考虑聚合物对流、扩散及吸附等物化特征，建立注聚浓度信号与产出聚合物(简称产聚)浓度响应的关系，结合叠加原理建立聚合物驱油藏井间动态连通性反演方法。

第一节　水驱油藏井间动态连通性反演

注入井、生产井及井间渗流孔道是一个完整的系统，注入井注入量是系统的激励，生产井产液量是系统的响应(Soroush et al., 2014)。由于油藏介质的作用，注入量信号在油藏中传播时存在时滞性和衰减性。引入时间常数作为表征注入信号时滞性和衰减性的评价指标，结合油藏数值模拟技术，研究油藏静、动态参数对注入信号时滞性和衰减性的影响规律。应用信号处理方法，构建包含注入信号预处理的井间动态连通性反演新模型(SP模型)。

一、注入信号的时滞性和衰减性规律

对于生产井受多口注入井作用的情形，生产井的产出信号是由多个注入井共同作用叠加的结果，同时生产井的主要产液量信号(注入信号在生产井上的响应)相比注入信号有一定的衰减和延时，如图5-1所示。注采信号间较大的传播距离(生产井、注入井距)、油藏低渗带和断层及储层流体的高黏度、较大的储层综合压缩系数等因素都会给注入信号带来较大的损耗。

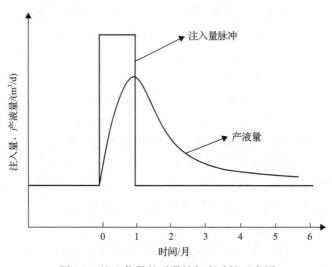

图 5-1　注入信号的时滞性与衰减性示意图

1. 时滞性和衰减性评价指标

为了评价线性系统的时间性能指标，需要研究控制系统在典型输入信号作用下的时间响应过程。在典型输入信号作用下，任何一个控制系统的时间响应都由动态过程和稳态过程两部分组成，通常在阶跃函数下测定或计算系统的动态性能。对于如图5-2所示系统的单位阶跃响应，$q(\infty)$是响应的终值，与激励值接近，$0.5q(\infty)$则是响应曲线终值的一半。其动态性能指标中的延迟时间 t_d 定义为响应曲线第一次达到其终值的一半所需的时间。

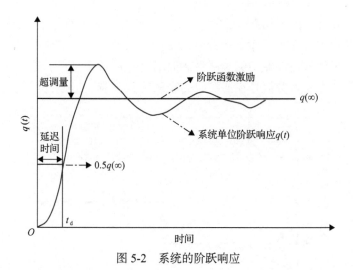

图 5-2　系统的阶跃响应

为了定量分析各油藏开发参数对注入信号时滞性和衰减性的影响规律，基于阶跃响应动态性能指标，定义了表征注入信号时滞性和衰减性的指标 τ，其表达式为

$$\tau = \frac{t_d}{\gamma_c} \tag{5-1}$$

式中，τ 为表征注入信号时滞性和衰减性的时间常数，月；t_d 为延迟时间，即响应曲线第一次达到其终值的一半所需要的时间，月；γ_c 为延迟时间与时间常数的折算系数，其经验取值为 3.0。

2. 时滞性和衰减性的影响因素

对于水驱油藏，产液量可看作注入量的部分（注采非平衡时）或全部（注采平衡时）反映，则注入信号在注采井间传播时的时滞性和衰减性可以通过生产井产液量信号变化特征来反映。

利用油藏数值模拟方法基于概念模型进行注入信号时滞性和衰减性的影响因素研究。影响注入信号时滞性和衰减性的因素较多，主要包括反映油藏流体渗流能力、流动空间以及油藏岩石和流体压缩性的参数。讨论了渗透率、综合压缩系数、孔隙度、有效厚度、原油黏度及井距的影响。其中，井距对注入信号的影响最终反映的是井间储层面积对油藏注入信号的影响。在考虑注采井距时，通过改变概念模型网格的大小，计算不同井距对注入信号的影响。

建立的油藏数值模拟概念模型为一注一采的均质、未饱和油藏，油藏中仅模拟油水两相流动。模型基础方案孔隙度为 0.25，有效厚度为 10m，渗透率为 $300 \times 10^{-3} \mu m^2$，岩石压缩系数为 $3.5 \times 10^{-4} MPa^{-1}$，原油压缩系数为 $8.0 \times 10^{-4} MPa^{-1}$，地层原油黏度为 5mPa·s，注采井距为 300m。注入井定注入量注入，生产井定生产流压生产。

各影响因素在适当范围内取值，通过数值模拟计算得到产液量的变化曲线，以渗透率为例，不同渗透率下的生产井产液量变化曲线如图 5-3 所示。其中，注入井注入量为阶跃变化，从 0~60 个月注入量持续为 $10m^3/d$，60 个月后注入量变为恒定的 $20m^3/d$。早期产液特征(如 10 月以前的动态)实质上是反映了开发早期阶段注采关系尚未完全建立，油藏以弹性驱动为主的开发规律。随着注入量的阶跃变化，产液量有一个逐渐上升的过程，反映出注入量信号在油藏中的衰减性和时滞性。渗透率越低，这一逐渐上升过程持续时间越长，表现为注入量信号在油藏中的衰减性和时滞性越强。

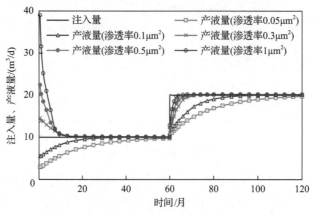

图 5-3　不同渗透率下的生产井产液量变化曲线

基于产液量的响应曲线，根据式(5-1)的定义计算得到各参数下的时间常数，绘制注入信号时间常数与各影响因素的关系曲线，如图 5-4 所示。引入数理统计中的变异系数 $C_V(\tau)$ 作为评价指标，计算公式如式(4-18)所示。分析各影响因素对注入信号的时滞性和衰减性的敏感性，可进一步确定影响注入信号的时滞性和衰减性的主要因素。

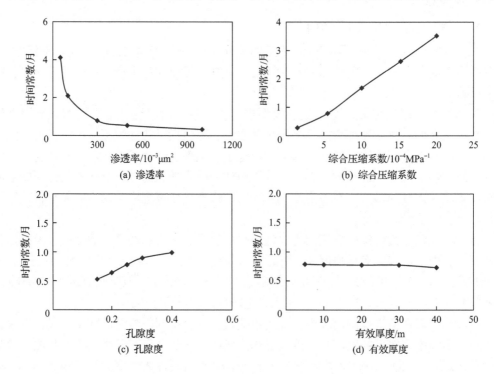

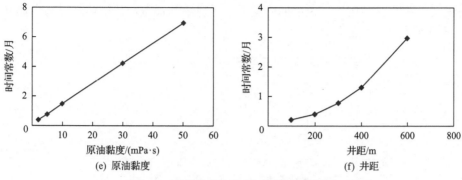

图 5-4　不同参数变化对时间常数的影响

表 5-1 表明，在注入信号时滞性和衰减性影响参数中，按照影响从大到小依次排序为渗透率、原油黏度、井距、综合压缩系数、孔隙度、有效厚度。其中，有效厚度的影响几乎可以忽略。

表 5-1　注入信号时滞性和衰减性影响因素变异系数

影响因素	变异系数 $C_V(\tau)$	影响因素	变异系数 $C_V(\tau)$
渗透率	1.009	综合压缩系数	0.745
原油黏度	1.001	孔隙度	0.242
井距	0.973	有效厚度	0.028

由渗流力学知识可知，导压系数 $\textit{æ}$ 表征地层压力波传导的速率，其物理意义为单位时间内压力波传播的地层面积。因此，导压系数的大小可在一定程度上表征注入信号扩散传播的特点。导压系数的表达式如下：

$$\textit{æ} = \frac{k}{\mu_o C_t} \tag{5-2}$$

式中，$\textit{æ}$ 为导压系数，cm^2/s；k 为油藏渗透率，μm^2；μ_o 为原油黏度，$mPa\cdot s$；C_t 为油藏综合压缩系数，$(10^{-1}MPa)^{-1}$。

导压系数是渗透率、原油黏度和综合压缩系数的综合反映，根据图 5-4 和模型基础方案数据可得到导压系数与时间常数的关系曲线如图 5-5 所示，两者在双对数曲线上具有较好的线性关系。其中，R^2 为决定系数。

根据时间常数与导压系数、井距及孔隙度的关系曲线，回归得到时间常数的计算相关式。时间常数与孔隙度、导压系数的倒数、井距的平方成正比乘幂关系，即

$$\tau = 0.03841\phi^{0.4598}\left(\frac{d_w^2}{\textit{æ}}\right)^{0.8684} \tag{5-3}$$

式中，ϕ 为孔隙度；d_w 为井距，m。

应用油藏数值模拟计算结果进行了模型的检验，如图 5-6 所示。可以看出大部分数

据点集中于 45°对角线附近，说明回归关系式计算值与油藏数值模拟结果吻合较好，回归关系式满足实际工程需要。

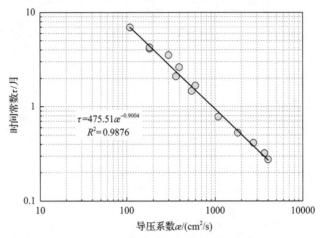

图 5-5　时间常数与导压系数的关系

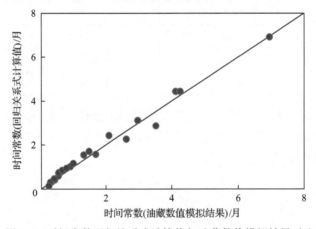

图 5-6　时间常数回归关系式计算值与油藏数值模拟结果对比

二、井间动态连通性反演方法

在考虑信号时滞性和衰减性的基础上，基于注采井之间的信号响应建立井间动态连通性反演模型，通过最小二乘法计算注采井间连通系数。

1. SP 反演模型

在工程实践中，一阶系统不乏其例，有些高阶系统的特性经常可用一阶系统来表示（胡寿松，2013）。对注入信号时滞性和衰减性规律研究可知，当注采系统的输入信号为阶跃函数时，系统响应在注入信号的激励下不断增大，且响应信号几乎没有超调量，也无振荡出现，直到最后趋于稳定（图 5-3）；如果撤销激励，系统响应信号开始衰减，最后趋于其初始值（图 5-1）。这表明水驱油藏注采系统是一阶线性系统。

根据注采系统的传递函数，一阶线性系统的零状态单位阶跃响应为

$$\hat{Q}(t) = 1 - e^{-t/\tau}, \quad t > 0 \tag{5-4}$$

式中，t 为采样时间，月；$\hat{Q}(t)$ 为产液量计算值，m^3/d。

在实际水驱油藏中，每口注入井月注入量一般保持恒定，如图 5-1 所示，当注入信号为单月产生的矩形脉冲信号时，考虑初始产液的影响，此时注采系统在矩形脉冲作用下的产液量信号响应为

$$\hat{Q}(t) = Q(0)e^{-t/\tau} + I(1)\left(1 - e^{-1/\tau}\right)e^{-(t-1)/\tau}, \quad t = 1, 2, 3, \cdots \tag{5-5}$$

式中，$Q(0)$ 为产液量初始值，m^3/d；$I(1)$ 为注入量，m^3/d。

对一注一采油藏，当注入量连续变化时，对注入量按月采样，将各时间步注入量矩形脉冲在生产井上的响应叠加起来，则注入量信号在生产井上的真实反映（即产液量）可用式(5-6)表示：

$$\hat{Q}(t) = Q(t_0)e^{\frac{-(t-t_0)}{\tau}} + \sum_{m=1}^{t} e^{\frac{m-t}{\tau}}\left(1 - e^{-\frac{1}{\tau}}\right)I(m) \tag{5-6}$$

式中，t 为采样时间，月；t_0 为初始时刻，月；$Q(t_0)$ 为产液量初始值，m^3/d；$I(m)$ 为第 m 月的注入量，m^3/d。表达式右端项第二部分即对注入量信号预处理的褶积器。

在油田生产中，每一口井的产量变化都与周围与之连通的所有注入井的共同作用相关联。根据叠加原理和多元线性回归思想，对于一个由 N_I 口注入井和 N_p 口生产井组成的注采系统，生产井 j 的产液量可以由相邻的注入井注入量表示：

$$\hat{Q}_j(t) = \beta_0 + \sum_{i=1}^{N_I} \beta_{ip} Q_{ij}(t_0)e^{\frac{-(t-t_0)}{\tau_{ij}}} + \sum_{i=1}^{N_I} \beta_{ij} \sum_{m=1}^{t} e^{\frac{m-t}{\tau_{ij}}}\left(1 - e^{-\frac{1}{\tau_{ij}}}\right)I_i(m) \tag{5-7}$$

式中，$\hat{Q}_j$ 为第 j 口生产井产液量估计值，m^3/d；$Q_{ij}(t_0)$ 为各注入井单独作用时的产液量初值，m^3/d；$I_i(m)$ 为第 m 月第 i 口注入井的注水量，m^3/d；τ_{ij} 为对应于第 j 口生产井和第 i 口注入井间的时间常数，月；β_{ij} 为第 j 口生产井和第 i 口注入井间的多元线性回归权重，定义为井间动态连通系数；β_{ip} 为第 j 口生产井和第 i 口注入井间产液量初值影响权重；β_0 为表征注采不平衡的常数项，m^3/d。该式右端项包含三部分，第一部分为表征注采不平衡的常数项；第二部分为产液量初始值的影响；第三部分为注入信号预处理后的修正值。一般情况下，产液量初始值的影响较小，对第二项做简化处理后表达式为

$$\hat{Q}_j(t) = \beta_0 + \beta_p Q_j(t_0)e^{\frac{-(t-t_0)}{\tau_p}} + \sum_{i=1}^{N_I} \beta_{ij} \sum_{m=1}^{t} e^{\frac{m-t}{\tau_{ij}}}\left(1 - e^{-\frac{1}{\tau_{ij}}}\right)I_i(m) \tag{5-8}$$

式中，β_p 为产液量初值影响的权重系数；$Q_j(t_0)$ 为第 j 口生产井产液量初值，m^3/d；τ_p 为产液量初值影响的时间常数，月。当油藏注采平衡且产液量初值为零时，模型右端项

仅包含第三部分。

2. 模型求解

注入信号处理与时间常数密切相关，井间动态连通系数的求取也依赖于注采井对间的时间常数。根据时间常数与导压系数、井距及孔隙度的相关计算式［式(5-3)］估计时间常数初始值。这里考虑同一生产井同时受到多口注入井影响且相互干扰，井距采用目前考察生产井与周围注入井的最小井距代入。

对基于信号处理的井间动态连通性反演模型的求解可看作是一个连续参数优化问题，即优化时间常数使模型计算的产液量曲线与实际观察的产液量曲线最为接近，达到目标函数 $\min F_j$。F_j 可定义为

$$F_j\left(\tau_p, \tau_{1j}, \tau_{2j}, \cdots, \tau_{N_1 j}\right) = \sum_{k=1}^{N_k} \left| \left(\hat{Q}_j(k) - Q_j(k)\right) / Q_j(k) \right|, \quad j = 1, 2, 3, \cdots, N_p \tag{5-9}$$

式中，Q_j 为第 j 口生产井产液量实际值，m^3/d；N_k 为数据点总数。该目标函数值反映的是第 j 口生产井产液量估计值与实际值之间的累积相对误差。

在时间常数一定的情形下，对注入信号时滞性和衰减性处理后得到新的注入动态数据。此时，采用最小二乘法求取权重系数的估计值。若不考虑产液量初始值的影响，权重系数的最小二乘估计满足式(5-10)：

$$\frac{\partial}{\partial \beta_{ij}} \left[\sum_{k=1}^{N_k} \left(Q_j(k) - \hat{Q}_j(k)\right)^2 \right] = 0 \tag{5-10}$$

求得表征井间动态连通性的权重系数后，注采不平衡的常数项 β_0 可由式(5-11)得

$$\beta_0 = \bar{Q}_j - \beta_p \bar{Q}_0 - \sum_{i=1}^{N_l} \beta_{ij} \bar{I}_i^c \tag{5-11}$$

式中，$\bar{Q}_j$ 为产液量平均值，m^3/d；$\bar{Q}_0$ 为产液量初始值项平均值，m^3/d；$\bar{I}_i^c$ 为第 i 口注入井修正后的注入量平均值，m^3/d。

基于信号处理的井间动态连通性反演针对 N_p 口生产井依次进行，其基本步骤如下。

(1)注采动态数据的选取。为了具有更好的反演效果，注采动态数据的选取一般尽可能考虑动态数据有一定的波动，各单井注采量保持一定的连续性等。

(2)初始群体的生成。以时间常数初始估计值为基础，随机产生一组实数型的参数值分布构成一个个体实数，个体实数个数即时间常数待定参数个数。产生 N_l 个这种个体构成初始群体。

(3)井间动态连通系数的求解。利用时间常数群体数据对注入量信号进行预处理，得到修正后的注入数据，然后应用最小二乘法求得表征井间动态连通程度的多元线性回归的权重系数。

(4)适应性评估。建立评估函数来确定个体适应度值以评估其优劣，并以此作为遗传

操作的依据。基于目标函数 F_j 的定义[式(5-9)]，定义适应度函数。应保证产液量估计值与实际值之间的误差越大，适应度越小，取适应度函数 $f_j = 1/F_j$。计算时间常数群体中各个体的适应度 $f_{jl}(l = 1, 2, 3, \cdots, N_l)$。

（5）遗传变异操作。操作的目的是根据进化原则从当前群体中选出优良的个体，从而形成下一代。首先进行停止规则判断，若发现占群体一定比例的个体已基本上是同一个体，或者算法迭代步数超出设定的阈值，终止算法迭代，则当前最优个体组成即所求时间常数的待定值，进而再重新计算井间动态连通系数，输出结果；否则进行选择、交叉和变异等操作，产生子代，重复步骤(3)～(5)，继续进化。

三、井间动态连通性反演方法的验证

建立 5 注 4 采均质油藏数值模拟模型(图 5-7)，模型划分网格数为 $31 \times 31 \times 1$，网格尺寸为 $30m \times 30m \times 4m$。油藏中仅模拟油水两相流动。模型孔隙度为 0.15，渗透率为 $500 \times 10^{-3} \mu m^2$，岩石压缩系数为 $1.5 \times 10^{-4} MPa^{-1}$，原油压缩系数为 $8.0 \times 10^{-4} MPa^{-1}$，地层原油黏度为 $5mPa \cdot s$，注采井距为 360m。

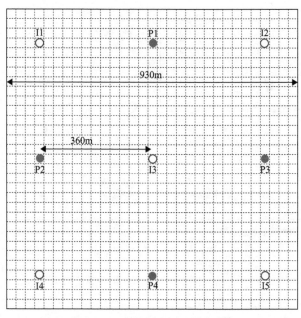

图 5-7 概念模型网格划分示意图

P-生产井；I-注入井

为减少计算过程中的迭代次数，首先通过时间常数与导压系数、井距及孔隙度的关系式计算时间常数初值，以最小注采井距 360m 计算得到时间常数初始估计为 0.35 月。通过最小二乘法得到的时间常数如表 5-2 所示。

SP 模型反演的井间动态连通系数和时间常数如图 5-8 所示。图 5-8(a)中箭头大小反映生产井和注入井的连通关系，箭头越大，表示两口井间的连通程度越好。图 5-8(b)中

箭头大小表示时间常数的数值，箭头越大，表示注入信号的衰减性和时滞性就越大。结果表明，经一阶线性系统褶积器改进的多元线性回归模型不仅可以得到表征井间动态连通程度的权重系数，还可以得到表征注入信号时滞性和衰减性的时间常数。对于注采井位对称的均质油藏，可以从时间常数图上直观地看到，其时间常数也具有与井间动态连通系数相似的对称性。并且注采井距越大，时间常数越大，井间注入信号的衰减性和时滞性越大。

表 5-2　SP 模型时间常数计算结果(渗透率为 $500 \times 10^{-3} \mu m^2$)

	P1	P2	P3	P4	合计
I1	0.42	0.43	0.60	0.61	2.06
I2	0.43	0.62	0.44	0.64	2.13
I3	0.48	0.49	0.50	0.46	1.93
I4	0.60	0.41	0.63	0.49	2.13
I5	0.64	0.65	0.44	0.46	2.19
合计	2.57	2.60	2.61	2.66	

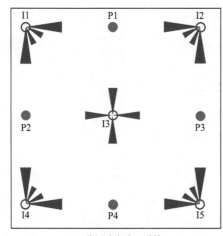 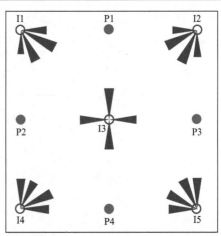

(a) 井间动态连通系数　　　　　　　(b) 时间常数

图 5-8　SP 模型反演结果

为了突出反映基于信号处理的井间动态连通性反演方法降低注入信号时滞性和衰减性影响的效果，将油藏模型的渗透率改变为 $80 \times 10^{-3} \mu m^2$，其他油藏参数保持不变。在不考虑注入信号时滞性和衰减性影响的情况下，应用 BMLR 进行井间动态连通性反演；在考虑注入信号时滞性和衰减性影响的情况下，应用 SP 模型进行反演。同样地，为减少迭代次数，通过时间常数与导压系数、井距及孔隙度的关系式计算时间常数初值，以最小注采井距 360m 计算得到时间常数初始估计为 1.73 个月。

两种模型反演得到的井间动态连通系数图如图 5-9 所示，从图 5-9(a)和(b)可以看出两种方法计算出的结果存在较大的差别，经一阶线性系统褶积器改进后的 SP 模型反演的动态连通系数更为对称，符合该均质油藏的实际特点。因此在实际油藏井间动态连通性反演中，需要考虑注入信号的时滞性和衰减性。

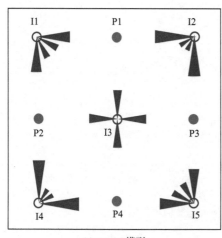 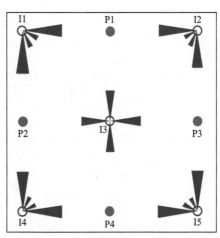

(a) BMLR模型　　　　　　　　　(b) SP模型

图 5-9　不同模型反演的井间动态连通系数对比

时间常数计算结果如表 5-3 所示，渗透率较低时，注入信号时间常数有明显的增加。对同一油藏，时间常数与动态连通系数存在一定的反比关系，注采井时间常数越大，井间连通性越差。

表 5-3　SP 模型时间常数计算结果（渗透率为 $80 \times 10^{-3} \mu m^2$）

	P1	P2	P3	P4	合计
I1	1.55	1.58	2.10	2.09	7.32
I2	1.56	2.10	1.62	2.10	7.38
I3	1.80	1.80	1.76	1.78	7.14
I4	2.14	1.57	2.10	1.64	7.45
I5	2.16	2.12	1.53	1.50	7.31
合计	9.21	9.17	9.11	9.11	

SP 模型和 BMLR 模型反演得到的总产液量如图 5-10 所示，BMLR 模型反演结果的决定系数为 0.659，而 SP 模型反演结果的决定系数为 0.977。可以看出，SP 模型对产液量的拟合效果明显好于 BMLR 模型，这是因为基于信号处理的井间动态连通性反演模型中包含了对注入信号进行预处理的褶积器，更能反映注入量信号在油藏中传播时的真实情况，有效地消除了注入信号时滞性和衰减性的影响。

虽然一阶线性系统褶积器和非线性扩散滤波器（Albertoni and Lake, 2003）中表征注入信号时滞性和衰减性的参数有差别，但它们都力求反映注入量在生产井上的真实响应。经两种方法修正后的注入量信号响应曲线具有相似的动态特征，不同的只是非线性扩散滤波器将注入量的影响限制在了更小的时间范围内，而一阶线性系统褶积器则可以考虑注入量信号在无限大时间序列上的响应。因此，一阶线性系统褶积器更能反映注入量信号在油藏中传播时的真实情况，它在反演油藏井间动态连通性时更有实际意义。

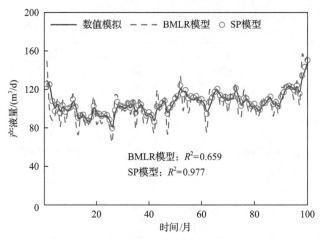

图 5-10　井组总产液量反演值与数值模拟值对比

第二节　化学驱油藏井间动态连通性反演

由于注入具有特殊物化性能的化学剂，化学驱相对水驱渗流特征发生了较大的改变，如聚合物驱中聚合物溶液黏度显著大于水，且在地层中渗流时存在扩散和吸附等物化特征，因此有必要针对化学驱油藏渗流特征，建立化学驱井间动态连通性反演方法。

一、井间动态连通性反演模型的建立

将聚合物驱油藏看成一个多输入、多输出系统，注聚浓度是输入信号，产聚浓度是输出信号，针对注入井之间存在干扰作用以及聚合物产出存在滞后和衰减效应（聚合物注采系统响应慢和耗散大），引入信号卷积处理方法，建立注聚浓度信号与产聚浓度响应的关系，运用叠加原理建立聚合物驱油藏井间动态连通性反演模型。

1. 聚合物注采浓度井间信号卷积模型

基于信号处理与分析原理，结合聚合物驱油藏注采系统特征，建立注聚浓度（注入信号）和产聚浓度（输出响应）之间的关系：

$$C_{pro} = \int_{t_0}^{t} C_{inj}(t-\tau)\omega(\tau)d\tau \tag{5-12}$$

式中，C_{inj} 为聚合物注入浓度信号；C_{pro} 为聚合物产出浓度信号；$\omega(\tau)$ 为核函数（或权重函数），其为时间的函数，与注采井间的地质特征、注采井距等有关。该卷积方程反映出某时刻 t 的见聚浓度可以表示为该时刻之前（$t_0 \sim t$ 时间内）注聚信号在见聚井上分配量的线性加权函数。

运用叠加原理推广到 N_I 个注入井情形，生产井产聚浓度响应为

$$C_{pro}(t) = \sum_{i=1}^{N_I} \int_{t_0}^{t} C_{inj,i}(t-\tau)\omega_i(\tau)d\tau \tag{5-13}$$

式(5-13)的离散形式为

$$C_{\mathrm{pro}} = \sum_{k=1}^{N_{\mathrm{I}}} B_k \omega_k = \boldsymbol{B}\boldsymbol{\omega} \tag{5-14}$$

式中，$\boldsymbol{B} = \left[B_1, B_2, \cdots, B_{N_{\mathrm{I}}} \right]$；$\boldsymbol{\omega}$ 为核函数。

常用的核函数包括离散随机点和经验公式法两种形式。其中，采用离散随机点表示为

$$\boldsymbol{\omega} = \left[\omega_1, \omega_2, \cdots, \omega_{N_{\mathrm{I}}} \right]^{\mathrm{T}} \tag{5-15}$$

采用经验公式法表示为

$$\omega_k(\tau) = \frac{f_k}{\sqrt{4\pi\beta_k\tau}} \exp\left[-\frac{(\alpha_k - \tau)^2}{4\beta_k\tau} \right] \tag{5-16}$$

式中，f_k、α_k、β_k 为待定参数。

注采井间核函数曲线形状实质上定性反映井间连通程度。曲线峰值越高，突破时间越早，井间动态连通性越好。注采井井位及流线分布如图 5-11 所示，利用核函数经验计算式绘制生产井 P1 与注入井 I1、I2 和 I3 之间的核函数曲线，如图 5-12 所示。可以看出，与注入井 I1 和 I3 相比，注入井 I2 与生产井 P1 的核函数曲线峰值较高，突破时间较早，说明 I2 井与 P1 井的连通程度好于 I1 井和 I3 井。但是上述两种形式的核函数并无物理意义，只能定性表征井间动态连通关系，并不能有效地反映聚合物驱渗流特征。

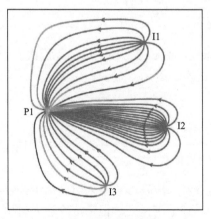

图 5-11 注采井井位及流线分布

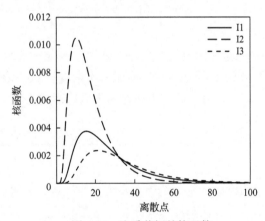

图 5-12 注采井间的核函数

2. 基于渗流理论的聚合物驱井间动态连通性表征模型

基于聚合物驱渗流理论，推导建立聚合物驱的注入浓度与产出浓度关系，得到聚合物注采浓度井间信号卷积模型的核函数，使核函数具有较为明确的物理意义，能够更好地反映聚合物在地层中的渗流特征。

对一维线性流动，考虑聚合物吸附及不可及孔隙体积的影响时，描述聚合物流动的对流扩散方程可表示为

$$\frac{\partial c_p}{\partial t} = d_p \frac{\partial^2 c_p}{\partial x^2} - \frac{v}{\phi_p} \frac{\partial c_p}{\partial x} - \frac{(1-\phi)\rho_r}{\phi_p} \frac{\partial \hat{c}_p}{\partial t}$$

$$\phi_p = \phi(1 - F_p)$$

(5-17)

式中，c_p 为聚合物溶液浓度，kg/m^3；d_p 为扩散系数，m^2/s；v 为聚合物渗流速度，m/s；ϕ 为孔隙度；ϕ_p 为聚合物可及孔隙度；F_p 为不可及孔隙体积分数；ρ_r 为岩石密度，kg/m^3；$\hat{c}_p$ 为吸附质量浓度，kg/kg；x 为距离，m；t 为时间，s。

扩散系数 d_p 与渗流速度有关，可表示为 $d_p = d_0 + a_1 v^b$。其中，d_0 为分子扩散系数，m^2/s，通常较小，对于聚合物驱，d_0 通常取值为 0；a_1 与 b 均为常数。

假设聚合物满足等温线性吸附：$\hat{c}_p = \eta c_p$（η 表示线性吸附系数，m^3/kg），且等式两端同乘以 ϕ_p，则式(5-17)可写为

$$\left[\phi_p + (1-\phi)\rho_r \eta \right] \frac{\partial c_p}{\partial t} = d_p \phi_p \frac{\partial^2 c_p}{\partial x^2} - v \frac{\partial c_p}{\partial x}$$

(5-18)

将 $\left[\phi_p + (1-\phi)\rho_r \eta \right]$ 定义为阻滞系数 F_R，F_R 反映了聚合物驱渗流过程受吸附及不可及孔隙体积分数的影响。并且定义无因次量：

$$t_D = \frac{vt}{L}, \quad X_D = \frac{x}{L}, \quad Pe = \frac{vL}{d_p \phi_p}, \quad C_D = \frac{c_p}{c_{inj}}$$

式中，c_{inj} 为聚合物溶液注入浓度，kg/m^3；L 为一维流动总长度，m；t_D 为无因次时间；X_D 为无因次距离；C_D 为无因次浓度；Pe 为佩克莱数。

将式(5-18)进一步转化为无因次形式为

$$F_R \frac{\partial C_D}{\partial t_D} = \frac{1}{Pe} \frac{\partial^2 C_D}{\partial X_D^2} - \frac{\partial C_D}{\partial X_D}$$

(5-19)

假设聚合物与地层不发生化学反应，当聚合物溶液以段塞形式注入时，由于聚合物溶液段塞长度与注采井距相比一般较小，近似求解得到恒定速度、恒定浓度注入时出口端的无因次产出浓度 $C_{De}(t_D)$：

$$C_{De}(t_D) = \frac{1}{4(F_R - t_D)} \sqrt{\frac{F_R t_D}{Pe}} \exp\left[-\frac{Pe(F_R - t_D)^2}{4 F_R t_D} \right]$$

(5-20)

将式(5-20)代入式(5-12)，建立聚合物产出浓度与注入浓度的相关关系为

$$C_{\text{pro}}(t) = \int_{t_0}^{t} \lambda C_{\text{inj}}(t-\tau) \frac{1}{4(F_{\text{R}}-\tau)} \sqrt{\frac{F_{\text{R}}\tau}{Pe}} \exp\left[-\frac{Pe(F_{\text{R}}-\tau)^2}{4F_{\text{R}}\tau}\right] \mathrm{d}\tau \qquad (5\text{-}21)$$

式中，λ 为注入井注入量在生产井上的分配系数，其核函数表示为

$$\omega(\tau) = \frac{\lambda}{4(F_{\text{R}}-\tau)} \sqrt{\frac{F_{\text{R}}\tau}{Pe}} \exp\left[-\frac{Pe(F_{\text{R}}-\tau)^2}{4F_{\text{R}}\tau}\right] \qquad (5\text{-}22)$$

则对于第 j 个生产井，若周围存在 N_{I} 个注入井，t 时刻该生产井采聚浓度可表示为

$$C_{\text{pro},j}(t) = \sum_{i=1}^{N_{\text{I}}} \int_{t_0}^{t} C_{\text{inj},i}(t-\tau)\omega_{ij}\left(\tau,\lambda_{ij},Pe_{ij},F_{\text{R},ij}\right)\mathrm{d}\tau \qquad (5\text{-}23)$$

式中，λ_{ij} 为注入井 i 注入量在生产井 j 上的分配系数，即注采井间动态连通系数。核函数曲线定性反映了考虑聚合物驱渗流特征的井间动态连通程度，曲线峰值越高，突破时间越早，井间动态连通性越好。

对井间动态连通性反演模型的求解是一个最优化问题，优化核函数待定参数使目标函数 F 达到最小，即 $\min F$。假定有 N_{t} 个时间观测点、N_{P} 口生产井的产聚浓度监测数据，则目标函数可定义为

$$F = \sum_{k=1}^{N_{\text{t}}} \sum_{j=1}^{N_{\text{P}}} \left[C_{\text{pro},j}(t_k) - C_{\text{pro},j}^*(t_k)^2 \right] \qquad (5\text{-}24)$$

式中，$C_{\text{pro},j}^*(t_k)$ 为第 j 个生产井 t_k 时刻产聚浓度，kg/m³。

对目标函数式(5-24)的优化求解可采用信赖域遗传法等全局优化搜索算法，进而反演得到聚合物驱油藏井间动态连通性。

二、井间动态连通性反演模型的验证

为模拟非均质储层化学驱的情况，建立 5 注 4 采油藏数值模拟模型，如图 5-13 所示。其中 I1 井与 P1 井、I3 井与 P4 井之间设置高渗条带。模型中假设仅含油水两相，生产井以定井底流压生产，注入井以恒定液量 100m³/d 注入。模拟水驱至含水率达到 96.0%进行聚合物驱，以 0.1PV/a 速度向地层中注入聚合物溶液 0.3PV。

采用建立的聚合物驱井间动态连通性反演方法对各生产井的产聚浓度进行拟合，得到核函数和井间连通系数，注采井间连通系数反演结果如图 5-14 所示。图 5-15～图 5-18 为各生产井的产聚浓度拟合及核函数估计结果，可以看出，I1 井与 P1 井、I3 井与 P4 井之间的核函数曲线特征明显整体偏左，且峰值较高，反演得到的核函数特征值即井间连通系数也明显高于其他井间连通系数，这表明 I1 井与 P1 井、I3 井与 P4 井之间存在优势通道，即使聚合物驱后沿优势通道的窜流趋势仍较为明显，这与该模型高渗条带存在位置的认识相符合。

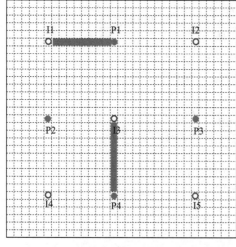

图 5-13　含高渗条带模型网格划分示意图

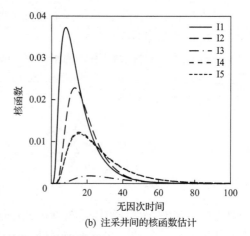

图 5-14　注采井间连通系数反演结果

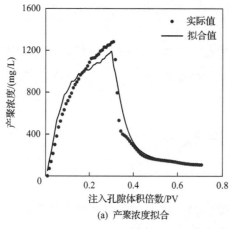

(a) 产聚浓度拟合

(b) 注采井间的核函数估计

图 5-15　P1 井产聚浓度拟合与核函数估计

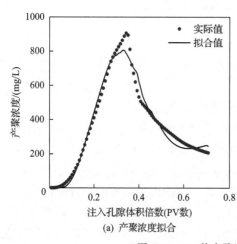

(a) 产聚浓度拟合

(b) 注采井间的核函数估计

图 5-16　P2 井产聚浓度拟合与核函数估计

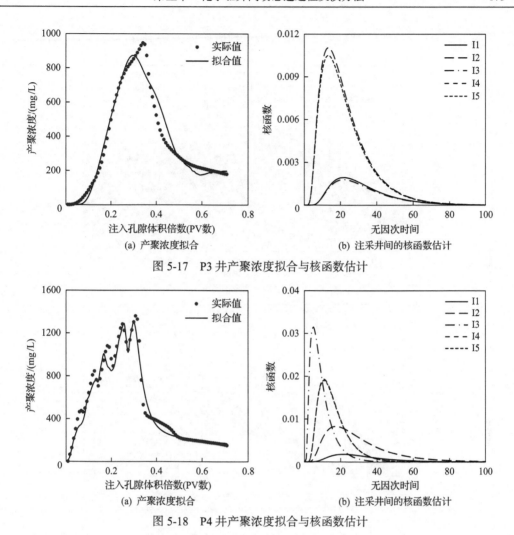

图 5-17　P3 井产聚浓度拟合与核函数估计

图 5-18　P4 井产聚浓度拟合与核函数估计

第三节　油藏井间动态连通性反演方法的应用

若将二元复合驱中的聚合物组分看成一种特殊"示踪剂"，聚合物驱井间动态连通性反演方法也适用于二元复合驱。以胜利油田孤东油田七区西 Ng_5^4 — Ng_6^1 二元复合驱先导试验区为例，首先根据水驱阶段注采信号响应反演得到水驱井间动态连通性，其次根据化学驱阶段的注采聚合物浓度响应反演得到聚合物驱阶段井间动态连通性，评价分析二元复合驱的开发效果。

一、水驱阶段井间动态连通性定量识别

截至 2003 年 9 月转化学驱前，孤东油田七区西 Ng_5^4 — Ng_6^1 二元复合驱先导试验区日产油量水平 53.5t，含水率 96.0%，注入压力 10.2MPa。选取 9 个注入井组进行评价，由于动态数据波动较大，选择生产措施调整较少的注采阶段进行油藏井间动态连通性

反演。按月划分时间间隔，对注采液量按月进行均值处理，处理后的结果如图 5-19 所示。

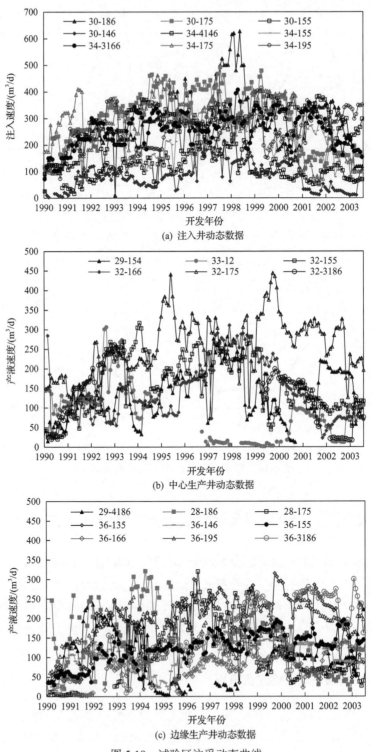

(a) 注入井动态数据

(b) 中心生产井动态数据

(c) 边缘生产井动态数据

图 5-19　试验区注采动态曲线

　　利用注采井动态数据进行反演得到水驱阶段注采井间动态连通性，如图5-20所示，可以看出，由于井距及非均质性的差异，各井组井间动态连通系数的分布差异较大。引入井间动态连通系数变异系数作为评价指标，表征井组间井间动态连通系数的差异程度，变异系数计算公式如式(4-18)所示。

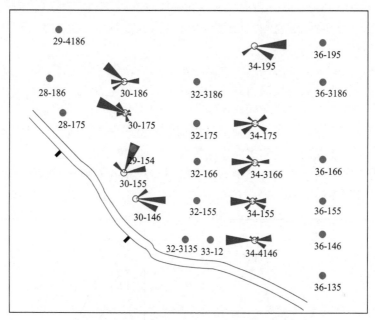

图 5-20　水驱阶段井间动态连通性反演结果

　　图 5-21 为水驱阶段各井组井间动态连通系数变异系数，可以看出，各井组的井间动态连通系数变异系数差异较大。以 34-175 井组为例，注入井与 5 口相邻生产井之间的井间动态连通系数差异相对较小，井间动态连通系数变异系数仅为 0.416；但对于 34-4146 井组，生产井 33-12 与 34-4146 之间的井间动态连通系数明显高于其他生产井与注入井之间的动态连通系数，井间动态连通系数变异系数高达 0.833，注采井间容易发生窜流。以注采井间动态连通系数变异系数 0.5 为界，30-186、30-155、34-195 和 34-175 四个井

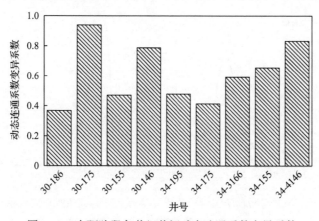

图 5-21　水驱阶段各井组井间动态连通系数变异系数

组驱替较均衡，其余 5 个井组均存在显著的注采不均衡，需要采用化学驱改善井间连通情况，提高原油采收率。

二、化学驱阶段井间动态连通性定量识别

先导试验区在 2004 年 6 月转为注入二元主体段塞后，按月对该区块内各注入井注入液中的聚合物浓度进行跟踪监测，并于 2005 年 3 月起按月对区块内各生产井产出液中的聚合物浓度进行跟踪监测。

将聚合物驱油藏井间动态连通性反演方法应用于该先导试验区，利用矿场动态监测的注聚浓度和产聚浓度数据反演得到注聚阶段井间动态连通性。部分生产井的产聚浓度拟合曲线以及计算得到的核函数估计如图 5-22～图 5-27 所示。可以看出，所建立的聚合物驱动态连通性反演方法可以较好地拟合矿场聚合物产出浓度曲线。对比各井的核函数曲线可以看出，存在双向连通和多向连通等情况，如 29-4186 井、36-146 井和 36-3186 井注采关系为双向连通，而 28-175 井、32-175 井、32-166 井则与周围多口注入井之间存在连通关系，属于多向连通。

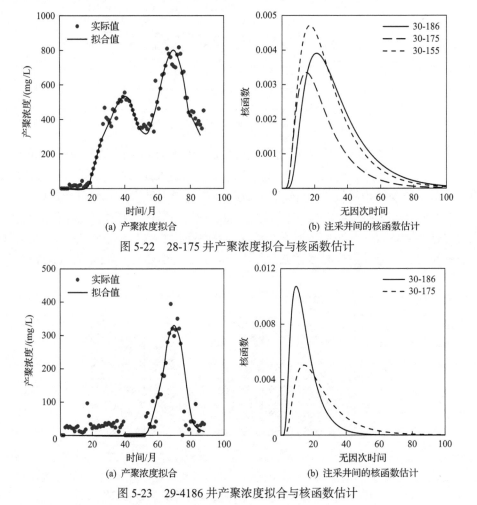

(a) 产聚浓度拟合　　　　　　(b) 注采井间的核函数估计

图 5-22　28-175 井产聚浓度拟合与核函数估计

(a) 产聚浓度拟合　　　　　　(b) 注采井间的核函数估计

图 5-23　29-4186 井产聚浓度拟合与核函数估计

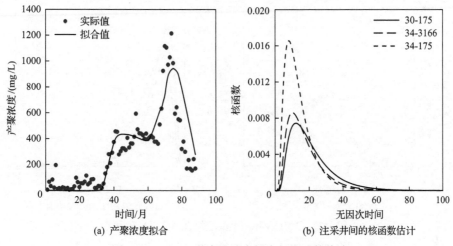

(a) 产聚浓度拟合

(b) 注采井间的核函数估计

图 5-24 32-175 井产聚浓度拟合与核函数估计

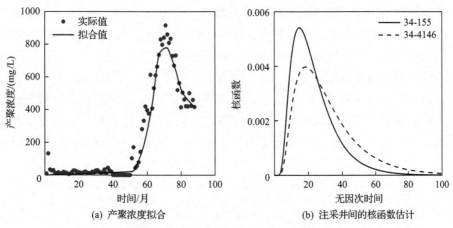

(a) 产聚浓度拟合

(b) 注采井间的核函数估计

图 5-25 36-146 井产聚浓度拟合与核函数估计

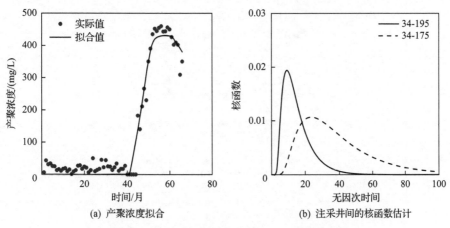

(a) 产聚浓度拟合

(b) 注采井间的核函数估计

图 5-26 36-3186 井产聚浓度拟合与核函数估计

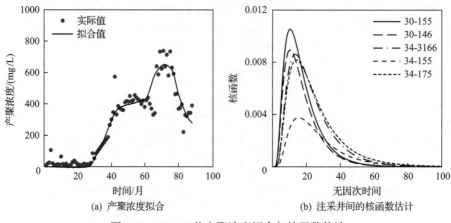

(a) 产聚浓度拟合 (b) 注采井间的核函数估计

图 5-27 32-166 井产聚浓度拟合与核函数估计

图 5-28 为反演得到的化学驱阶段井间动态连通性反演结果,计算得到各井组的动态连通系数变异系数如图 5-29 所示。与水驱阶段井间动态连通性反演结果相比,某些井组内注采井的井间连通性发生了较大变化。例如,30-175 井组与 28-186 水驱井间连通系数较大,注化学剂后井间连通系数相对变小,而 30-146 与 32-166 井间水驱连通系数较小,注化学剂后井间连通系数相对变大。总体来看,化学驱后井组内各注采井之间的连通系数变异系数较水驱时相差更小,化学剂溶液推进更加均匀,这说明化学驱对平面非均衡驱替具有调整效果。反演结果也表明某些井组化学驱前后相差不大,如 34-175 井组,水驱阶段驱替较为均匀,连通系数变异系数仅为 0.416,而化学驱阶段为 0.315,降低幅度有限。

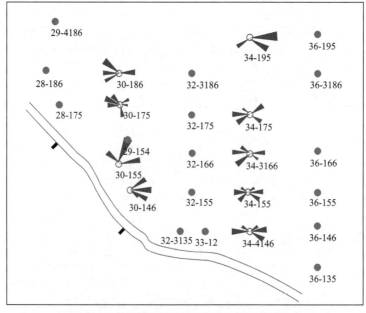

图 5-28 化学驱阶段井间动态连通性反演结果

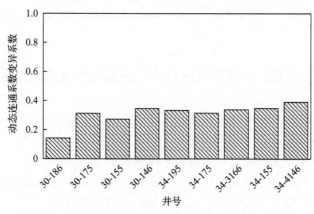

图 5-29 化学驱阶段各井组井间动态连通系数变异系数

图 5-30 为化学驱前后井间动态连通系数变异系数降低幅度对比。可以看出，9 个井组在化学驱后井间动态连通系数变异系数均出现了不同程度的降低，其中 6 个井组的井间动态连通系数变异系数降幅在 0.2 以上，这说明化学驱在该区块效果显著，可有效促进均衡驱替，改善大部分井组的井间动态非均质性。

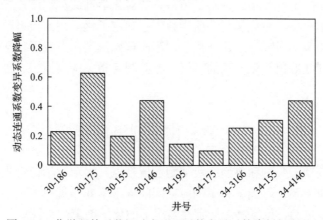

图 5-30 化学驱前后井间动态连通系数变异系数降低幅度对比

第六章　化学驱化学剂窜流预警方法

化学驱能有效降低水油流度差异，改善注入流体的波及状况。但由于某些油藏存在高渗层/条带或大孔道，化学剂溶液可能沿这些优势通道发生"窜流"现象。化学驱化学剂的窜流造成化学剂在生产井过早突破，不仅造成了化学剂的极大浪费，增加了产出液的处理量和难度，而且造成剩余油饱和度较高的低渗带无法得到较好的动用，化学剂波及程度低，影响增产效果(李永太等，2018；程杰成等，2020)。

由于化学驱化学剂产出前储层和流体性质的时间和空间差异，生产井、注入井动态存在前置响应信号，可作为化学剂窜流的预警信号，为化学驱过程中的注采动态调整及识别高渗层/条带或大孔道并对其封堵起到指导作用(孙焕泉等，2020)。

本章以二元复合驱为例，揭示了化学驱含水率变化与化学剂产出间的动态响应关系，分析了高渗层存在时化学剂窜流特征；定义窜流程度的表征指标和化学剂窜流预警指标，进而分析两者之间的定量关系，并基于窜流系数对化学剂窜流程度进行了分类；在油藏静态参数、开发动态参数和化学剂性质参数中，确定了化学剂窜流系数和预警指标的主要影响因素。借助多元回归方法建立化学剂窜流预警模型，形成了化学驱化学剂窜流预警方法，能够较准确地预警化学剂的窜流情况并制定相关调整措施，进一步改善化学驱开发效果。

第一节　化学驱化学剂窜流特征分析

基于矿场开发动态分析和典型区块油藏数值模拟，揭示化学驱含水率变化与化学剂产出间的动态响应关系，得到了利用响应期间的含水率变化规律预测未来生产井化学剂产出状况的依据，进而讨论了高渗层存在情况下的化学剂窜流特征。

一、矿场开发动态分析

基于孤东油田七区西 Ng_5^4 — Ng_6^1 二元复合驱先导试验区的矿场动态数据，分析化学剂产出与增油效果的相关关系，进而讨论化学剂产出前生产井参数的动态响应特征，可为进一步建立化学剂窜流的表征和预警方法提供指导。

1. 单井产出化学剂(简称产剂)增油特征分类

为分析化学剂产出程度与增油效果的关系，绘制了注入化学剂后各生产井的累积产油量与累积产聚量的关系曲线，通过关系曲线形态，将先导试验区单井的产剂增油特征划分为凸形、S形和凹形3种类型。分别对应选取32-3135井、32-166井、29-154井为3种产剂增油特征类型的典型井，对3种类型的产剂增油关系、产剂浓度和含水率变化进行分析，其中表面活性剂产出曲线数据点较少，受矿场监测取样所限。

1)凸形产剂增油特征

凸形产剂增油特征井注入化学剂后见效快，在化学剂产出初期产油速度较高，随着开发的进行，产油速度降低，累积产油量与累积产聚量关系曲线的斜率不断减小，曲线形态呈现为上凸形态(图 6-1)。

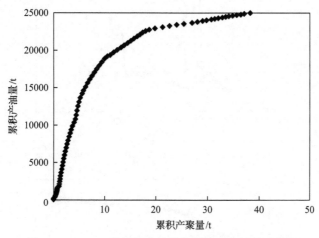

图 6-1　32-3135 井累积产油量与累积产聚量关系曲线

如图 6-2 和图 6-3 所示，32-3135 井聚合物产出初期有较长时间的低浓度期(<100mg/L)，在产聚浓度升高前有较长时间的含水率下降期；该井累积增油量为 2.5×10^4t，含水率最低值为 56.9%；扩边区注入二元段塞后，全区聚合物段塞浓度提高，造成产聚浓度的二次峰值，二次峰值前产聚浓度低于 400mg/L，峰值浓度 385mg/L。

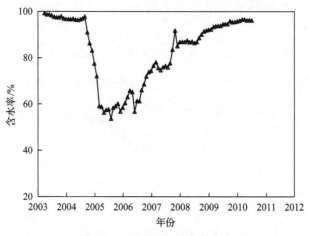

图 6-2　32-3135 井含水率曲线

2)S 形产剂增油特征

S 形产剂增油特征井见效较慢，在化学剂产出初期产油速度相对较低，产出化学剂一定时间后产油速度增加幅度提高，开发后期产油速度降低，累积产油量与累积产聚量关系曲线的斜率减小，曲线形态呈现为"S"形态(图 6-4)。

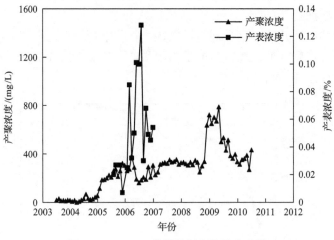

图 6-3　32-3135 井化学剂产出浓度曲线

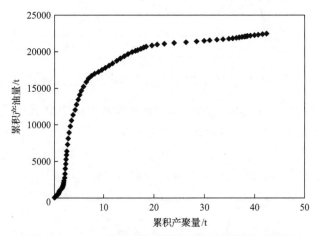

图 6-4　32-166 井累积产油量与累积产聚量关系曲线

如图 6-5 和图 6-6 所示，32-166 井见效后较短时间内产聚浓度升高；该井累积增油

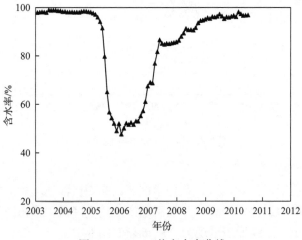

图 6-5　32-166 井含水率曲线

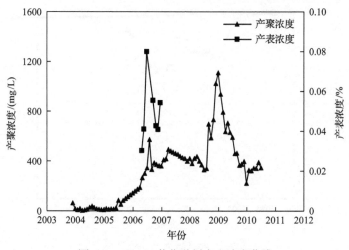

图 6-6   32-166 井化学剂产出浓度曲线

量 2.2×10^4t，含水率最低值 47.6%；产聚浓度二次峰值前产聚浓度在 500mg/L 以下，峰值浓度 495mg/L。

3) 凹形产剂增油特征

凹形产剂增油特征井见效晚，增油程度低，见效增油期间产油速度相对较低，累积产油量与累积产聚量关系曲线形态呈现为下凹形态（图 6-7）。

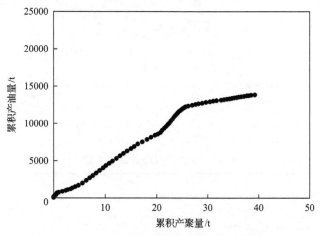

图 6-7   29-154 井累积产油量与累积产聚量关系曲线

如图 6-8 和图 6-9 所示，29-154 井产聚浓度达到 100mg/L 前见效，产聚浓度二次峰值前含水率二次下降；该井累积增油量 1.4×10^4t，含水率最低值 73.8%；产聚浓度二次峰值前产聚浓度较高，峰值浓度 508mg/L。

累积产油量和累积产剂量关系曲线反映了生产井见效与产剂的先后关系及化学剂的增油效果：凸形见效早，增油效果好；S 形见效晚，增油效果好；凹形见效晚，增油效果差。统计了先导试验区 16 口生产井的产剂增油特征类型结果，如表 6-1 所示，可以看出，多数井为凸形和 S 形，少数井增产效果较差，属于凹形。

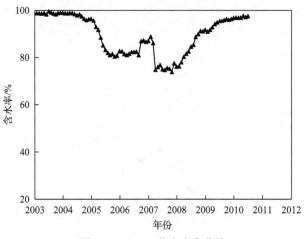

图 6-8　29-154 井含水率曲线

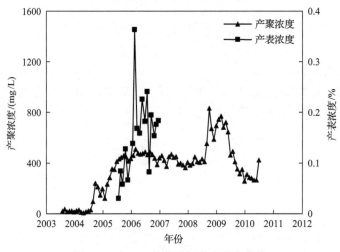

图 6-9　29-154 井化学剂产出浓度曲线

表 6-1　单井产剂增油特征类型

井参数	类型		
	凸形	S 形	凹形
井号	28-175、29-4186、32-3135、36-146、36-195、33-12	28-186、32-155、32-166、32-175、36-155、36-166、36-3186	29-154、32-3186、36-135
总井数	6	7	3
先见聚井数	1	0	1
先见效井数	5	7	2

2. 产出动态响应特征

为了定量分析各井化学剂产出程度和增油效果的关系，统计了中心井和边缘井的注入时机、见效时间、见聚时间、见表时间、累积油水比和平均产聚浓度。见效时间定义为注入化学剂后至含水率下降 1 个百分点经历的时间，单位为 d。见聚时间定义为注入化学剂后至产聚浓度达到 100mg/L 所经历的时间,单位为 d。见表时间定义为注入化学剂后至产出表面活性剂(简称产表)浓度达到 0.05%所经历的时间,单位为 d。累积油水比定义为注入化学剂后至二元复合驱结束累积产油量与累积产水量的比值,单位为 t/m³。平均产聚浓度定义为见聚时间后至二元复合驱结束的平均产出聚合物浓度,单位为 mg/L。此外,为了反映注入化学剂前各生产井的采出程度的差异,统计了各井注入前的产出液含水率,将其定义为注入时机,单位为%。

表 6-2 为二元复合驱先导试验区中心井与边缘井产出动态统计表。可以看出,中心井的见效时间均早于见聚时间,见表时间晚于见聚时间。边缘井中 28-175 和 36-195 井在二元复合驱主段塞第一阶段见效,见效时间与见剂时间关系与中心井规律相一致。

表 6-2 中心井与边缘井产出动态差异

	井号	注入时机/%	见效时间/d	见聚时间/d	见表时间/d	累积油水比/(t/m³)	平均产聚浓度/(mg/L)
中心井	32-155	97.4	457	519	912	0.1482	244.3
	32-166	98	731	822	1065	0.1345	117.5
	32-175	97.6	731	853	1218	0.1628	148.0
	32-3135	99.3	547	1004	1187	0.1659	126.9
	32-3186	98	366	639	1096	0.0427	103.0
	29-154	98.7	578	579	1096	0.1019	213.9
	33-12	98.2	488	519	1065	0.0699	188.1
边缘井	28-175	90.2	396	547	912	0.4069	162.9
	28-186	98.7	731	822	1369	0.0615	58.3
	36-155	98.9	1338	1949	1369	0.0252	53.8
	36-166	96.8	1308	1857	1399	0.0733	45.9
	29-4186	98.4	2222	1552	1187	0.0115	29.2
	36-135	98.3	1857	1491	1218	0.0224	24.2
	36-146	98.9	1522	1491	1187	0.0285	62.0
	36-195	98.3	366	488	1096	0.1074	262.5
	36-3186	98.9	1338	1491	1399	0.0283	65.3

图 6-10 可以更为直观地看出见效时间与见聚时间关系、见表时间与见聚时间关系。在化学剂产出前,生产井的含水率有较长时间的响应变化期。而响应期间的含水率变化规律可以用于预测生产井未来化学剂产出状况。

二、化学剂产出动态分析

在建立典型区块油藏模拟概念模型的基础上,通过改变高渗层渗透率倍数(即高渗层渗透率相对于其所在小层平均渗透率的倍数)和高渗层厚度比(即高渗层与其所在小层总有效厚度的比值)构建高渗层模型以分析化学剂产出动态,讨论二元复合驱化学剂窜流的动态特征。

1. 油藏模拟概念模型的建立

化学剂窜流特征和预警方法的研究以单井作为研究对象,由于先导试验区模型井数

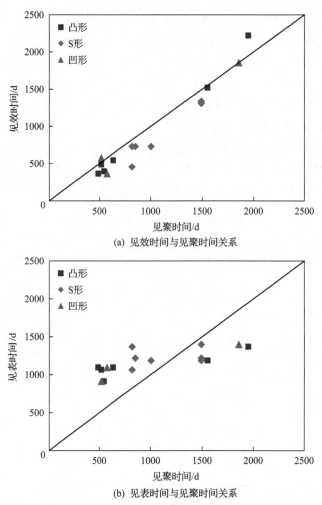

(a) 见效时间与见聚时间关系

(b) 见表时间与见聚时间关系

图 6-10　二元复合驱先导试验区产出动态响应关系

较多，加之模型属性分布复杂，给影响因素和预警方法的研究带来困难。因此，有必要从先导试验区模型中截取部分区域建立单井组概念模型。

从孤东七区西 $Ng_5^4 — Ng_6^1$ 二元复合驱先导试验区油藏模拟模型中截取了 $Ng_5^4 — Ng_5^5$ 单井组区域，建立单井组概念模型，如图 6-11 所示。概念模型包括一口中心生产井和两口边缘注入井，上层厚度为 8m，下层厚度为 4m，区域面积为 580m×150m=0.087km²，地质储量为 $25.9×10^4$t。为反映先导试验区总体特征，概念模型的平均渗透率、渗透率变异系数、有效厚度、井距与试验区全区平均值一致。

1) 历史拟合

概念模型的拟合原则是体现二元复合驱先导试验区的开发动态整体特征，为此将区块各单井历史数据根据单井液量进行加权平均，得到单井组概念模型拟合的基准数据，在此基础上确定模型 PVT 参数、聚合物和表面活性剂性质参数。

历史拟合分为水驱阶段和二元复合驱阶段两个部分。水驱阶段含水率拟合曲线如图 6-12 所示。从拟合曲线可以看出，水驱阶段的含水率达到较好的拟合效果，阶段末

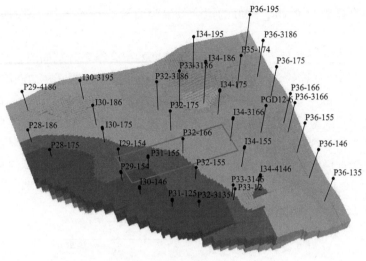

(a) 全区模型

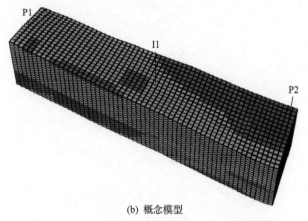

(b) 概念模型

图 6-11 油藏模拟概念模型区域选取及建立

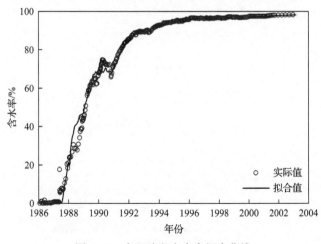

图 6-12 水驱阶段含水率拟合曲线

采出程度的拟合误差为 0.6%，较好的拟合效果为后续二元复合驱阶段的拟合提供了必要的基础。

二元复合驱阶段含水率、产聚浓度和产表浓度的拟合结果分别如图 6-13～图 6-15 所示。可以看出，模拟计算的含水率曲线吻合较好。由于先导试验区在 2006 年 6 月实施了扩边注入化学剂，2007 年 6 月延长注入周期进入二元复合驱的第二阶段，并对注入浓度和化学剂用量做了调整，造成区块平均产聚浓度在 2008 年出现跃增。单井概念模型中因未考虑扩边注入化学剂量的增加，所以并未出现产聚浓度的相应升高，但这并不影响模型反映注入化学剂后区块增产效果和聚合物地下运移及产出特征。表面活性剂的矿场监测数据从 2006 年 1 月持续到 2007 年 7 月，单井组概念模型拟合了这期间产表浓度，拟合曲线也显示了较好的拟合效果。

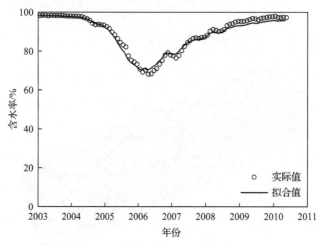

图 6-13　二元复合驱阶段含水率拟合曲线

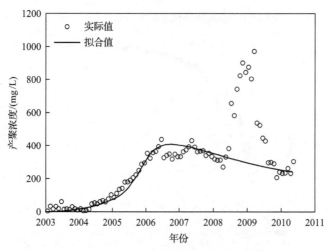

图 6-14　二元复合驱阶段产聚浓度拟合曲线

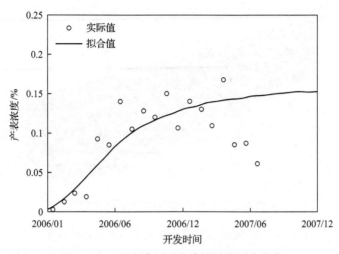

图 6-15　二元复合驱阶段产表浓度拟合曲线

2) 基础注采方案

在单井组概念模型拟合的基础上，需确定基础注采方案用于化学剂窜流特征分析和预警模型研究。依据二元复合驱先导试验区油藏开发方案设计参数，选取二元复合驱基础注采参数：前置聚合物段塞尺寸为 0.05PV，注入聚合物浓度为 2000mg/L；主体段塞尺寸为 0.3PV，注入聚合物浓度为 1800mg/L，表面活性剂浓度为 0.6%；后置聚合物段塞尺寸为 0.05PV，注入聚合物浓度为 2000mg/L。二元复合驱及后续水驱阶段注入速度均为 0.11PV/a。

3) 高渗层模型设置

二元复合驱过程中化学剂的窜流表现为化学剂过早、过快地产出和较差的增油效果，而化学剂窜流的本质原因是储层较强的非均质性 (Mejia et al., 2019)。由于储层原始特征和注入水长期冲刷等作用的影响，水驱开发后期在储层中产生局部大孔道和高渗层，提供了二元复合驱阶段化学剂窜流发生的条件。为了分析化学剂窜流的动态特征，在概念模型中设置高渗层，通过改变高渗层特征参数讨论不同高渗层条件下化学剂窜流的动态变化规律。

概念模型包含 2 个小层，上部小层纵向上 12 层模拟网格，下部小层纵向上 6 层网格，小层间存在隔层。在概念模型原有渗透率韵律性的基础上，分别将上部小层的底部 2 层网格和下部小层的底部 1 层网格设置为高渗层 (图 6-16)，通过变动高渗层的渗透率倍数和厚度比来实现不同的高渗层条件。在改变高渗层厚度时，调整小层其他网格的纵向尺寸，以保证小层整体厚度不变。

在后续的动态分析和影响因素讨论中，依据矿场经验，选取高渗层渗透率倍数分别为 2、4、6、8、10 五个水平和高渗层厚度比分别为 0.05、0.10、0.15、0.20 四个水平进行研究。

2. 化学剂窜流动态特征

由于不同高渗层条件的影响，水驱模拟开发动态也有所不同，本书仅讨论二元复合

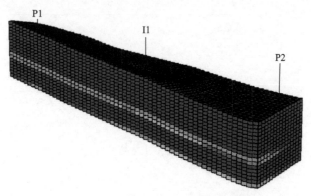

图 6-16　油藏模拟高渗层模型的设置

驱阶段的开发动态。分析高渗层参数单因素影响时均将水驱开发至含水率达到 98% 截止，继而转入二元复合驱，讨论了在二元复合驱及后续水驱阶段，改变高渗层渗透率倍数和高渗层厚度比对含水率、化学剂产出浓度的影响。

1) 高渗层渗透率倍数的影响

图 6-17 为不同高渗层渗透率倍数下的含水率曲线。随高渗层渗透率的增加，含水率下降时间提前，含水率漏斗加深，含水率漏斗宽度加大，含水率达到最低值前下降速度增大。图 6-18 和图 6-19 分别为不同高渗层渗透率倍数下的产聚浓度和产表浓度曲线。随高渗层渗透率倍数的增加，聚合物和表面活性剂的突破时间提前，产出浓度升高。

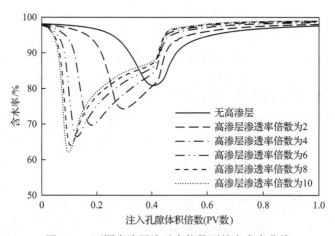

图 6-17　不同高渗层渗透率倍数下的含水率曲线

2) 高渗层厚度比的影响

图 6-20 为不同高渗层厚度比下的含水率曲线。随高渗层厚度比的增加，高渗层厚度比的影响以 0.10 为界，含水率起始下降时间先减小后增大，含水率漏斗先加深后减小。图 6-21 和图 6-22 分别为不同高渗层厚度比下的产聚浓度和产表浓度曲线。同样以高渗层厚度比 0.10 为界，随高渗层厚度比的增加，聚合物突破先提前后基本不变，产聚浓度先升高后降低；表面活性剂突破先提前后延后，产表浓度先升高后减小。

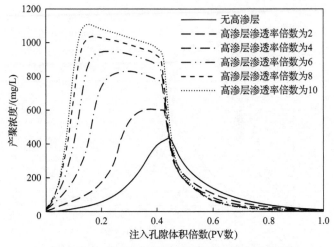

图 6-18　不同高渗层渗透率倍数下的产聚浓度曲线

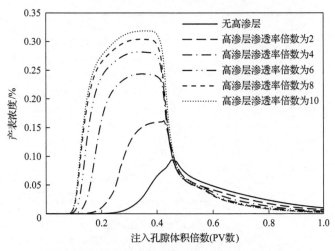

图 6-19　不同高渗层渗透率倍数下的产表浓度曲线

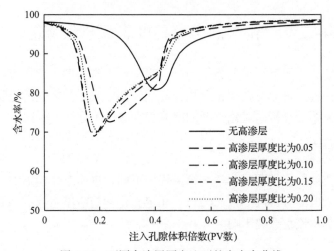

图 6-20　不同高渗层厚度比下的含水率曲线

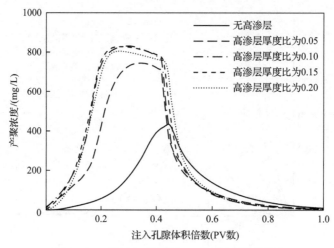

图 6-21　不同高渗层厚度比下的产聚浓度曲线

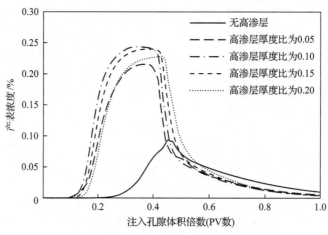

图 6-22　不同高渗层厚度比下的产表浓度曲线

第二节　化学剂窜流程度表征与预警指标

将窜流系数定义为窜流程度的表征指标，水油比下降速度、含水率速降速度定义为化学剂窜流预警指标，进而分析了预警指标和化学剂窜流系数之间的定量关系。基于窜流系数与采收率关系的分析，对化学剂的窜流程度进行了分类。

一、化学剂窜流程度表征

不同的非均质油藏化学驱时化学剂窜流程度不同，进而对化学剂的注入方式的要求也不同（朱焱等，2018；卢祥国等，2021）。在定义化学剂窜流系数的基础上，讨论了高渗层参数对化学剂窜流系数的影响。

1. 化学剂窜流系数的定义

在化学剂注入速度一定的情况下，生产井产出化学剂的浓度越高、产出量越大，则化学剂窜流越严重。因此，在二元复合驱化学剂窜流系数的定义中考虑化学剂的产出浓度和产出量与注入化学剂的浓度和注入量的对比关系，其表达式为

$$C_{ps} = \frac{1}{2}\left(\frac{c_{paver} \cdot Q_{ppro}}{c_{pinj} \cdot Q_{pinj}} + \frac{c_{saver} \cdot Q_{spro}}{c_{sinj} \cdot Q_{sinj}} \right) \tag{6-1}$$

式中，C_{ps} 为化学剂窜流系数，无因次；c_{paver} 为产出聚合物平均浓度，mg/L；Q_{ppro} 为累积产出聚合物量，t；c_{pinj} 为注入聚合物浓度，mg/L；Q_{pinj} 为累积注入聚合物量，t；c_{saver} 为产出表面活性剂平均浓度，%；Q_{spro} 为累积产出表面活性剂量，t；c_{sinj} 为注入表面活性剂浓度，%；Q_{sinj} 为累积注入表面活性剂量，t。

2. 高渗层参数对化学剂窜流系数的影响

Salmo 等(2017)研究表明，高渗层窜流通道数量和大小对采收率有一定影响，在化学驱开始阶段，原油和化学剂会较快地流入窜流通道。图 6-23 为高渗层厚度比为 0.10 时不同高渗层渗透率倍数下的窜流系数变化。随着高渗层渗透率倍数的增加，窜流系数不断增大。图 6-24 为高渗层渗透率倍数为 4 时不同高渗层厚度比下的窜流系数变化。窜流系数随高渗层厚度比的变化趋势以厚度比 0.10 为分界，随着高渗层厚度比的增加，窜流系数先增大后减小。

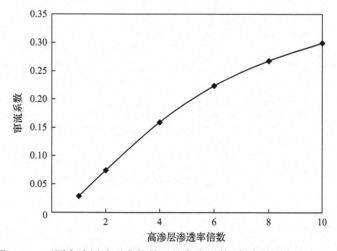

图 6-23　不同高渗层渗透率倍数下的窜流系数(高渗层厚度比为 0.10)

二、化学剂窜流预警指标

矿场开发动态分析表明，在化学剂产出前生产井含水率变化有较长时间的响应变化期，因此可以根据含水率的变化特征建立化学剂窜流预警指标。

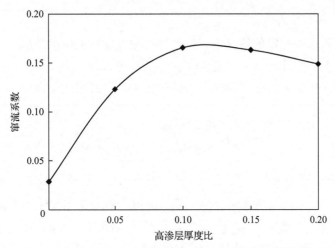

图 6-24　不同高渗层厚度比下的窜流系数(高渗层渗透率倍数为 4)

1. 化学剂窜流预警指标的建立

如图 6-25 所示,以含水率到达谷值前含水率曲线的拐点为分界点,将含水率下降阶段划分为含水率缓降期和含水率速降期。以表征含水率缓降期和含水速降期下降速度的特征参数作为预警指标。

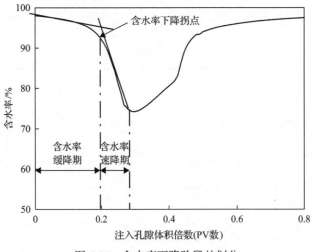

图 6-25　含水率下降阶段的划分

1) 水油比下降速度

如图 6-26 所示,基于油藏数值模拟结果,注入化学剂后至含水率下降拐点前,水油比的对数与注入化学剂后的无因次累积增油量呈良好的线性关系,斜率为水油比下降速度。

$$\lg \text{WOR} = c - D_{\text{wor}} \cdot N_{\text{oi}} \tag{6-2}$$

式中,WOR 为水油比; N_{oi} 为无因次累积增油量, N_{oi} =累积增油体积/孔隙体积; D_{wor} 为

水油比下降速度，无因次；c 为常数。

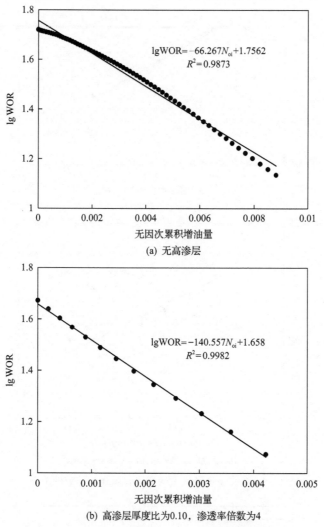

(a) 无高渗层

(b) 高渗层厚度比为0.10，渗透率倍数为4

图 6-26　水油比下降速度与无因次累积增油量的关系

2) 含水率速降速度

如图 6-27 所示，含水率下降拐点之后，含水率下降速度达到最大，含水率与生产井的采出孔隙体积倍数呈良好的线性关系，斜率为含水率速降速度。

$$f_{w} = b - D_{fw} \cdot Q_{l} \tag{6-3}$$

式中，f_{w} 为含水率；Q_{l} 为采出孔隙体积倍数，PV；D_{fw} 为含水率速降速度，PV^{-1}；b 为常数。

2. 高渗层对化学剂窜流预警指标的影响

图 6-28 给出了高渗层厚度比为 0.10 时，不同高渗层渗透率倍数下的化学剂窜流预警

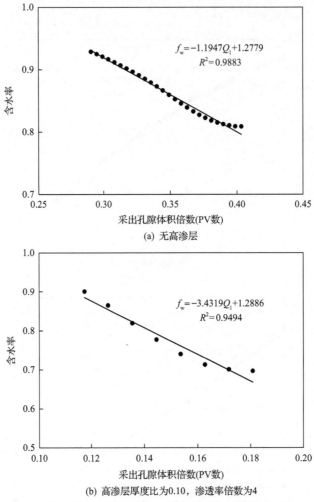

(a) 无高渗层

(b) 高渗层厚度比为0.10，渗透率倍数为4

图 6-27 含水率速降速度与采出孔隙体积倍数的关系

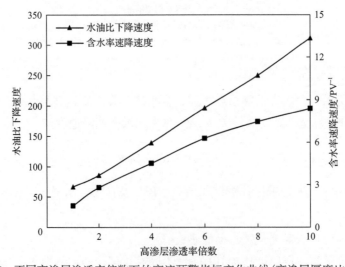

图 6-28 不同高渗层渗透率倍数下的窜流预警指标变化曲线(高渗层厚度比为 0.10)

指标的变化。可以看出，高渗层渗透率倍数对化学剂窜流预警指标均有较大的影响。随着高渗层渗透率倍数的增加，水油比下降速度和含水率速降速度均升高。

图 6-29 给出了高渗层渗透率倍数为 4 时不同高渗层厚度比下的化学剂窜流预警指标的变化。高渗层厚度比对水油比下降速度和含水率速降速度有较大的影响，随着高渗层厚度比的增加，水油比下降速度和含水率速降速度升高。

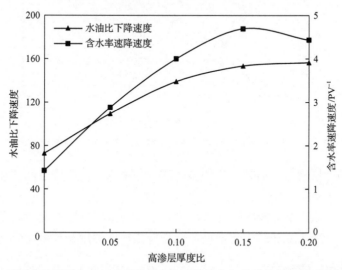

图 6-29　不同高渗层厚度比下的化学剂窜流预警指标变化曲线（高渗层渗透率倍数 4）

三、化学剂窜流预警指标与窜流系数的定量关系

为了分析化学剂窜流预警指标与窜流系数之间的定量关系，绘制了无高渗层模型、高渗层模型水油比下降速度和含水率速降速度与窜流系数的关系曲线（图 6-30 和图 6-31）。高渗层模型中，高渗层渗透率倍数取值分别为 2、4、6、8、10，高渗层厚度比值分别为 0.04、0.08、0.12、0.16、0.20，采用全方案设计，得到 25 套高渗层模型样本。图 6-30、

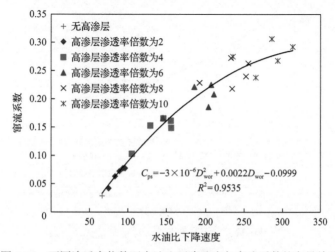

$$C_{ps}=-3\times10^{-6}D_{wor}^2+0.0022D_{wor}-0.0999$$
$$R^2=0.9535$$

图 6-30　不同渗透率倍数下水油比下降速度与窜流系数的定量关系

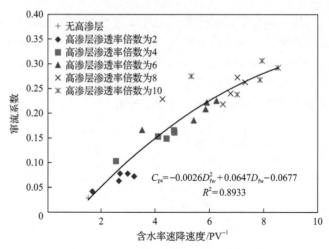

图 6-31　不同渗透率倍数下含水率速降速度与窜流系数的定量关系

图6-31中相同高渗层渗透率倍数对应的多个散点分别为不同高渗层厚度比模型样本计算得到的窜流系数和预警指标值。

可以看出，水油比下降速度、含水率速降速度与窜流系数的定量关系良好，其相关系数 R^2 分别为 0.9535、0.8933，化学剂窜流预警指标能够用于预警化学剂的窜流。

四、化学剂窜流程度的分类

图 6-32~图 6-34 给出了窜流系数 C_{ps} 与水驱采收率 η_w、二元复合驱采收率 η_{ps} 和提高采收率 $\Delta\eta$ 的关系。可以看出，窜流系数与各开发方法采收率和提高采收率有较好的相关关系，说明窜流系数除了能够反映其定义中包含的化学剂产出状况外，也能较好地反映二元复合驱的驱油效果。因此，可以依据窜流系数对二元复合驱化学剂的窜流状况进行分类。

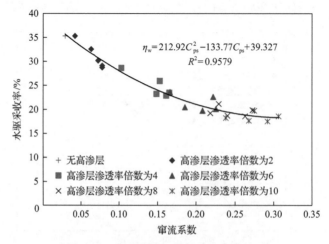

图 6-32　窜流系数与水驱采收率的关系

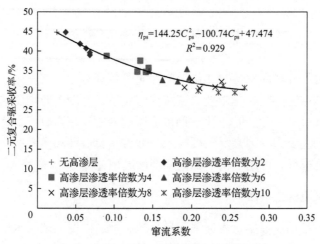

图 6-33　窜流系数与二元复合驱采收率的关系

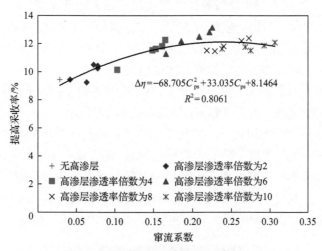

图 6-34　窜流系数与提高采收率的关系

通过对不同高渗层参数下的窜流系数变化规律的分析以及图 6-32～图 6-34 得出：相比于高渗层厚度比，高渗层渗透率倍数对窜流的影响更大。同一高渗层渗透率倍数下，不同高渗层厚度比的窜流系数和采收率值相对集中。因此，参考不同高渗层渗透率倍数下窜流系数的分布区间，得到化学剂窜流程度的分类标准，如表 6-3 所示。

表 6-3　窜流程度的分类标准

窜流程度	窜流系数
无窜流	0～0.05
弱窜流	0.05～0.1
中等窜流	0.1～0.2
强窜流	0.2～0.3
严重窜流	>0.3

第三节　化学剂窜流预警模型

油藏静态参数、开发动态参数和化学剂性质参数等对化学剂产出状况及窜流特征均会产生影响，揭示这些参数与化学剂窜流特征的关系，有助于非均质油藏化学驱化学剂参数的优选(Ma et al., 2007)。基于化学剂窜流影响的主控因素分析，确定了化学剂窜流系数和预警指标的主要影响因素。采用拉丁超立方实验设计和多元回归方法，建立了化学剂窜流系数预测模型，可用于化学驱化学剂窜流预警。

一、影响化学剂窜流的主控因素

油藏静态参数包括渗透率、渗透率变异系数、地层温度、地层水矿化度、有效厚度和原油黏度；开发动态参数包括注入聚合物浓度、注入表面活性剂浓度、主体段塞尺寸、段塞尺寸比(前置段塞尺寸与主体段塞尺寸的比值)、段塞浓度比(前置段塞聚合物浓度与注入聚合物浓度的比值)、注入速度、注采比、注入时机(注入化学剂时的油藏平均含水率)和注采井距；化学剂性质参数包括聚合物可及孔隙体积分数、聚合物最大渗透率下降系数、聚合物最大吸附量和表面活性剂最大吸附量。

在模拟研究各个因素影响规律的基础上，基于变异系数 C_V 分析了窜流系数和预警指标对各影响因素的敏感性。变异系数 C_V 定义如式(4-18)所示。

表 6-4 给出了各个影响因素对应的化学剂窜流系数和预警指标变异系数值。为了定量获得化学剂窜流系数和预警指标的主要影响因素，需要设立主要影响因素的选定标准。选定标准需要综合考虑各影响因素变异系数的差异，在满足常规认识的基础上所包含的因素尽可能全面。选取变异系数值大于所有因素变异系数均值的 2/3 的影响因素为主要影响因素，选取结果如表 6-5 所示，表中主要影响因素以"Λ"标注。

表 6-4　窜流系数和预警指标的影响因素的变异系数值

影响因素		取值范围	变异系数值		
			窜流系数	水油比下降速度	含水率速降速度
静态参数	渗透率/$10^{-3}\mu m^2$	250~4000	0.0489	0.0882	0.2078
	渗透率变异系数	0.2~0.8	0.6105	0.6155	1.0906
	地层温度/℃	50~90	0.0102	0.0645	0.5125
	地层水矿化度/(mg/L)	3000~20000	0.0126	0.0099	0.1719
	有效厚度/m	5~15	0.0084	0.0331	0.1574
	原油黏度/(mPa·s)	10~150	0.2828	0.4740	0.9750
动态参数	注入聚合物浓度/(mg/L)	1500~2500	0.1667	0.0385	0.6267
	注入表面活性剂浓度/%	0.3~0.9	0.1789	0.0057	0.0594
	主体段塞尺寸/PV	0.1~0.5	0.1599	0.1010	0.4943

续表

影响因素		取值范围	变异系数值		
			窜流系数	水油比下降速度	含水率速降速度/PV⁻¹
动态参数	段塞尺寸比	0.1～0.3	0.0431	0.0024	0.0607
	段塞浓度比	1.0～1.4	0.0150	0.0223	0.0909
	注入速度/(PV/a)	0.05～0.3	0.4507	0.2359	0.5561
	注采比	0.9～1.1	0.0336	0.0103	0.0916
	注入时机	0.8～0.98	0.0962	0.3760	0.4347
	注采井距/m	200～400	0.0088	0.0837	0.2278
化学剂性质参数	聚合物可及孔隙体积分数	0.5～0.9	0.1528	0.1750	0.1557
	聚合物最大渗透率下降系数	1.0～3.0	0.0280	0.0783	0.6897
	聚合物最大吸附量/(mg/g)	0.1～0.5	0.3001	0.1432	0.8985
	表面活性剂最大吸附量/(mg/g)	0.5～1.5	0.0465	0.0016	0.0062

表 6-5　窜流系数和预警指标主要影响因素

影响因素		窜流系数	水油比下降速度	含水率速降速度
静态参数	渗透率			
	渗透率变异系数	∧	∧	∧
	地层温度			∧
	地层水矿化度			
	有效厚度			
	原油黏度	∧	∧	∧
动态参数	注入聚合物浓度	∧		∧
	注入表面活性剂浓度	∧		
	主体段塞尺寸	∧	∧	∧
	段塞尺寸比			
	段塞浓度比			
	注入速度	∧	∧	∧
	注采比			
	注入时机	∧	∧	∧
	注采井距			
化学剂性质参数	聚合物可及孔隙体积分数	∧	∧	
	聚合物最大渗透率下降系数			∧
	聚合物最大吸附量	∧	∧	∧
	表面活性剂最大吸附量			

从表 6-5 可以看出，化学剂窜流系数的主要影响因素包括渗透率变异系数、原油黏度、注入聚合物浓度、注入表面活性剂浓度、主体段塞尺寸、注入速度、注入时机、聚合物可及孔隙体积分数、聚合物最大吸附量；预警指标的主要影响因素包括渗透率变异系数、地层温度、原油黏度、注入聚合物浓度、主体段塞尺寸、注入速度、注入时机、聚合物可及孔隙体积分数、聚合物最大渗透率下降系数、聚合物最大吸附量。

二、化学剂窜流预警模型的建立

建立化学剂窜流系数预测模型用于化学驱化学剂窜流预警。在实际预警过程中，化学剂窜流预警指标和油藏动静态参数为已知条件，而高渗层参数未知。化学剂窜流系数的预测思路：建立相同油藏动静态参数、无高渗层条件下的预警指标预测模型，将模型预测结果作为基准值。然后通过建立矿场的预警指标实际值与基准值之间的偏差与化学剂窜流系数之间的关系，得到化学剂窜流系数预测模型。

定义预警指标偏差系数为预警指标实际值和预警指标基准值的差值与预警指标基准值之比，包括水油比下降速度偏差系数和含水率速降速度偏差系数，见式(6-4)和式(6-5)：

$$T_{D_{\mathrm{wor}}} = \frac{D_{\mathrm{wor}} - D'_{\mathrm{wor}}}{D'_{\mathrm{wor}}} \tag{6-4}$$

式中，$T_{D_{\mathrm{wor}}}$ 为水油比下降速度偏差系数，无因次；D_{wor} 为水油比下降速度实际值，无因次；D'_{wor} 为水油比下降速度基准值，无因次。

$$T_{D_{\mathrm{fw}}} = \frac{D_{\mathrm{fw}} - D'_{\mathrm{fw}}}{D'_{\mathrm{fw}}} \tag{6-5}$$

式中，$T_{D_{\mathrm{fw}}}$ 为含水率速降速度偏差系数，无因次；D_{fw} 为含水率速降速度实际值，PV^{-1}；D'_{fw} 为含水率速降速度基准值，PV^{-1}。

窜流系数偏差系数定义为窜流系数实际值和窜流系数基准值的差值与窜流系数基准值之比，见式(6-6)：

$$T_{C_{\mathrm{ps}}} = \frac{C_{\mathrm{ps}} - C'_{\mathrm{ps}}}{C'_{\mathrm{ps}}} \tag{6-6}$$

式中，$T_{C_{\mathrm{ps}}}$ 为窜流系数偏差系数，无因次；C_{ps} 为化学剂窜流系数实际值；C'_{ps} 为化学剂窜流系数基准值，无因次。其中，窜流系数基准值为相同油藏动静态参数、无高渗层条件下计算得到的化学剂窜流系数。窜流系数偏差系数实际上反映了高渗层存在时对化学剂窜流的影响。

矿场开发动态分析表明，化学剂产出前生产井的含水率具有较长时间的响应变化期。因此，窜流系数偏差系数可以表示为预警指标偏差系数的函数 $T_{C_{\mathrm{ps}}} = f\left(T_{D_{\mathrm{wor}}}, T_{D_{\mathrm{fw}}}\right)$，其形式为二次式，见式(6-7)：

$$T_{C_{ps}} = a_1 T_{D_{wor}}^2 + a_2 T_{D_{wor}} + a_3 T_{D_{fw}}^2 + a_4 T_{D_{fw}} + a_5 T_{D_{fw}} T_{D_{fw}} + b \qquad (6-7)$$

式中，a_1、a_2、a_3、a_4、a_5、b 为常数。

　　影响化学剂窜流系数的主要油藏动静态参数和化学剂参数有 9 个，包括渗透率变异系数、原油黏度、注入聚合物浓度、注入表面活性剂浓度、主体段塞尺寸、注入速度、注入时机、聚合物可及孔隙体积分数、聚合物最大吸附量。因此，C'_{ps} 是上述参数的函数，即

$$C'_{ps} = f\left(V_k, \mu_o, c_{pinj}, c_{sinj}, V_c, q_{inj}, f_{wi}, \phi_D, \hat{c}_{pmax}\right) \qquad (6-8)$$

式中，V_k 为渗透率变异系数；μ_o 为原油黏度，mPa·s；c_{pinj} 为注入聚合物浓度，mg/L；c_{sinj} 为注入表面活性剂浓度，%；V_c 为主体段塞尺寸，PV；q_{inj} 为注入速度，PV/a；f_{wi} 为注入时机；ϕ_D 为聚合物可及孔隙体积分数，$\phi_D = 1 - F_P$；$\hat{c}_{pmax}$ 为聚合物最大吸附质量浓度，mg/g。

　　综合式(6-6)～式(6-8)得到化学剂窜流系数的回归方程形式，如式(6-9)所示。其中，$f\left(V_k, \mu_o, c_{pinj}, c_{sinj}, V_c, q_{inj}, f_{wi}, \phi_D, \hat{c}_{pmax}\right)$ 采用多项式形式，以二次多项式表征单因素的影响，以二次乘积项表征因素复合作用的影响。

$$C_{ps} = \left(a_1 T_{D_{wor}}{}^2 + a_2 T_{D_{wor}} + a_3 T_{D_{fw}}{}^2 + a_4 T_{D_{fw}} + a_5 T_{D_{fw}} T_{D_{fw}} + b'\right)$$
$$\cdot f\left(V_k, \mu_o, c_{pinj}, c_{sinj}, V_c, q_{inj}, f_{wi}, \phi_D, \hat{c}_{pmax}\right) + c \qquad (6-9)$$

式中，b'、c 为常数。

　　化学剂窜流预警指标和窜流系数基准值模型的建立均采用多项式回归方法，以二次多项式表征单因素的影响，以二次乘积项表征因素复合作用的影响。样本集的生成使用拉丁超立方实验设计方法。拉丁超立方实验设计方法是一种分层抽样方法，它既能保证采样点对变量组合空间的充分覆盖，同时又能够确保独立变量采样值间的相关趋势达到最小。

　　1. 水油比下降速度基准值模型

　　水油比下降速度的主要影响因素包括渗透率变异系数、原油黏度、主体段塞尺寸、注入速度、注入时机、聚合物可及孔隙体积分数、聚合物最大吸附量，水油比下降速度基准值 D'_{wor} 满足函数关系 $f\left(V_k, \mu_o, V_c, q_{inj}, f_{wi}, \phi_D, \hat{c}_{pmax}\right)$。据此 7 个因素，各取 5 个水平生成无高渗层方案的样本集，通过回归方法得到无高渗层条件下水油比下降速度基准值模型，如式(6-10)所示。

　　图 6-35 给出了水油比下降速度基准值模型计算值与实际值的关系，预测的绝对误差

控制在 17 以内(误差标准线范围内),满足工程需求。

$$
\begin{aligned}
D'_{wor} = {} & 359.61V_k^2 - 507.31V_k - 0.0018231\mu_o^2 + 0.85216\mu_o + 247.37V_c^2 - 155.92V_c \\
& - 420.94q_{inj}^2 - 1574.4q_{inj} + 329.85f_{wi}^2 - 915.14f_{wi} - 6.5915\phi_D^2 - 105.15\phi_D \\
& - 180.13\hat{c}_{pmax}^2 + 73.713\hat{c}_{pmax} + 0.48178V_k\mu_o - 49.223V_kV_c - 246.27V_kq_{inj} \\
& + 394.09V_kf_{wi} - 56.546V_k\phi_D - 117.72V_k\hat{c}_{pmax} - 0.19686\mu_oV_c - 2.4779\mu_oq_{inj} \\
& + 0.28655\mu_of_{wi} - 0.046087\mu_o\phi_D - 0.54437\mu_o\hat{c}_{pmax} + 127.05V_cq_{inj} - 117.89V_cf_{wi} \\
& + 201.67V_c\phi_D - 8.4727V_c\hat{c}_{pmax} + 1958.1q_{inj}f_{wi} + 86.550q_{inj}\phi_D + 172.49q_{inj}\hat{c}_{pmax} \\
& + 34.162f_{wi}\phi_D + 92.771f_{wi}\hat{c}_{pmax} - 14.612\phi_D\hat{c}_{pmax} + 600.16
\end{aligned}
$$

$$(6\text{-}10)$$

式中,D'_{wor} 为水油比下降速度基准值,无因次。

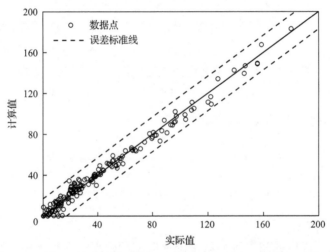

图 6-35　水油比下降速度基准值模型计算值与实际值的关系

2. 含水率速降速度基准值模型

含水率速降速度的主要影响因素包括渗透率变异系数、地层温度、原油黏度、注入聚合物浓度、主体段塞尺寸、注入速度、注入时机、聚合物最大渗透率下降系数、聚合物最大吸附量,含水速降速度基准值 D'_{fw} 满足函数关系 $f(V_k, T, \mu_o, c_{pinj}, V_c, q_{inj}, f_{wi}, R_{kmax}, \hat{c}_{pmax})$。据此 9 个因素,各取 5 个水平生成无高渗层方案的样本集,通过回归方法得到无高渗层条件下含水率速降速度基准值模型,如式(6-11)所示。

图 6-36 给出了含水率速降速度基准值模型计算值与实际值的关系,预测的绝对误差控制在 $1.21PV^{-1}$ 以内(误差标准线范围内),满足工程需求。

$$
\begin{aligned}
D'_{\text{fw}} =\ & 13.551V_{\text{k}}^{2} + 1.9091V_{\text{k}} - 8.1342\times10^{-4}T^{2} - 0.42870T - 17607\times10^{-4}\mu_{\text{o}}^{2} \\
& - 0.24206\mu_{\text{o}} - 3.1448\times10^{-6}c_{\text{pinj}}^{2} + 0.027556c_{\text{pinj}} - 6.1055V_{\text{c}}^{2} + 19.177V_{\text{c}} \\
& - 31.246q_{\text{inj}}^{2} - 334.47q_{\text{inj}} - 341.75f_{\text{wi}}^{2} + 498.68f_{\text{wi}} + 0.44794R_{\text{kmax}}^{2} - 0.79562R_{\text{kmax}} \\
& - 32.242\hat{c}_{\text{pmax}}^{2} - 87.783\hat{c}_{\text{pmax}} + 0.39318V_{\text{k}}T - 0.012647V_{\text{k}}\mu_{\text{o}} + 0.0010731V_{\text{k}}c_{\text{pinj}} \\
& - 21.751V_{\text{k}}V_{\text{c}} - 51.923V_{\text{k}}q_{\text{inj}} - 32.238V_{\text{k}}f_{\text{wi}} + 3.8980V_{\text{k}}R_{\text{kmax}} + 9.6428V_{\text{k}}\hat{c}_{\text{pmax}} \\
& - 3.4876\times10^{-4}T\mu_{\text{o}} + 2.2808\times10^{-5}Tc_{\text{pinj}} - 0.16324TV_{\text{c}} - 0.024423Tq_{\text{inj}} \\
& + 0.14204Tf_{\text{wi}} + 0.056407TR_{\text{kmax}} + 0.31110T\hat{c}_{\text{pmax}} - 3.3332\times10^{-5}\mu_{\text{o}}c_{\text{pinj}} - 0.15467\mu_{\text{o}}V_{\text{c}} \\
& - 0.11622\mu_{\text{o}}q_{\text{inj}} + 0.44214\mu_{\text{o}}f_{\text{wi}} + 0.011294\mu_{\text{o}}R_{\text{kmax}} + 0.017483\mu_{\text{o}}\hat{c}_{\text{pmax}} \\
& - 0.012735c_{\text{pinj}}V_{\text{c}} + 0.0076608c_{\text{pinj}}q_{\text{inj}} - 0.011210c_{\text{pinj}}f_{\text{wi}} - 8.4437\times10^{-4}c_{\text{pinj}}R_{\text{kmax}} \\
& + 0.0018216c_{\text{pinj}}\hat{c}_{\text{pmax}} + 32.674V_{\text{c}}q_{\text{inj}} + 51.936V_{\text{c}}f_{\text{wi}} - 1.2795V_{\text{c}}R_{\text{kmax}} - 30.162V_{\text{c}}\hat{c}_{\text{pmax}} \\
& + 382.04q_{\text{inj}}f_{\text{wi}} - 4.2101q_{\text{inj}}R_{\text{kmax}} + 19.041q_{\text{inj}}\hat{c}_{\text{pmax}} - 1.5382f_{\text{wi}}R_{\text{kmax}} + 87.096f_{\text{wi}}\hat{c}_{\text{pmax}} \\
& + 1.1807R_{\text{kmax}}\hat{c}_{\text{pmax}} - 178.17
\end{aligned}
$$

$$(6\text{-}11)$$

式中，D'_{fw} 为含水率速降速度基准值，PV^{-1}；T 为地层温度，℃；R_{kmax} 为聚合物最大渗透率下降系数，无因次。

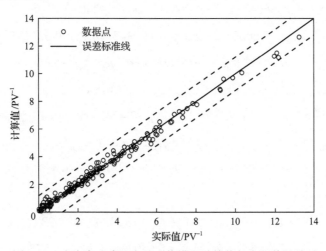

图 6-36　含水率速降速度基准值模型计算值与实际值的关系

3. 化学剂窜流系数预测模型

以化学剂窜流预警指标和窜流系数的主要影响因素及高渗层参数(高渗层渗透率倍数、高渗层厚度比)的合集作为参数，采用拉丁超立方实验设计方法生成无高渗层及不同高渗层参数条件方案的样本集，模拟计算得到各样本的预警指标和窜流系数。根据定义计算预警指标偏差系数和窜流系数偏差系数，然后根据式(6-7)回归得到窜流系数偏差系数与预警指标偏差系数的函数关系，函数关系确定方法如图 6-37 所示，进而利用式(6-9)

回归得到窜流系数的预测模型，如式 (6-12) 所示。

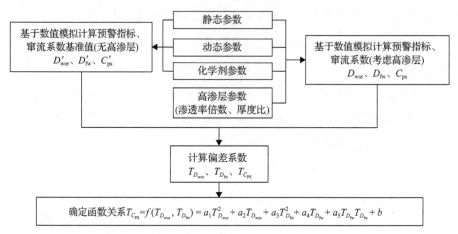

图 6-37　窜流系数偏差系数与预警指标偏差系数函数关系的确定方法

$$
\begin{aligned}
C_{\mathrm{ps}} = \Big(&-0.0072339 T_{D_{\mathrm{wor}}}^2 + 0.22331 T_{D_{\mathrm{wor}}} - 0.0029516 T_{D_{\mathrm{fw}}}^2 + 0.051951 T_{D_{\mathrm{fw}}} \\
&+0.034603 T_{D_{\mathrm{wor}}} T_{D_{\mathrm{fw}}} + 0.21803\Big) \cdot \Big(1.7837 V_{\mathrm{k}} + 1.2548 V_{\mathrm{k}}^2 - 0.0025408 V_{\mathrm{k}} \mu_{\mathrm{o}} \\
&-4.8841 \times 10^{-6} V_{\mathrm{k}} c_{\mathrm{pinj}} + 1.1225 V_{\mathrm{k}} c_{\mathrm{sinj}} + 0.4221 V_{\mathrm{k}} V_{\mathrm{c}} + 2.7761 V_{\mathrm{k}} q_{\mathrm{inj}} - 3.262 V_{\mathrm{k}} f_{\mathrm{wi}} \\
&-0.19001 V_{\mathrm{k}} \phi_{\mathrm{D}} - 0.83865 V_{\mathrm{k}} \hat{c}_{\mathrm{pmax}} + 0.0084959 \mu_{\mathrm{o}} - 3.9440 \times 10^{-6} \mu_{\mathrm{o}}^2 \\
&-8.2543 \times 10^{-7} \mu_{\mathrm{o}} c_{\mathrm{pinj}} + 0.0023635 \mu_{\mathrm{o}} c_{\mathrm{sinj}} - 0.0034771 \mu_{\mathrm{o}} V_{\mathrm{c}} + 0.021137 \mu_{\mathrm{o}} q_{\mathrm{inj}} \\
&-0.010432 \mu_{\mathrm{o}} f_{\mathrm{wi}} + 0.0053848 \mu_{\mathrm{o}} \phi_{\mathrm{D}} - 6.9915 \times 10^{-4} \mu_{\mathrm{o}} \hat{c}_{\mathrm{pmax}} - 5.6003 \times 10^{-6} c_{\mathrm{pinj}} \\
&-2.5278 \times 10^{-14} c_{\mathrm{pinj}}^2 - 6.0640 \times 10^{-6} c_{\mathrm{pinj}} c_{\mathrm{sinj}} - 2.2614 \times 10^{-6} c_{\mathrm{pinj}} V_{\mathrm{c}} + 5.5101 \times 10^{-7} c_{\mathrm{pinj}} q_{\mathrm{inj}} \\
&-4.1638 \times 10^{-6} c_{\mathrm{pinj}} f_{\mathrm{wi}} - 2.4227 \times 10^{-6} c_{\mathrm{pinj}} \phi_{\mathrm{D}} - 2.4941 \times 10^{-6} c_{\mathrm{pinj}} \hat{c}_{\mathrm{pmax}} + 1.7676 c_{\mathrm{sinj}} \\
&+0.63507 c_{\mathrm{sinj}}^2 + 0.83854 c_{\mathrm{sinj}} V_{\mathrm{c}} + 2.4635 c_{\mathrm{sinj}} q_{\mathrm{inj}} - 4.8255 c_{\mathrm{sinj}} f_{\mathrm{wi}} + 1.0644 c_{\mathrm{sinj}} \phi_{\mathrm{D}} \\
&+0.19246 c_{\mathrm{sinj}} \hat{c}_{\mathrm{pmax}} - 2.9497 V_{\mathrm{c}} + 1.8677 V_{\mathrm{c}}^2 + 7.8239 V_{\mathrm{c}} q_{\mathrm{inj}} + 0.45761 V_{\mathrm{c}} f_{\mathrm{wi}} \\
&+0.45786 V_{\mathrm{c}} \phi_{\mathrm{D}} + 0.1525 V_{\mathrm{c}} \hat{c}_{\mathrm{pmax}} - 6.3521 q_{\mathrm{inj}} - 2.4824 q_{\mathrm{inj}}^2 + 0.62655 q_{\mathrm{inj}} f_{\mathrm{wi}} \\
&+3.034 q_{\mathrm{inj}} \phi_{\mathrm{D}} - 0.29139 q_{\mathrm{inj}} \hat{c}_{\mathrm{pmax}} + 23.053 f_{\mathrm{wi}} - 13.314 f_{\mathrm{wi}}^2 + 4.289 f_{\mathrm{wi}} \phi_{\mathrm{D}} \\
&+6.1998 f_{\mathrm{wi}} \hat{c}_{\mathrm{pmax}} - 5.9266 \phi_{\mathrm{D}} + 0.231 \phi_{\mathrm{D}}^2 + 0.65023 \phi_{\mathrm{D}} \hat{c}_{\mathrm{pmax}} - 5.2872 \hat{c}_{\mathrm{pmax}} \\
&-1.2302 \hat{c}_{\mathrm{pmax}}^2 - 7.6099\Big) + 0.048876
\end{aligned}
$$

$$(6\text{-}12)$$

图 6-38 给出了化学剂窜流系数预测模型计算值与实际值的关系，预测的绝对误差控制在 0.08 以内 (误差标准线范围内)，满足工程需求。

三、应用实例

在获取矿场数据的基础上，化学剂窜流预警的基本步骤如下。

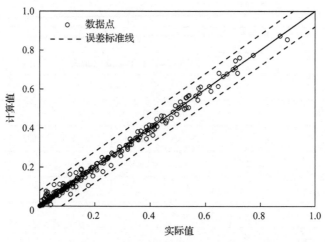

图 6-38 化学剂窜流系数预测模型计算值与实际值的关系

(1)统计含水率变化曲线数据，得到矿场实测的化学剂窜流预警指标 D_{wor}、D_{fw}。

(2)结合油藏动静态参数和化学剂参数，利用式(6-10)和式(6-11)分别计算化学剂窜流预警指标基准值 D'_{wor}、D'_{fw}。

(3)利用式(6-4)和式(6-5)分别计算水油比下降速度偏差系数 $T_{D_{wor}}$ 和含水率速降速度偏差系数 $T_{D_{fw}}$。

(4)结合油藏动静态参数和化学剂参数，利用式(6-12)计算化学剂窜流系数预测值。

(5)根据如表 6-3 所示分类标准确定各生产井窜流程度。

基于孤东七区西 Ng_5^4 — Ng_6^1 二元复合驱先导试验区的油藏地质参数和单井动态，应用所建立的二元复合驱化学剂窜流预警模型对该区块单井窜流动态进行预警，分析和验证模型效果。二元复合驱先导试验区边缘生产井扩边前受外围注入井干扰，不满足窜流预警模型的适用条件，因此选取中心 7 口生产井作为分析对象，其预警模型相关参数如表 6-6 所示。

表 6-6 二元复合驱先导试验区中心生产井参数表

参数	井号						
	29-154	32-3186	32-175	32-166	32-155	33-12	32-3135
控制区域孔隙体积/10^4m^3	18.22	44.43	36.41	28.16	25.78	25.91	17.05
渗透率变异系数	0.542	0.614	0.596	0.587	0.493	0.585	0.570
地层温度/℃	68	68	68	68	68	68	68
原油黏度/(mPa·s)	45	45	45	45	45	45	45
聚合物浓度/(mg/L)	1806	1782	1844	1791	1812	1823	1786
表面活性剂浓度/%	0.562	0.473	0.631	0.580	0.647	0.616	0.548
主体段塞尺寸/PV	0.476	0.483	0.504	0.428	0.537	0.486	0.497

续表

参数	井号						
	29-154	32-3186	32-175	32-166	32-155	33-12	32-3135
段塞尺寸比	0.162	0.143	0.131	0.176	0.152	0.157	0.159
注入速度/(PV/a)	0.1025	0.1159	0.1248	0.0859	0.0932	0.0904	0.0726
注采比	1.127	1.065	1.091	1.074	1.032	1.102	1.079
注入时机	0.987	0.980	0.976	0.980	0.974	0.982	0.993
聚合物可及孔隙体积分数	0.7	0.7	0.7	0.7	0.7	0.7	0.7
聚合物最大渗透率下降系数	2	2	2	2	2	2	2
聚合物最大吸附量/(mg/g)	0.3	0.3	0.3	0.3	0.3	0.3	0.3
表面活性剂最大吸附量/(mg/g)	1	1	1	1	1	1	1

表 6-7 列举了依据化学剂窜流系数定义计算的二元复合驱先导试验区中心生产井窜流系数实际值及相应窜流程度的分类情况。结果显示，先导试验区中心生产井窜流程度均在中等窜流以下。32-3135 井和 32-3186 井窜流系数小于 0.05，未发生化学剂窜流；其余各井的窜流系数在 0.05～0.1，属于弱窜流情况。

表 6-7　二元复合驱先导试验区中心生产井窜流系数实际值的计算

参数		井号						
		29-154	32-3186	32-175	32-166	32-155	33-12	32-3135
控制区域聚合物注采动态	注入聚合物浓度/(mg/L)	1806	1782	1844	1791	1812	1823	1786
	累积注入聚合物量/t	182.0	137.1	382.7	253.9	289.0	265.6	175.4
	产出聚合物平均浓度/(mg/L)	471.2	217.0	528.7	553.2	461.7	437.6	376.5
	累积产出聚合物量/t	39.3	14.3	86.7	62.3	67.4	54.2	32.3
控制区域表面活性剂注采动态	注入表面活性剂浓度/%	0.56	0.47	0.63	0.58	0.65	0.62	0.55
	累积注入表面活性剂量/t	566.2	1160.2	1309.6	822.2	1032.0	897.6	538.2
	产出表面活性剂平均浓度/%	0.176	0.053	0.138	0.175	0.187	0.143	0.125
	累积产出表面活性剂量/t	177.3	130.0	286.4	248.2	298.3	208.4	122.8
窜流系数		0.0772	0.0126	0.0564	0.0835	0.0715	0.0514	0.0454
窜流程度		弱窜流	无窜流	弱窜流	弱窜流	弱窜流	弱窜流	无窜流

化学剂窜流系数预测模型包括预警指标基准值和窜流系数预测值两部分输出结果，表 6-8 给出了其预测结果及预测误差。可以看出，化学剂窜流系数的预测误差均在 10%以内，说明所建立的化学剂窜流系数预测模型具有良好的预测准确度。

表 6-8　中心生产井窜流系数预测结果

参数		井号						
		29-154	32-3186	32-175	32-166	32-155	33-12	32-3135
预警指标基准值	水油比下降速度	66.95	72.47	51.13	48.00	47.90	62.59	58.17
	含水率速降速度/PV^{-1}	5.100	6.436	3.915	3.515	4.063	5.505	3.232
预警指标实际值	水油比下降速度	70.4	76.8	46.1	49.7	51.4	67.8	64.4
	含水率速降速度/PV^{-1}	5.26	6.52	3.87	3.92	4.19	5.83	3.41
窜流系数预测效果	窜流系数预测值	0.0764	0.0135	0.0527	0.0782	0.0680	0.0490	0.0419
	窜流系数实际值	0.0772	0.0126	0.0564	0.0835	0.0715	0.0514	0.0454
	预测误差/%	1.04	7.14	6.56	6.35	4.90	4.67	7.71

第七章 化学驱油藏注采优化方法

化学驱若仍采用笼统均匀注剂方式容易造成化学剂利用率低，难以取得较好的降水增油效果。因此，立足现有油藏地质、开发条件，通过油藏工程设计方法或数学优化方法调整生产井、注入井的产出和注入方案，可以有效提高化学驱开发效果和经济效益。

油藏工程设计方法基于主控静动态参数进行配产配注设计，其关键是主控因素的确定。敏感性分析可以快速评价某一因素变化对开发效果的影响，但无法考虑多因素的交互作用。试验设计分析可以通过较少的试验次数研究多因素的交互影响，但能够考虑的因素个数和因素水平往往有限。相关性分析是一种反问题求解思路，即首先通过矿场经验或其他优化手段获取最优开发方案，再与各影响因素进行相关性比对，从而筛选出主控因素，便于开展因素的增减分析。油藏工程设计方法简单有效，但难以获取全局最优开发方案(李振泉等, 2001)。

数学优化方法基于最优控制理论，借助最优化算法求解化学驱注采优化问题。目前，油藏注采优化中所应用到的优化方法可以分为三类：梯度算法、无梯度算法和智能算法。由于化学驱注采优化问题是一类大规模非线性优化问题，难以结合商业油藏数值模拟器高效求解目标函数对优化变量的真实梯度，多采用无梯度算法和智能算法。基于数学优化方法能够在较少人为参与的情况下取得方案设计结果，但由于忽视了矿场开发经验的指导作用，优化结果的合理性和计算效率均有待提高。

本章首先介绍了油藏开发中涉及的主要优化问题及三类求解方法的优缺点和适用范围。其次，以聚合物驱为例，建立了累积增量净现值目标函数，确定了注采参数的边界约束条件，基于最优控制理论建立了注采优化数学模型并采用无梯度算法进行高效求解。基于相关性分析方法，明确了注入速度、注入浓度和采液速度的主控影响因素，在此基础上进行油藏工程初设计，并采用三种方式引入粒子群优化(PSO)算法，提出了基于油藏工程初设计的改进求解方法，矿场尺度实例应用验证了方法的有效性。

第一节 油藏注采优化方法概述

油藏注采优化和自动历史拟合是油藏开发中主要涉及的两类优化问题，本节系统介绍其发展历史及研究现状；归纳总结求解这两类优化问题所普遍采用的梯度类算法、无梯度类算法及智能算法；对比分析各类优化算法的主要优缺点及其适用范围。

一、油藏开发中的优化问题

油藏注采优化是一类自动或半自动优化控制问题，自动历史拟合是一类不适定反演问题，油藏闭合生产管理是注采优化和自动历史拟合的迭代应用，均属于复杂的、大规模数学优化问题，可以利用最优化理论进行求解。

1. 油藏注采优化

油藏注采优化是通过调整油藏区块内生产井、注入井的产出和注入方案以实现生产开发效果的最佳化，其主要流程如图 7-1 所示。为了评价不同开发方案的优劣，必须针对油藏生产实际情况提出合理的最优控制目标函数。在油藏注采优化研究的发展过程中，相关学者提出了各种各样的目标函数。例如，Rosenwald 和 Green（1974）以实际产量曲线与理论产量递减曲线偏差最小为目标建立了注采优化模型。Babayev（1975）以单位产出成本最低为注采优化目标。油藏注采优化问题通常包含多个局部最优值，为问题的求解带来诸多困难，但在特定条件下，这种现象可以转变为一种可利用的优势，因为多个局部最优值意味着油藏注采优化问题具有额外的自由度，可以用来开展多目标注采优化计算。例如，van Essen 等（2011）、Chen 等（2012）将短期目标与长期目标相结合，建立了一种多目标、分层次的油藏注采优化框架。

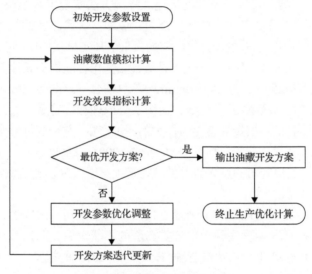

图 7-1　油藏注采优化流程图

由于不同的目标函数可能优化得到不同的最优开发方案，研究人员必须结合油田开发实际情况提出合理的目标函数。随着国内外主要油田进入高含水产油递减期，生产成本日益增高，经济效益越来越差，大多数学者倾向于采用经济净现值作为油藏注采优化研究的目标函数。对于水驱油藏注采优化问题，经济净现值表达式如下：

$$\text{NPV}(u) = \sum_{n=1}^{L} \left[\sum_{j=1}^{N_P} \left(P_o Q_{o,j}^n - P_w Q_{w,j}^n \right) - \sum_{i=1}^{N_I} P_{wi} Q_{wi,i}^n \right] \frac{1}{\left(1 + i_c\right)^{t^n}} \tag{7-1}$$

式中，NPV 为经济净现值，元；u 为控制变量，如注采速度、井底流压等；L 为控制时间步数；N_P 为生产井数；N_I 为注入井数；P_o 为原油销售价格，元/t；P_w 为产水处理价格，元/t；P_{wi} 为注水成本价格，元/t；$Q_{o,j}^n$ 为第 j 口生产井第 n 时间步的产油量，t；$Q_{w,j}^n$ 为第 j 口生产井第 n 时间步的产水量，t；$Q_{wi,i}^n$ 为第 i 口注入井第 n 时间步的注水量，t；i_c

为收益率, %; t^n 为截止到第 n 时间步的累积开发时间, 年。

Asheim (1988) 以经济净现值最大为目标, 根据渗透率与油藏厚度的乘积对水驱油藏多注一采生产系统进行配产配注优化研究, 推动了基于最优化理论的水驱油藏注采优化研究发展。Sudaryanto 和 Yortsos (2000) 通过对水驱油藏注水速度进行优化控制, 以改善水驱前缘推进形态, 从而大幅提高注水波及系数, 同时指出水驱注采优化问题是一类砰砰 (bang-bang) 控制问题, 即控制变量的最优值在可行域边界处取得。Zandvliet 等 (2007) 进一步研究指出, 当仅有边界约束条件时, 水驱注采优化问题属于 bang-bang 控制问题; 而当具有等式或不等式约束条件时, 通常会得到更一般的平滑最优解。为了高效求解边界约束优化问题, Gao 和 Reynolds (2006) 引入对数变换首先将约束优化问题转化为无约束优化问题, 其次利用无梯度优化算法进行求解。Hourfar 等 (2018) 提出了考虑地质不确定性的水驱注采优化方法。Jia 等 (2020) 建立了适用于矿场尺度水驱油藏的数据驱动优化方法。Chen 等 (2020) 结合代理模型辅助进化和降维方法实现了水驱快速生产优化。

化学驱等提高原油采收率技术具有投资大、成本高、风险大的特点, 这在一定程度上促进了提高原油采收率方法注采优化研究的发展。其实早在 1972 年, Gottfried 就已经建立了蒸汽吞吐非线性规划模型, 通过外罚函数法优化吞吐周期长度及周期注汽量来获取最大经济净现值 (Gottfried, 1972)。Ramirez 等 (1984)、Fathi 和 Ramirez (1984) 建立了提高原油采收率技术注采策略优化模型, 运用变分原理和庞特里亚金最大值原理求取最优操作参数, 以尽可能小的投资获得尽可能大的原油产量, 并分别针对水驱、二氧化碳驱、表面活性剂驱进行了注采优化控制研究。Mckie 等 (2001) 开展的气驱注采优化是目前较为成功的相关研究之一, 研究对 500 多口井的气举速度、压缩机设置和燃料消耗等进行了优化求解以获得最大产量。

综上所述, 油藏注采优化经历了开发方式由二次采油到三次采油, 控制变量由单一到多元, 求解方法由梯度类算法到无梯度类算法的不断发展, 而油藏注采优化本身也经历了由开放式单次优化到闭合式生产管理 (Hou et al., 2015) 的提升。

2. 自动历史拟合

利用油藏生产动态、压力测试数据等来反求和修正油藏数值模型中的孔隙度、渗透率等油藏参数的过程称为历史拟合。历史拟合是一类不适定反演问题, 即利用较少的已知历史数据去拟合大量的未知油藏参数。传统的历史拟合方法是手工试算法, 这种方法随意、盲目、计算量大, 而且拟合得到的油藏模型往往与地质特征并不完全一致。为了克服这些问题, 国内外学者长期以来一直致力于自动历史拟合技术的研究。如图 7-2 所示, 自动历史拟合技术通过优化算法自动调整油藏参数以拟合油藏生产开发指标, 使油藏数值模型能够符合各个开发时期的实际油藏生产状态。实际上, 自动历史拟合是一类求解目标函数最小值的数学优化问题, 目前所普遍采用的一类目标函数可表示为

$$O(\boldsymbol{m}) = \frac{1}{2}\left(g(\boldsymbol{m}) - \boldsymbol{d}_{\mathrm{obs}}\right)^{\mathrm{T}} \boldsymbol{C}_{\mathrm{D}}^{-1}\left(g(\boldsymbol{m}) - \boldsymbol{d}_{\mathrm{obs}}\right) + \frac{1}{2}\left(\boldsymbol{m} - \boldsymbol{m}_{\mathrm{prior}}\right)^{\mathrm{T}} \boldsymbol{C}_{\mathrm{M}}^{-1}\left(\boldsymbol{m} - \boldsymbol{m}_{\mathrm{prior}}\right) \tag{7-2}$$

式中, $\boldsymbol{m}$ 为被估计的油藏地质参数; $\boldsymbol{d}_{\mathrm{obs}}$ 为实际观测到的油藏生产数据; $g(\boldsymbol{m})$ 为拟合得

到的油藏生产数据；m_{prior} 为先验地质模型数据；C_D 为实际观测数据误差的协方差矩阵；C_M 为先验概率密度分布函数的协方差矩阵。

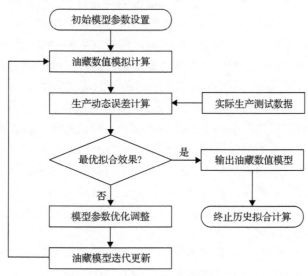

图 7-2 自动历史拟合流程图

自动历史拟合问题的目标函数往往具有多个局部最小值(Oliver and Chen, 2011)，这主要是因为未知油藏参数的个数远多于实际观测到的油藏生产数据。由于油藏未知参数众多、自动历史拟合计算量巨大且多解性问题突出，需要在低维空间进行自动历史拟合求解，并尽量减少目标函数中的显式正则化分项。为了实现这一目标，相关学者提出了多种参数化方法，包括分带法、先导试验点法、谱分解法、子空间法、多尺度方法、离散余弦变换法和截断奇异值分解法等。Jacquard(1965)在自动历史拟合研究中采用分带法减少了待估计的未知油藏参数个数。Marsily 等(1984)提出了先导试验点法的概念，即首先反演计算有限个油藏位置处的未知地质参数，其次利用克里金插值法获取其他位置处的油藏参数。Oliver(1996)采用基于先验协方差矩阵谱分解的参数化方法对二维渗透率场进行了反演求解。Abacioglu 等(2001)对自动历史拟合的目标函数进行了分解，然后采用子空间法进行参数降维求解。Grimstad 等(2004)由原始分带法改进得到自适应多尺度方法。Jafarpour 和 McLaughlin(2008)引入离散余弦变换法开展了自动历史拟合求解研究。Tavakoli 和 Reynolds(2010)给出了基于敏感性矩阵截断奇异值分解的参数化方法的理论基础。

尽管参数化方法能够降低自动历史拟合问题的求解维度、减少计算量，但应特别注意其应用条件，否则将带来具有误导性的求解结果。Oliver 等(2008)举例说明采用参数化方法降维后有可能引起自动历史拟合不确定性的错误估计，并采用两种完全不同的方法拟合同一组测井数据，一种方法是保证渗透率为一恒定值，调整空间变化的孔隙度；另一种方法是保证孔隙度为一恒定值，调整空间变化的渗透率。研究结果表明，两种方法均能很好地拟合测井数据，但显然对油藏参数不确定性的假设截然不同。

非高斯分布油藏参数的历史拟合问题正得到越来越多的关注，相关学者已经提出了多种处理方法，包括高斯混合模型法、截断预处理高斯法、水平集法和其他主成分分析法。Dovera 和 Rossa(2011)推导了高斯混合模型的条件平均值、协方差及权重表达式，在此基础上可以采用集合卡尔曼滤波法进行求解。Liu 和 Oliver(2005)将集合卡尔曼滤波法与截断预处理高斯法相结合，Chang 等(2010)则将集合卡尔曼滤波法与水平集法相结合，他们分别对油藏相间界面进行了历史拟合。Hu 等(2013)提出了一种新方法用来拟合多点地质统计方法产生的复杂相模型，能够同时保留它们的地质和统计特征。其他核主成分分析法也可以用来处理非高斯分布的油藏模型，但计算量可能更大。

在自动历史拟合研究中，相关学者引入了多种不同优化方法(Lee and Seinfeld, 1987；Gomez et al., 2001)。此外，Agarwal 和 Blunt(2003)从油藏数值模拟器的角度出发开展研究，通过引入流线数值模拟器提高了自动历史拟合的计算效率。流线数值模拟器能够将油藏模型自动分解为一系列沿流线的一维模型，使数值弥散和网格划分的影响达到最小，并具有处理大规模优化问题的优势。Caers(2003)、Arroyo-Negrete 等(2008)分别将流线数值模拟器与变尺度法和集合卡尔曼滤波法相结合，开展自动历史拟合研究并取得了成功。然而，上述基于流线的自动历史拟合方法无法同时模拟复杂的物理现象，因此并不适用于所有的历史拟合问题。

由于自动历史拟合问题的解通常不唯一，即不同的油藏参数估计能够得到相同的历史拟合结果，而这些反演得到的油藏模型参数中有很大一部分并不符合油藏地质实际情况，为了表征这类不确定性的影响，相关学者引入了贝叶斯估计理论，基于该理论可以构建后验概率密度函数。Oliver 等(2008)在专著中详细介绍了贝叶斯估计理论。一般来讲，贝叶斯估计理论依赖于先验高斯模型。为了克服这一限制，Sarma 等(2008)尝试通过核主成分分析法将不具有先验高斯模型的自动历史拟合问题变换到特征空间，然后再进行相关求解。针对贝叶斯估计理论，He 等(1997)、Liu 和 Oliver(2003)、Emerick 和 Reynolds(2012)也开展了大量研究工作。

尽管与自动历史拟合研究相关的文章较多，但大都针对有限几类油藏参数的拟合，如渗透率和孔隙度等。然而，实际油藏建模中还涉及大量其他的离散或连续参数，包括流体界面、岩石压缩性及相对渗透率曲线等，因此自动历史拟合作为一项十分有意义的研究方向，必将获得越来越多的关注。

3. 油藏闭合生产管理

随着油藏开发的进行，实际生产和压力测试数据不断增加，油藏数值模型需要及时拟合更新，以更好地描述未知油藏地质特征。同时，油藏开发方案应基于更新后的油藏数值模型重新进行优化求解，以确保对当前油藏地质条件的适应性，从而最大限度地提高油藏经济技术开发效果。油藏数值模型的拟合更新与生产开发方案的优化求解在整个油藏开发年限内不断重复进行，这一循环往复的迭代过程便构成了油藏闭合生产管理的概念，如图 7-3 所示。

Sarma 等(2005)提出了一种实时注采优化的油藏闭合生产管理方法，采用伴随法计算目标函数的梯度信息，结合卡胡南-拉维(Karhunen-Loeve)变换和贝叶斯反演理论拟合更新油藏数值模型，并采用二次规划方法优化油藏开发方案，研究结果表明优化后的经济净现值提高了 25%。为解决类似问题，Saputelli 等(2005)提出了一种模型预测控制

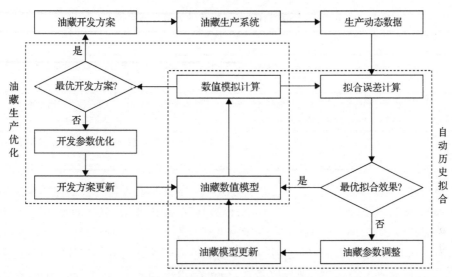

图 7-3　油藏闭合生产管理流程图

（MPC）方法，该方法集成了一系列计算机控制方法，实现了油藏开发效果的在线预测以及基于目标函数在线优化的控制变量约束求解；该方法将油藏生产开发过程分解为不同层次、不同时间的决策制定问题，因此可以处理十分复杂的油藏开发整体优化问题。Nævdal 等（2006）利用集合卡尔曼滤波法进行自动历史拟合更新油藏数值模型，并以经济净现值最大化为目标借助伴随梯度法开展水驱注采优化研究，实现了油藏开发过程的闭合生产管理。随着集合优化方法的发展，Chen 等（2009）在油藏闭合生产管理中虽然仍采用卡尔曼滤波法更新油藏数值模型，但注采优化部分则引入了集合优化方法，并指出与其他优化算法相比集合优化方法具有两个显著优点：一是搜索方向由集合近似计算得到；二是注采优化目标函数为集合中各个油藏模型计算得到的经济净现值的平均值。Moridis 等（2013）建立了一套油藏闭合生产管理自适应专家系统，通过改善油藏驱替效率、降低地质不确定性来提高原油采收率。

二、开发优化问题的求解方法

根据搜索方向、步长选择方式的不同，可以将优化算法分为梯度类算法、无梯度类算法和智能算法。实质上，智能算法也属于无梯度类算法，这里将其单独列为一类，主要是因为智能算法是通过模仿生物界从事推理、设计、思考、学习等思维活动，来解决和处理比较复杂的问题，这与其他无梯度类算法具有明显不同。

1. 梯度类算法

梯度类算法通过计算目标函数对控制变量的梯度或黑塞（Hessian）矩阵来确定搜索方向和步长，因此如何快速、准确地求取目标函数的梯度或 Hessian 矩阵是采用梯度类算法解决油藏开发优化控制问题的关键。在自动历史拟合及油藏注采优化研究的发展过程中，相关学者广泛采用了多种不同方法来求取梯度或 Hessian 矩阵，主要包括有限差分法、敏感方程法和伴随法三种。表 7-1 总结了上述三种方法的计算原理及主要优、缺点。

表 7-1　梯度或 Hessian 矩阵的计算方法比较

方法分类	计算原理	应用特点
有限差分法	利用对控制变量的微小扰动及目标响应求取梯度或 Hessian 矩阵	方法应用简单；计算量正比于控制变量个数，不适合大规模优化问题
敏感方程法	求取渗流方程或传导方程对各控制变量的偏微分表达式	实际油藏开发优化问题为强非线性问题，难以求得解析表达式
伴随法	变分原理和最优控制理论	计算简便，应用广泛；梯度计算需嵌入油藏数值模拟软件，移植性差

伴随法计算效率高、应用最广泛。该方法在求解油藏开发优化控制问题中的应用可追溯至 Jacquard(1965) 的研究。随后，Carter 等 (1974) 通过弗雷歇 (Frechet) 梯度给出了一种更为精确的表达式，He 等 (1997) 进一步将上述工作近似推广到三维情况。Li 等 (2003) 首次提出了求解油藏三相渗流问题的伴随梯度法精确表达式，并指出伴随方程的系数矩阵为全隐式油藏数值模拟器牛顿-拉弗森 (Newton-Raphson) 雅可比 (Jacobian) 矩阵的转置，因此通过保存和提取 Jacobian 矩阵，可以避免逐个伴随方程梯度的繁琐计算。Rodrigues(2006) 将敏感性矩阵或者其转置乘上一个特征向量，通过一种更为简洁清晰的方式推导了伴随梯度方程。目前，伴随法已经成为计算目标函数梯度信息的一类最为有效的方法。

油藏开发中的优化问题研究所采用的梯度类算法主要包括两大类：一类只需要计算目标函数的梯度信息，称为一阶梯度法，如最速下降法和共轭梯度法等已被广泛采用 (Wang et al., 2009b)；另外一类除计算梯度信息外还需要计算目标函数的 Hessian 矩阵，称为二阶梯度法，主要包括高斯-牛顿法、利文贝格-马夸特 (Levenberg-Marquardt) 方法及有限内存 BFGS (limited-memory Broyden-Fletcher-Goldfarb-Shanno, LBFGS) 变尺度法等。

Tan 和 Kalogerakis(1991) 指出使用标准高斯-牛顿法或利文贝格-马夸特法时，需要计算出所有的敏感系数以构建 Hessian 矩阵，但未知油藏参数的个数远远多于已知历史数据的个数，难以构建 Hessian 矩阵，因此上述两种方法的应用十分受限。为了克服这一问题，相关学者引入了拟牛顿 (quasi-Newton) 法，该方法仅需要借助伴随方法计算目标函数对控制变量的梯度信息。Gao 和 Reynolds(2006) 在使用 LBFGS 变尺度法时，为了提高计算效率和鲁棒性，提出了一种新的线性搜索策略，重新规则化了模型参数，并针对生产数据引入了阻尼因子，同时强调了使用所提出的线性搜索策略时必须保证每次迭代均满足沃尔夫条件，否则收敛速度将会大大降低。

由于梯度类算法计算效率高、收敛速度快，在早期油藏开发优化问题的理论研究中应用最为广泛。但由于该类算法容易陷入局部最优值，而且目前普遍采用的基于伴随法的梯度或 Hessian 矩阵计算必须嵌入油藏数值模拟器源代码中，而商业数值模拟软件难以满足这一要求，梯度类算法在实际油藏开发中的推广应用受到较大限制。

2. 无梯度类算法

在油藏开发优化问题研究中，为了充分利用现有商业油藏数值模拟器的技术优势，相关研究人员多年来一直致力于无梯度类优化算法的应用研究，主要包括同时扰动随机

逼近算法(SPSA)、集合卡尔曼滤波法、模式搜索算法(PSM)、新的无约束优化算法
(NEWUOA)和由近似梯度引导的二次多项式插值算法(QIM-AG)等。

　　1998 年 Spall 在基弗-沃尔福威茨(Kiefer-Wolforwitz)随机逼近算法的基础上改进得
到 SPSA 算法(Spall, 1998),该方法在每个迭代步均通过同时随机扰动所有控制变量来获
取搜索方向,由于 SPSA 算法随机梯度的期望值为真实梯度,SPSA 算法是一种近似最速
下降法。Spall 进一步提出了二阶 SPSA 算法,即在每个迭代步均近似求取 Hessian 矩阵
信息,从而类比牛顿-拉弗森方法。Bangerth 等(2006)改进提出了整数型 SPSA 算法,并
将其应用到井位优化研究中,这是 SPSA 算法较早应用到油藏开发优化控制问题中。Gao
等(2007)将改进的 SPSA 算法应用到自动历史拟合步骤中,其利用先验地质模型协方差
矩阵的逆计算近似 Hessian 矩阵信息,研究结果表明其计算效率与最速下降法类似。显
然,当梯度信息可以计算得到时,应优先采用 LBFGS 等梯度类算法,否则可以采用
SPSA 等无梯度类算法。基于 SPSA 算法,Li 和 Reynolds(2011)提出了一种求解自动历
史拟合问题的随机高斯搜索算法,并将其成功应用在著名的 PUNG-S3 油藏测试实例中。
Zhou 等(2013)将有限差分梯度引入 SPSA 算法进行扰动步长的修正,提出了一种改进
的 SPSA 算法,并进行了聚合物驱油藏单井配产配注优化研究。由于 SPSA 算法同时扰
动所有控制变量,大大节省了数值模拟次数,而且独立于具体的油藏数值模拟器,使
其具有广阔的应用前景。

　　1994 年 Evensen 在海洋动力学中提出了 EnKF 算法,作为一种基于蒙特卡罗(Monte
Carlo)方法生成集合的平均梯度算法,该方法通过集合元素之间的相互关系求取梯度信
息(Evensen, 1994)。Nævdal 等(2002)将 EnKF 算法引入油藏开发优化控制领域,对近井
地带的油藏渗透率场进行了反演估计。Gu 和 Oliver(2005)基于标准油藏测试实例检验了
EnKF 算法拟合油藏参数的应用效果。Gao 等(2006)将 EnKF 算法与随机极大似然法
(RML)进行了比较,发现二者具有相似的计算结果。Reynolds 等(2006)进一步建立了上
述两种优化方法之间的数学联系,同时指出 EnKF 算法可以看作是通过 Gauss-Newton 迭
代来更新每个集合元素。Emerick 和 Reynolds(2013)将自动历史拟合技术整合到基于集
合优化方法的地质建模流程中,体现了集合优化技术在处理不确定反演问题中的显著优
势。尽管 EnKF 算法被引入油藏开发优化控制领域的时间不久,但其可考虑油藏模型的
不确定性,因此发展迅速,拥有巨大的应用潜力。

　　1961 年 Hooke 和 Jeeves 提出了模式搜索算法(Hooke and Jeeves, 1961),Custódio 和
Vicente(2007)在此基础上改进提出了由单一梯度引导的模式搜索算法(SID-PSM),其主要从
两个方面进行了改进:一是利用单一梯度对预先定义的搜索方向进行排序,并优先选用最接
近梯度方向的一个作为搜索方向;二是在得到足够多的目标函数值后,建立二次多项式插值
模型,并用信赖域方法进行求解。Artun 等(2016)结合模式搜索和油藏工程预测方法进行了
水驱开发效果预测研究。模式搜索算法仅需要目标函数值信息即可进行全局寻优,不依赖于
梯度或 Hessian 矩阵信息,但其全局收敛性对初始点非常敏感,实际应用时需要深入探讨。

　　为了处理无法获得梯度和 Hessian 矩阵信息的大规模复杂优化问题,Powell(2008)
提出了 NEWUOA 算法,该算法是一种基于二次插值多项式模型的求解多变量无约束优
化问题的信赖域方法。该方法初始迭代前至少需要 $N_u + 2$ (N_u 为控制变量个数)次数值模

拟计算才能构建二次插值模型，当控制变量个数较多时，计算效率低下。为此，Zhao 等 (2013)在此基础上提出了 QIM-AG 算法，该算法类似于拟牛顿法，最少需要 1 次数值模拟计算即可构建原函数的二次多项式近似表达式，从而用来优化获得搜索方向，收敛速度快，计算效率高。Zhao 等(2013)还以经济净现值为优化目标函数对比了上述大部分无梯度优化算法在油藏注采优化中的实际应用效果：由集合优化梯度引导的二次多项式插值算法(QIM-EnOpt)优化得到的经济净现值最高；由同时扰动随机逼近梯度引导的二次多项式插值算法(QIM-SPSA)与 QIM-EnOpt 和 EnOpt 算法的优化结果比较接近，但所需油藏数值模拟计算次数较少；SPSA 和 NEWUOA 算法的最终优化结果比较接近，但显然 NEWUOA 算法在初始阶段计算效率非常低；粒子群优化算法收敛速度较慢但稳定性好，实际应用中需要结合其他方法进一步提高收敛效率。

3. 智能算法

智能算法是一类被油藏开发工程师较早引入且广泛用来开展油藏注采优化及自动历史拟合研究的优化方法，目前使用较多的代表性方法包括模拟退火法、遗传算法、人工神经网络、粒子群优化算法、禁忌搜索算法等。

模拟退火法是最早应用到油藏开发优化控制问题中的智能算法之一。Carter 和 Romero(2002)将模拟退火法与地质统计学、先导试验点法和遗传算法结合使用。模拟退火法的收敛性主要取决于温度递减因子和扰动方式两个参数，温度参数下降过快有可能错过极值点，而下降过慢又会导致收敛速度大大降低。

遗传算法最初是由 Holland 基于种群进化理论提出的。Tokuda 等(2004)将遗传算法作为一种全局优化方法应用到自动历史拟合研究中。Bahrami 等(2016)基于遗传进化建立了聚合物/表面活性剂二元复合驱优化方法。与模拟退火法不同的是，遗传算法的初始值为一系列模型而非一个特定模型，增强了鲁棒性，但其全局收敛性在数学上尚无法得到保证，此外遗传算法容易出现过早收敛。但由于其鲁棒性较强，而且不依赖于特定的油藏数值模拟器，并且容易调整为并行算法，在油藏开发优化控制研究领域仍具有很大的吸引力。

人工神经网络是对生物大脑系统一阶特性的一种描述，是一个大规模的非线性自适应系统，具有较强的鲁棒性和容错能力，近年来引起油藏开发工程师的广泛关注。人工神经网络主要是基于少量数值模拟计算得到的输入输出结果建立两者之间的非线性关系，从而部分代替油藏数值模拟器用于注采优化研究，这样可以大大减少数值模拟次数和整体计算时间(Saputelli et al., 2002)。虽然人工神经网络应用广泛，但也存在着收敛速度慢、模型结构选取无章可循等缺点。

粒子群优化算法是 Eberhart 和 Kennedy(1995)受人工生命研究结果的启发，通过模拟鸟群觅食过程中的迁徙和群聚行为而提出的一种基于群体智能的全局随机搜索算法。该方法已被引入油藏开发优化控制领域，成功应用到井位优化、自动历史拟合以及水驱注采优化研究中。Hou 等(2016)结合均匀设计提高了粒子群算法初始种群的分散性。粒子群优化算法易理解、易实现、稳定性好、全局搜索能力强，便于与任意油藏数值模拟器结合使用，但收敛效率较低，应结合其他方法进一步改善。

智能算法实质上也是一种无梯度随机优化方法，不受初始点限制，能够以较大概率收敛到全局最优值。但与确定性优化方法相比，随机优化方法均具有收敛速度慢的缺点，需要多次运行油藏数值模拟器，难以直接应用到大规模油藏开发优化控制问题的求解中，需要在实际应用中不断改进，并与其他优化算法结合使用，如 Nasir 等（2020）尝试采用混合无梯度算法和机器学习代理模型进行井位和注采快速优化。此外，无梯度随机优化方法涉及模型参数的选择，这些参数基本上都是通过手工试算法得到，仍未建立起有效选取规则。

基于上述详细讨论，表 7-2 总结了梯度类算法、无梯度类算法以及智能算法各自的应用特点。

表 7-2　三类优化算法的应用特点比较

优化方法	主要算法	应用特点
梯度类算法	最速下降法、共轭梯度法、Gauss-Newton 法、LBFGS 变尺度法、Levenberg-Marquardt 法	梯度计算准确、收敛速度快；求解过程异常复杂，梯度计算需嵌入油藏数值模拟计算中，移植性差，难以与商业数值模拟软件结合使用，不适用于实际油藏开发优化控制问题的求解
无梯度类算法	SPSA、EnOpt、EnKF、SID-PSM、NEWUOA、QIM-AG	计算简便，仅涉及目标函数计算，易于和任何油藏数值模拟器结合使用；可以较大概率跳出局部最优值；但求解效率较梯度类算法低
智能算法	模拟退火法、遗传算法、人工神经网络、粒子群优化算法	应用简便，能够以较大概率收敛到全局最优值；不需要梯度计算；但收敛速度非常慢，需大量调用油藏数值模拟软件，计算量非常大

第二节　基于无梯度算法的化学驱注采智能优化

考虑聚合物驱分段塞注入特点建立增量累积净现值作为优化目标函数，根据矿场聚合物驱实施要求及油田注采设备工作能力限制确立约束条件，基于最优控制理论建立聚合物驱注采优化数学模型，采用同时扰动随机逼近算法进行高效求解，并通过聚合物驱实例应用验证了有效性。

一、注采优化数学模型的建立

聚合物驱注采优化数学模型的建立主要包括目标函数和约束条件的建立。

1. 目标函数的建立

矿场实际生产中，聚合物是分段塞注入的，因此聚合物驱注采优化即通过最优化方法和油藏数值模拟技术确定每个段塞的最优注入浓度和段塞尺寸，以实现油田开发效果的最佳化。选用增量累积净现值作为目标函数对聚合物驱经济、技术开发效果进行综合评判。一个油田开发项目的净现值是指在整个建设和生产年限内，各时间段的增量净现金流量按照设定的折现率折成现值后求和所得到的值，其表达式为

$$\text{NPV} = \sum_{i=1}^{t} \left(C_{\text{in}}^{i} - C_{\text{out}}^{i} \right) (1 + i_{\text{c}})^{-i} \tag{7-3}$$

式中，NPV 为经济净现值，元；C_{in}^i 为第 i 年的现金流入增量，元；C_{out}^i 为第 i 年的现金流出增量，元；$C_{in}^i - C_{out}^i$ 为第 i 年的现金净增量流量，元；t 为经济评价时间，年；i 为计算时间，年，$i=1, 2, 3, \cdots, t$；i_c 为收益率，%。

在聚合物驱经济评价过程中，考虑如下条件。

(1)现金流出量只考虑投资、生产成本和税收 3 项。

(2)投资费用只考虑由于转聚合物驱所增加的固定资产投资，且只发生在第一年初。

(3)聚合物驱增量生产成本包括化学剂费、材料费、动力费、燃料费、人员费、福利费、生产井作业、矿区使用费、油气处理费、增量管理费、增量财务费、油田研究费及其他开采费等。化学剂费所占比例较大，按照实际注入化学剂用量测算，其他费用根据实际发生费用按增油量分摊测算。

年现金流入增量为聚合物驱相对于水驱年增加原油产量的销售收入，其表达式为

$$C_{in}^i = \alpha_o Q_{oi} P_o \tag{7-4}$$

式中，α_o 为原油商品率，%；Q_{oi} 为第 i 年聚合物驱相对于水驱增加的原油产量，t；P_o 为原油销售价格，元/t。

年现金流出增量主要包括相对于水驱增加的投资、税费和生产成本，其表达式为

$$C_{out}^i = N_t I_s^i + C_r^i + C_o^i \tag{7-5}$$

式中，N_t 为区块的总井数，口；I_s^i 为第 i 年的单井投资费用增量，元/口；C_r^i 为第 i 年的税费增量，元；C_o^i 为第 i 年的生产费用增量，元。

油藏开发经济评价中，税费增量通常考虑综合税和资源税两个部分，具体表达式为

$$C_r^i = \alpha_o Q_{oi} P_o (R_s + R_t) \tag{7-6}$$

式中，R_s 为资源税税率，%；R_t 为综合税率，%。

相对于水驱开发，聚合物驱增加的生产费用增量主要包括矿场操作费用增量和聚合物成本费用，可以表示为

$$C_o^i = Q_{oi} C_m + Q_{pi} P_p \tag{7-7}$$

式中，C_m 为原油操作费用增量，元/t；Q_{pi} 为第 i 年的聚合物干粉注入量，t；P_p 为聚合物干粉的购买价格，元/t。

将式(7-4)~式(7-7)代入式(7-3)，得到聚合物驱经济净现值的表达式为

$$NPV = \sum_{i=1}^t \left[\alpha_o Q_{oi} P_o - N_t I_s^i - \alpha_o Q_{oi} P_o (R_s + R_t) - Q_{oi} C_m - Q_{pi} P_p \right] (1 + i_c)^{-i} \tag{7-8}$$

假设单井增量投资只发生在项目开始阶段，则聚合物经济净现值可表示为

$$NPV = \sum_{i=1}^t \left[\alpha_o Q_{oi} P_o - \alpha_o Q_{oi} P_o (R_s + R_t) - Q_{oi} C_m - Q_{pi} P_p \right] (1 + i_c)^{-i} - N_t I_s \tag{7-9}$$

式中，I_s 为聚合物驱项目开始阶段单井投资费用增量（即相对于水驱增加的单井投资费用），元/口。

以经济净现值取最大值为聚合物驱注采优化研究的目标函数，则目标函数 J 可定义为

$$J = \max \text{NPV}$$

2. 约束条件的建立

在矿场实施聚合物驱时，对注采井的操作需要满足一定的限制条件，如油藏整体产液量和注入量通常相等。此外，受矿场注采设备、工艺技术和聚合物价格昂贵的限制，需要对优化的注采参数进行约束限制，即优化参数需要满足特定的约束条件，本节仅考虑边界约束条件，其表达式为

$$u_i^{\text{low}} \leqslant u_i \leqslant u_i^{\text{up}}, \quad i = 1, 2, 3, \cdots, n_u \tag{7-10}$$

式中，u_i 为第 i 个优化参数；u_i^{low} 为优化参数 u_i 的最小取值；u_i^{up} 为优化参数 u_i 的最大取值；n_u 为优化参数的总个数。

为简化计算，采用对数变换法将边界约束条件转换为无约束条件，即

$$s_i = \ln\left(\frac{u_i - u_i^{\text{low}}}{u_i^{\text{up}} - u_i}\right) \tag{7-11}$$

式中，s_i 为优化参数 u_i 在无约束优化空间中对应的中间优化变量。

在优化计算得到无约束空间中的优化变量后，可以由逆变换得到真实参数空间中的注采参数，即

$$u_i = \frac{u_i^{\text{low}} + \exp(s_i) u_i^{\text{up}}}{1 + \exp(s_i)} \tag{7-12}$$

因此，聚合物驱注采优化问题就是在注采参数满足约束条件下，计算目标函数即经济净现值的最大值及其相应的注采参数取值。

二、同时扰动随机逼近求解算法

聚合物驱注采优化问题的目标函数计算公式中不显含控制变量，无法通过解析方法求得真正的梯度，需要采用梯度近似方法进行求解。有限差分随机逼近（FDSA）是一种梯度近似精度高、收敛速度快的随机扰动方法，但该方法每个迭代步的目标函数计算量正比于控制变量个数，当控制变量维数较高时，计算量非常大。SPSA 算法对控制变量进行同时扰动，大大减少了每个迭代步的计算量。但 SPSA 方法采用相同扰动步长同时扰动所有控制变量也使得梯度近似精度降低，收敛速度明显下降。因此，本小节在介绍 FDSA 方法与 SPSA 方法原理的基础上，进一步给出了结合两种梯度近似方法各自优点的实施策略（Zhou et al., 2013）。

1. FDSA 算法

FDSA 算法是一种经典的梯度近似计算方法，Brouwer 和 Jansen（2004）在水驱动态注

采优化中，通过 FDSA 算法计算净现值对控制变量的近似梯度，并结合最速下降法的迭代形式求取净现值的最大值及其相应的最优控制变量。基于 FDSA 算法，利用中心差分格式可以计算得到目标函数对控制变量的近似梯度为

$$\hat{d}_i^l\left(\boldsymbol{u}_{\text{opt}}^l\right) = \frac{J\left(u_{\text{opt},i}^l + \varepsilon_{l,i}\Delta_{l,i}\right) - J\left(u_{\text{opt},i}^l - \varepsilon_{l,i}\Delta_{l,i}\right)}{2\varepsilon_{l,i}\Delta_{l,i}}, \quad i = 1,2,3,\cdots,n_u \tag{7-13}$$

式中，l 为第 l 个迭代计算步；$\boldsymbol{u}_{\text{opt}}^l = \left[u_{\text{opt},1}^l, u_{\text{opt},2}^l, u_{\text{opt},3}^l, \cdots, u_{\text{opt},n_u}^l\right]^{\text{T}}$ 为第 l 个迭代计算步所获得的 n_u 维最优控制变量列向量；$\varepsilon_{l,i}$ 为第 l 个迭代计算步第 i 个控制变量的扰动步长；$\Delta_{l,i}$ 为第 l 个迭代计算步第 i 个控制变量的随机扰动值，取值为 1 或–1。

为了减少油藏数值模拟计算量，可以采用单侧差分格式计算 FDSA 梯度，则式（7-13）可以写为

$$\hat{d}_i^l\left(\boldsymbol{u}_{\text{opt}}^l\right) = \frac{J\left(u_{\text{opt},i}^l + \varepsilon_{l,i}\Delta_{l,i}\right) - J\left(u_{\text{opt},i}^l\right)}{\varepsilon_{l,i}\Delta_{l,i}}, \quad i = 1,2,3,\cdots,n_u \tag{7-14}$$

获得随机扰动梯度后，即可采用迭代法进行优化求解，则第 $l+1$ 个迭代计算步所获得的控制变量为

$$\boldsymbol{u}_{\text{opt}}^{l+1} = \boldsymbol{u}_{\text{opt}}^l + \boldsymbol{\alpha}_l \hat{\boldsymbol{d}}^l\left(\boldsymbol{u}_{\text{opt}}^l\right) \tag{7-15}$$

式中，$\boldsymbol{\alpha}_l = \left[\alpha_{l,1}, \alpha_{l,2}, \alpha_{l,3}, \cdots, \alpha_{l,n_u}\right]^{\text{T}}$ 为第 l 个迭代计算步 n_u 维控制变量对应的搜索步长列向量；$\hat{\boldsymbol{d}}^l\left(\boldsymbol{u}_{\text{opt}}^l\right) = \left[\hat{d}_1^l\left(\boldsymbol{u}_{\text{opt}}^l\right), \hat{d}_2^l\left(\boldsymbol{u}_{\text{opt}}^l\right), \hat{d}_3^l\left(\boldsymbol{u}_{\text{opt}}^l\right), \cdots, \hat{d}_{n_u}^l\left(\boldsymbol{u}_{\text{opt}}^l\right)\right]^{\text{T}}$ 为第 l 个迭代计算步 n_u 维控制变量对应的 FDSA 近似梯度列向量。

2. SPSA 算法

SPSA 算法与 FDSA 算法类似，但对所有控制变量进行同时扰动来获得近似梯度，因此每次迭代仅需要两次油藏数值模拟计算即可获得目标函数对所有控制变量的近似梯度，与 FDSA 算法相比大大减少了每个迭代步的计算量。尽管 SPSA 算法的扰动梯度是随机的，但是它能保证搜索方向对于最大化问题来说恒为增大方向且期望值为真实梯度。

基于对控制变量的同时扰动，式（7-14）可以改写为如下 SPSA 近似梯度：

$$\hat{g}_i^l\left(\boldsymbol{u}_{\text{opt}}^l\right) = \frac{J\left(\boldsymbol{u}_{\text{opt}}^l + \boldsymbol{\varepsilon}_l\Delta_l\right) - J\left(\boldsymbol{u}_{\text{opt}}^l\right)}{\varepsilon_{l,i}\Delta_{l,i}}, \quad i = 1,2,3,\cdots,n_u \tag{7-16}$$

式中，$\boldsymbol{\varepsilon}_l = \begin{bmatrix} \varepsilon_{l,1} & & & & \\ & \ddots & & & \\ & & \varepsilon_{l,i} & & \\ & & & \ddots & \\ & & & & \varepsilon_{l,n_u} \end{bmatrix}$ 为第 l 个迭代计算步 n_u 维控制变量对应的扰动步长

对角矩阵，其中 $\varepsilon_{l,i}$ 为第 l 个迭代计算步第 i 个控制变量的扰动步长；Δ_l 为第 l 个迭代计算步的 n_u 维控制变量对应的随机扰动列向量，其中所含元素 $\Delta_{l,i}(i=1,2,3,\cdots,n_u)$ 均为服从参数为 ± 1 的对称伯努利(Bernoulli)分布。

在获得 SPSA 近似梯度后，即可采用式(7-15)所示迭代格式进行优化求解。

3. SPSA-FDG 算法

SPSA 算法通过对所有控制变量的同时扰动，大大减少了每个迭代步用于估计梯度信息的油藏数值模拟计算量，但由于梯度近似精度的降低，需要更多次迭代计算才能达到与 FDSA 方法类似的收敛结果。因此，可以在迭代过程中根据目标函数对各控制变量敏感性的变化实时调整各控制变量扰动步长的大小比例，以使各控制变量所引起的目标函数改变量大小近似，保证各控制变量 SPSA 近似梯度大小比例与 FDSA 算法类似，从而提高收敛速度、减少油藏数值模拟计算量。

由式(7-14)可知，目标函数对控制变量 u_i 和 u_j 的 FDSA 近似梯度比值为

$$\frac{\hat{d}_i^l\left(\boldsymbol{u}_{\text{opt}}^l\right)}{\hat{d}_j^l\left(\boldsymbol{u}_{\text{opt}}^l\right)}=\frac{J\left(u_{\text{opt},i}^l+\varepsilon_{l,i}\Delta_{l,i}\right)-J\left(u_{\text{opt},i}^l\right)}{J\left(u_{\text{opt},j}^l+\varepsilon_{l,j}\Delta_{l,j}\right)-J\left(u_{\text{opt},j}^l\right)}\cdot\frac{\varepsilon_{l,j}\Delta_{l,j}}{\varepsilon_{l,i}\Delta_{l,i}},\quad i,j=1,2,3,\cdots,n_u \tag{7-17}$$

假设 SPSA 算法中各控制变量采用的扰动步长与 FDSA 算法取值相同，则目标函数对控制变量 u_i 的 SPSA 近似梯度和 FDSA 近似梯度之间具有如下关系：

$$\hat{g}_i^l\left(\boldsymbol{u}_{\text{opt}}^l\right)=\frac{J\left(\boldsymbol{u}_{\text{opt}}^l+\boldsymbol{\varepsilon}_l\Delta_l\right)-J\left(\boldsymbol{u}_{\text{opt}}^l\right)}{J\left(\boldsymbol{u}_{\text{opt},i}^l+\varepsilon_{l,i}\Delta_{l,i}\right)-J\left(\boldsymbol{u}_{\text{opt},i}^l\right)}\cdot\hat{d}_i^l\left(\boldsymbol{u}_{\text{opt}}^l\right),\quad i=1,2,3,\cdots,n_u \tag{7-18}$$

由式(7-18)可知，目标函数对控制变量 u_i 和 u_j 的 SPSA 近似梯度比值为

$$\frac{\hat{g}_i^l\left(\boldsymbol{u}_{\text{opt}}^l\right)}{\hat{g}_j^l\left(\boldsymbol{u}_{\text{opt}}^l\right)}=\frac{J\left(u_{\text{opt},j}^l+\varepsilon_{l,j}\Delta_{l,j}\right)-J\left(u_{\text{opt},j}^l\right)}{J\left(u_{\text{opt},i}^l+\varepsilon_{l,i}\Delta_{l,i}\right)-J\left(u_{\text{opt},i}^l\right)}\cdot\frac{\hat{d}_i^l\left(\boldsymbol{u}_{\text{opt}}^l\right)}{\hat{d}_j^l\left(\boldsymbol{u}_{\text{opt}}^l\right)},\quad i,j=1,2,3,\cdots,n_u \tag{7-19}$$

若要使得目标函数对控制变量 u_i 和 u_j 的 SPSA 近似梯度大小比例与 FDSA 近似梯度大小比例相同，则要满足：

$$\frac{J\left(u_{\text{opt},j}^l+\varepsilon_{l,j}\Delta_{l,j}\right)-J\left(u_{\text{opt},j}^l\right)}{J\left(u_{\text{opt},i}^l+\varepsilon_{l,i}\Delta_{l,i}\right)-J\left(u_{\text{opt},i}^l\right)}=1,\quad i,j=1,2,3,\cdots,n_u \tag{7-20}$$

由于控制变量扰动步长取值为非负数，将式(7-20)代入式(7-17)可得控制变量 u_i 和 u_j 的扰动步长应满足：

$$\frac{\varepsilon_{l,i}}{\varepsilon_{l,j}}=\frac{\hat{d}_j^l\left(\boldsymbol{u}_{\text{opt}}^l\right)\Delta_{l,j}}{\hat{d}_i^l\left(\boldsymbol{u}_{\text{opt}}^l\right)\Delta_{l,i}}=\left|\frac{\hat{d}_j^l\left(\boldsymbol{u}_{\text{opt}}^l\right)}{\hat{d}_i^l\left(\boldsymbol{u}_{\text{opt}}^l\right)}\right|,\quad i,j=1,2,3,\cdots,n_u \tag{7-21}$$

在第 l 个迭代计算步构造 SPSA 扰动步长修正矩阵：

$$
\boldsymbol{M}_l = \hat{d}_{\max}^l\left(\boldsymbol{u}_{\mathrm{opt}}^l\right)
\begin{bmatrix}
\dfrac{1}{\left|\hat{d}_1^l\left(\boldsymbol{u}_{\mathrm{opt}}^l\right)\right|} & & & & \\
& \ddots & & & \\
& & \dfrac{1}{\left|\hat{d}_i^l\left(\boldsymbol{u}_{\mathrm{opt}}^l\right)\right|} & & \\
& & & \ddots & \\
& & & & \dfrac{1}{\left|\hat{d}_{n_u}^l\left(\boldsymbol{u}_{\mathrm{opt}}^l\right)\right|}
\end{bmatrix}
\tag{7-22}
$$

式中，$\hat{d}_{\max}^l\left(\boldsymbol{u}_{\mathrm{opt}}^l\right)$ 为第 l 个迭代计算步各控制变量 FDSA 近似梯度绝对值的最大值，$\hat{d}_{\max}^l\left(\boldsymbol{u}_{\mathrm{opt}}^l\right) = \max\left(\left|\hat{d}_i^l\left(\boldsymbol{u}_{\mathrm{opt}}^l\right)\right|\right),\ i=1,2,3,\cdots,n_u$。

则第 l 个迭代计算步各控制变量的同时扰动随机逼近-有限差分梯度（SPSA-FDG）近似梯度为

$$
\hat{f}_i^l\left(\boldsymbol{u}_{\mathrm{opt}}^l\right) = \frac{J\left(\boldsymbol{u}_{\mathrm{opt}}^l + \varepsilon_{l,\max}\boldsymbol{M}_l\Delta_l\right) - J\left(\boldsymbol{u}_{\mathrm{opt}}^l\right)}{\varepsilon_{l,\max}M_{l,i}\Delta_{l,i}},\ i=1,2,3,\cdots,n_u
\tag{7-23}
$$

式中，$\varepsilon_{l,\max}$ 为取得 $\hat{d}_{\max}^l\left(\boldsymbol{u}_{\mathrm{opt}}^l\right)$ 的控制变量所对应的扰动步长，为一常数；$M_{l,i}$ 为第 l 个迭代计算步第 i 个控制变量的扰动步长修正系数。

由式(7-23)可知，当使用 SPSA-FDG 算法时，如果每个迭代步都进行扰动步长修正，则 SPSA-FDG 算法类似于 FDSA 算法；如果从不进行扰动步长修正，则 SPSA-FDG 算法为 SPSA 算法。可见，SPSA-FDG 算法是一类更一般的算法，FDSA 算法和 SPSA 算法为该类算法的两个特例，使用 SPSA-FDG 算法求解聚合物驱最优控制问题的一般流程如图 7-4 所示。

三、应用实例

建立聚合物驱油藏数值模拟概念模型，如图 7-5 所示，共划分为 7 个模拟层，采用直角网格系统，共包含 $25\times25\times7=4375$ 个网格，其中 x、y 方向网格尺寸为 25m，z 方向网格尺寸为 2.86m。布井方式采用五点法井网，共包括 4 口注入井(I1~I4)和 9 口生产井(P1~P9)。油藏数值模拟模型分别以注入井 I1、I2、I3、I4 为中心划分为 4 个注采井组，各井组纵向非均质性差异大，其中 I1、I3 所在井组纵向非均质性弱，变异系数为 0.18，I2、I4 所在井组纵向非均质强，变异系数为 0.86。图 7-6 为油藏模型沿注入井 I1、I2 剖面处的渗透率分布。油藏模型水驱开发至含水率为 96%时转聚合物驱开发，当含水率上升至 98%时油藏开发结束，油藏基本物性参数及聚合物溶液主要性质参数如表 7-3 所示。

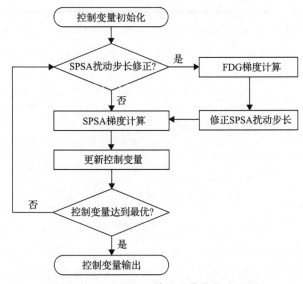

图 7-4 SPSA-FDG 算法迭代优化流程图

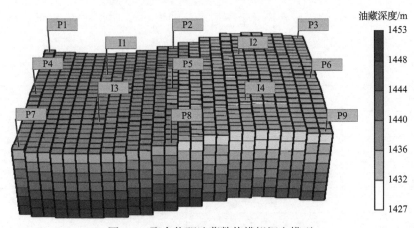

图 7-5 聚合物驱油藏数值模拟概念模型

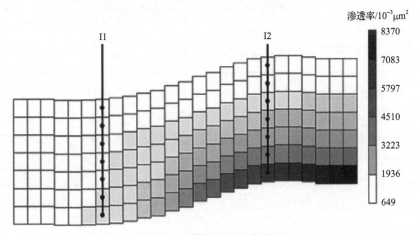

图 7-6 油藏剖面渗透率分布

表 7-3　油藏基本物性参数及聚合物溶液主要性质参数取值表

参数	参数取值	参数	参数取值
地质储量/$10^4 m^3$	72.47	渗透率/$10^{-3}\mu m^2$	1500
孔隙体积/$10^4 m^3$	116.89	地下原油黏度/(mPa·s)	60
原始含油饱和度/%	0.62	地面原油相对密度	0.952
孔隙度/%	0.3	聚合物可及孔隙体积分数	0.82
原始地层压力/MPa	13.8	聚合物最大渗透率下降系数	1.8
有效厚度/m	10	聚合物最大吸附质量浓度/(kg/m^3)	0.3

聚合物驱过程采用四段塞的注入方式，包括前置段塞、主段塞、副主段塞和后置段塞，聚合物驱注采优化即通过最优化方法确定每口井每个段塞的最佳注入浓度和段塞尺寸，共包括 4×4×2=32 个控制变量。优化过程中，各控制变量仅考虑边界约束条件，其中注入浓度考虑矿场聚合物驱实践经验和聚合物实际注入能力，上下边界分别设置为 0mg/L 和 2300mg/L，各阶段段塞尺寸上下边界分别为 0PV 和 0.1PV。在计算聚合物驱经济净现值时，各经济评价参数取值如表 7-4 所示。

表 7-4　聚合物驱经济评价参数取值表

序号	项目	价格	单位
1	单井增量投资	100	万元/井
2	原油销售收入	2500	元/t
3	吨油增量生产成本	600	元/t
4	聚合物成本	25000	元/t
5	资源税税率	6	%
6	原油商品率	97	%
7	综合税率	14	%
8	基准收益率	12	%

分别采用 FDSA 算法、SPSA 算法和 SPSA-FDG 算法求解聚合物驱注采优化问题，各优化方法均基于相同的初始值。4 口注入井的初始参数设置为：前置段塞浓度和尺寸分别为 1700mg/L 和 0.0125PV；主体段塞浓度和尺寸分别为 1400mg/L 和 0.0375PV；副主段塞浓度和尺寸分别为 1200mg/L 和 0.0375PV；后置段塞浓度和尺寸分别为 1000mg/L 和 0.0125PV。各优化方法均在水驱开发至含水率达到 96%时开始转注聚合物溶液。对于 SPSA-FDG 算法，当 SPSA 算法进行到第 13 次、30 次、50 次迭代计算时，引入 FDG 梯度对扰动步长进行修正。

图 7-7 为各优化方法在不同迭代步数下的净现值变化曲线，图 7-8 为各优化方法

在不同油藏数值模拟次数下的净现值变化曲线，表 7-5 为各优化算法的收敛性对比。可以看出，经过各方法优化后，聚合物驱最终净现值均取得显著增加。其中，FDSA算法经过最少的 53 次迭代计算收敛到最优值，但由于该算法每个迭代步均需要至少33 次油藏数值模拟计算，整体计算量非常庞大，需要 1749 次油藏数值模拟计算才能达到收敛。而 SPSA 算法虽然每个迭代步仅需要 2 次油藏数值模拟计算，但由于梯度估计精度较低，在达到收敛时需要 191 次迭代计算，即至少需要 382 次油藏数值模拟计算。SPSA-FDG 算法虽然梯度估计精度没有 FDSA 算法高，但却高于 SPSA 算法，同时又保留了 SPSA 算法每次迭代仅需两次油藏数值模拟计算的优点，因此在达到收敛时仅需要 248 次油藏数值模拟计算，是三种方法中总体计算量最小的，该方法收敛到净现值 5.003×10^7 元，与其他两种方法接近。综上所述，SPSA-FDG 算法收敛性要好于 FDSA 算法和 SPSA 算法，而且易于和任意油藏数值模拟器相结合，能够用来求解聚合物驱注采优化问题。

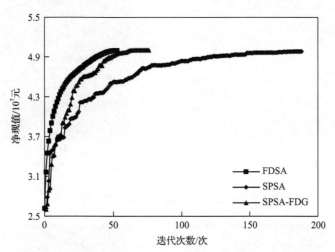

图 7-7　各优化方法在不同迭代步数下的净现值变化曲线

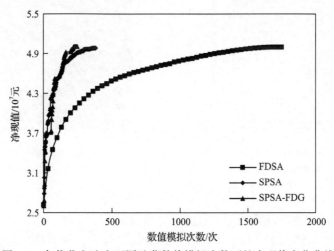

图 7-8　各优化方法在不同油藏数值模拟次数下的净现值变化曲线

表 7-5　各优化算法的收敛性对比

优化算法	迭代次数/次	油藏数值模拟次数	最优净现值/10^7 元
FDSA	53	1749	4.999
SPSA	191	382	4.982
SPSA-FDG	76	248	5.003

　　图 7-9～图 7-11 为各优化方法计算得到的聚合物驱调控图。可以看出，各注入井聚合物驱前置段塞浓度最高，主要起到前缘调剖作用；主体段塞及副段塞注聚浓度较高，用量最多，是聚合物驱改善油水流度比、降水增油的关键部分；后置段塞为流度保护段塞，注聚浓度最低，用量最少，主要是为了防止后续水驱指进破坏主体段塞影响降水增油效果。

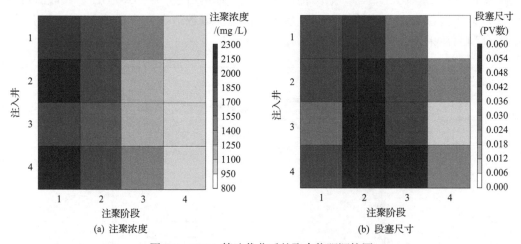

(a) 注聚浓度　　　　　　　　　　　　　　(b) 段塞尺寸
图 7-9　SPSA 算法优化后的聚合物驱调控图

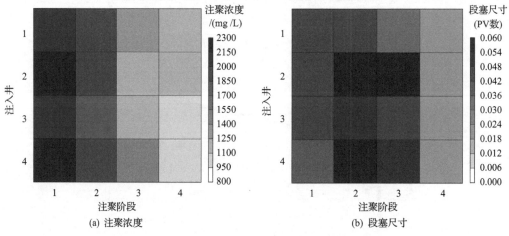

(a) 注聚浓度　　　　　　　　　　　　　　(b) 段塞尺寸
图 7-10　FDSA 算法优化后的聚合物驱调控图

　　表 7-6 为各优化算法计算得到的各注入井聚合物配注量优化结果。可以看出，在聚合物注入总量一定的情况下，注入井所在井组非均质性强，聚合物配注量大；相反，若注入井所在井组非均质性弱，则应适当减少聚合物配注量。

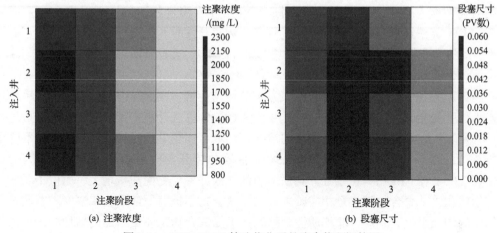

图 7-11　SPSA-FDG 算法优化后的聚合物驱调控图

表 7-6　各注入井聚合物配注量优化结果

注入井	纵向变异系数	FDSA 优化方法		SPSA 优化方法		SPSA-FDG 优化方法	
		聚合物配注量 /(PV·mg/L)	占注聚总量百分数/%	聚合物配注量 /(PV·mg/L)	占注聚总量百分数/%	聚合物配注量 /(PV·mg/L)	占注聚总量百分数/%
I1	0.18	254.0	22.7	251.6	22.4	249.4	22.2
I2	0.86	309.7	27.7	296.4	26.4	311.5	27.7
I3	0.18	250.8	22.4	242.5	21.6	247.7	22.1
I4	0.86	304.8	27.2	332.8	29.6	314.4	28.0
合计		1119.3	100	1123.3	100	1123.0	100

　　为了进一步讨论各单井聚合物优化配注对聚合物驱总体开发效果的影响，对比设计了各单井均匀注聚方案。其中，聚合物注入总量与 SPSA-FDG 算法优化结果相同，为 1123.0PV·mg/L，采用单段塞方式注入，段塞尺寸取 SPSA-FDG 算法优化得到的各单井段塞尺寸平均值，为 0.652PV，则聚合物注入浓度为 1722.4mg/L。

　　图 7-12 为 SPSA-FDG 算法优化注聚方案与均匀注聚方案计算得到的净现值随开发时

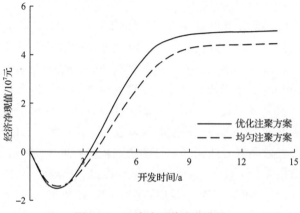

图 7-12　经济净现值变化曲线

间的变化曲线，其中开发时间为 0 时表示开始注入聚合物溶液。可以看出，采用由SPSA-FDG 算法计算得到的优化方案进行聚合物驱开发时，在聚合物注入总量一定的情况下，经济净现值比各单井均匀注聚方案提高 11.64%，且投资回收期比各单井均匀注聚方案缩短，能够使聚合物驱开发方案更早获得经济效益。

　　图 7-13 为 SPSA-FDG 算法优化注聚方案与均匀注聚方案计算得到的油藏含水率及累积采出程度变化曲线。可以看出，采用由 SPSA-FDG 算法计算得到的优化方案进行聚合物驱开发时，在聚合物注入总量一定的情况下，聚合物驱见效时机提前，含水率下降漏斗加深 1.86%，累积采出程度提高 0.3%，油藏总体开发效果变好。这主要是因为经SPSA-FDG 算法优化后，位于强非均质井组的注入井聚合物配注量增大，而位于弱非均质井组的注入井聚合物配注量相应减少，由于聚合物驱提高原油采收率幅度随着油藏非均质性的增强呈上升趋势，非均质性较强的井组因聚合物配注量增加而增加的产油量大于非均质性较弱的井组因减少相同聚合物配注量而减少的产油量，从而使油藏总体采出程度得到提高。例如，与均匀注聚方案相比，优化注聚方案中位于强非均质井组的 P3井累积采油量增加 863.1m^3，而位于弱非均质井组的 P1 井累积采油量减少 192.1m^3，因此两井总累积产油量增加 671.0m^3，如图 7-14 所示。

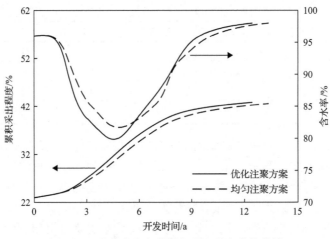

图 7-13　油藏含水率及累积采出程度变化曲线

　　图 7-15 为 SPSA-FDG 算法优化注聚方案与均匀注聚方案计算得到的油藏模型剩余油饱和度分布（以第 4 层为例）。可以看出，采用由 SPSA-FDG 算法计算得到的优化方案进行聚合物驱开发时，在聚合物注入总量一定的情况下，油藏波及系数得到改善，强非均质性井组的剩余油饱和度明显降低，弱非均质性井组的剩余油饱和度变化不大，油藏剩余油分布更加均匀。这是因为重力作用和正韵律使注入水向油层下部高渗层段窜流，以至随着纵向变异系数增加产生水淹，导致水驱采收率下降。因此，I1 井和 I3 井所在的弱非均质性井组水驱开发效果好，注聚开发前剩余油较少；而 I2 井和 I4 井所在的强非均质性井组水驱开发效果差，注聚开发前剩余油饱和度高，更需要聚合物驱扩大波及体积。与均匀注聚方案相比，经 SPSA-FDG 算法优化后，I1 井和 I3 井聚合物注入量减少，I2井和 I4 井聚合物注入量增多，因此在对弱非均质井组聚合物驱开发效果影响较小的基础

上，提高了强非均质井组的采油量，降低了强非均质井组的剩余油饱和度，从而使油藏剩余油分布更加均匀。

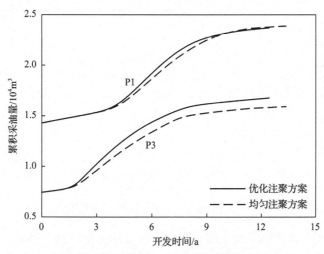

图 7-14　P1 井及 P3 井累积采油量变化曲线

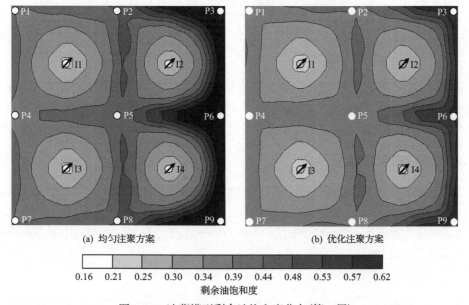

(a) 均匀注聚方案　　　　　　　(b) 优化注聚方案

0.16　0.21　0.25　0.30　0.34　0.39　0.44　0.48　0.53　0.57　0.62

剩余油饱和度

图 7-15　油藏模型剩余油饱和度分布(第 4 层)

上述各优化算法计算得到的聚合物驱最优控制结果均建立在原油价格为 2500 元/t 之上，而矿场实施聚合物驱项目时，聚合物注入量应随原油价格波动而发生相应变化。为了研究聚合物最优注入量与原油价格之间的关系，利用 SPSA-FDG 算法分别优化计算了原油价格为 1500 元/t、2000 元/t、2500 元/t、3000 元/t、3500 元/t、4000 元/t、4500 元/t 和 5000 元/t 时的聚合物驱最优注入量，结果如图 7-16 所示。

在一定范围内，随着原油价格的上涨，聚合物最佳注入量大幅增加，这主要是因为由聚合物注入量增加得来的原油销售收入高于聚合物注入成本。但当原油价格增加到

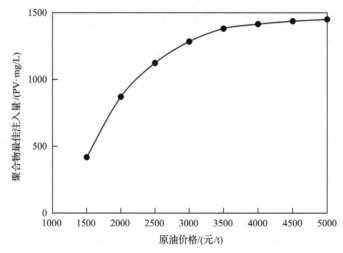

图 7-16　聚合物最佳注入量随原油价格变化曲线

4000 元/t 时，即使原油价格继续上涨，聚合物最佳注入量也趋于稳定，曲线变得比较平缓，这是因为地层中大部分原油已经被聚合物溶液波及驱替，继续增加聚合物注入量难以持续降水增油，反而会增加聚合物驱投资成本，降低聚合物驱项目的经济效益。

第三节　基于油藏工程初设计的化学驱注采智能优化

借助数学优化算法进行聚合物驱注采优化，能够在较少人为参与的情况下优化得到开发方案，但忽视了矿场开发经验的指导作用。为此，本节以粒子群优化算法为例，通过引入油藏工程初设计结果，提高聚合物驱注采优化计算的收敛效率和结果的合理性。

一、油藏工程初设计方法

统计分析实施聚合物驱之前油藏各区域的场数据分布，基于矿场实际开发经验优化确定注采开发方案，通过相关系数计算获取油藏场数据与注采方案之间的主次关联性，从而得到聚合物驱注采参数设计的主控因素（An et al., 2023），在此基础上进行聚合物驱配产配注油藏工程初设计。

1. 油藏开发场数据统计方法

在油藏数值模拟计算的基础上，定量统计不同油藏区域的开发场数据指标。具体计算步骤如下。

（1）各井模型中注采井的布井位置及注采对应关系，分别以注入井和生产井为中心，将整个油藏区域划分为多个注入井分区和生产井分区。

（2）判断分区和分区内所有网格的关系，当网格全部包含在分区内时，该网格对应的权重为 1；当网格在分区边界上时，仅有一部分网格包含在分区内，如图 7-17 所示。此时该网格对应的权重为网格在分区内部的面积占总网格面积的比例，计算公式如式（7-24）所示。

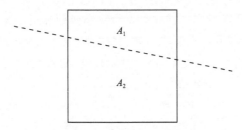

图 7-17　边界网格示意图

$$\omega_1 = \frac{A_1}{A_1 + A_2}, \quad \omega_2 = \frac{A_2}{A_1 + A_2} \tag{7-24}$$

式中，ω_1 和 ω_2 分别为该网格在分区 1 和分区 2 的权重；A_1 和 A_2 分别为该网格在分区 1 和分区 2 内所占的面积。

（3）统计模型内所有网格的场数据，根据各分区内所有网格的场数据和权重，计算各分区场数据的加权和，并以此计算各分区场数据加权和占模型内所有分区场数据加权和的比例，计算公式为

$$\gamma_i = \frac{\displaystyle\sum_{j=1}^{n_i} P_{i,j} \times \omega_{i,j}}{\displaystyle\sum_{i=1}^{n_t} \sum_{j=1}^{n_i} P_{i,j} \times \omega_{i,j}} \tag{7-25}$$

式中，γ_i 为第 i 个分区场数据之和所占比例；n_t 为分区个数；n_i 为第 i 个分区包含的网格个数；$P_{i,j}$ 为第 i 个分区内第 j 个网格的场数据；$\omega_{i,j}$ 为第 i 个分区内第 j 个网格在该分区的权重。

2. 相关性分析及主控因素筛选

相关系数是用来反映变量之间相关关系密切程度的统计指标。其中，皮尔逊（Pearson）相关系数是通过计算两个变量与自身平均值的离差，将两个离差相乘来反映两个变量之间的相关程度，广泛应用于度量两个变量的线性相关关系，其数值严格控制在 $-1 \sim 1$，其中负值表示两个变量呈负相关，正值表示两个变量呈正相关。特别地，-1 表示两个变量完全呈线性负相关，$+1$ 表示两个变量完全呈线性正相关，0 表示两个变量没有线性相关关系。计算公式为

$$R = \frac{\displaystyle\sum_{i=1}^{n} (x_i - \overline{x})(y_i - \overline{y})}{\sqrt{\displaystyle\sum_{i=1}^{n} (x_i - \overline{x})^2 \cdot \sum_{i=1}^{n} (y_i - \overline{y})^2}} \tag{7-26}$$

式中，R 为皮尔逊相关系数；x_i 为第一个变量的第 i 个取值；$\overline{x}$ 为第一个变量的 n 个取值的平均值；y_i 为第二个变量的第 i 个取值；$\overline{y}$ 为第二个变量的 n 个取值的平均值。

根据聚合物驱油藏开发特点，建立以聚合物驱典型井组单元为依据的概念模型，如图 7-18 所示。模型采用直角网格系统，共划分为 53×53×3=8427 个网格。平面网格步长为 10.6m，平均有效厚度为 13.8m，模型基本物性参数如表 7-7 所示。模型采用五点法井网进行开采，共包含 9 口生产井和 4 口注入井。

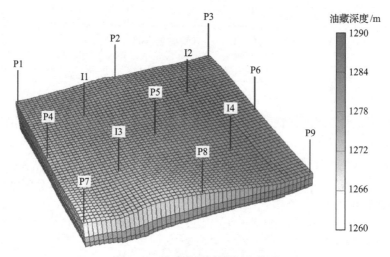

图 7-18 聚合物驱油藏概念模型

表 7-7 模型基本物性参数

参数	参数取值	参数	参数取值
地质储量/10^4m³	90	渗透率/$10^{-3}\mu m^2$	2200
孔隙体积/10^4m³	126	地下原油黏度/(mPa·s)	50
原始含油饱和度/%	70	地面原油相对密度	0.904
孔隙度/%	29	原始地层压力/MPa	12.4

基于矿场开发经验，聚合物驱注入速度和注入浓度优化主要考虑孔隙体积(PV)、剩余油饱和度(S_o)、地层系数(K_h)、地层压力(P)、渗透率变异系数(V_k)等场数据及其组合的影响；聚合物驱采液速度优化主要考虑剩余地质储量(R_{GR})、地层系数、地层压力、剩余油饱和度等场数据及其组合的影响。

注入参数油藏工程初设计以注入井为中心进行分区，采液参数油藏工程初设计根据生产井控制区域进行分区，如图 7-19 所示。在此基础上，统计转注聚合物驱前油藏模型的网格参数，计算各分区场数据权重及其占所有分区场数据权重和的比例，统计结果如图 7-20 和图 7-21 所示。

基于油藏数值模拟器和粒子群优化算法，确定适合该油藏模型聚合物驱的最优注入速度，如图 7-22 所示，最优聚合物注入浓度如图 7-23 所示，最优采液速度如图 7-24 所示。在此基础上，讨论最优注采方案与单一场数据和场数据两两组合(权重均为 0.5)的相关性。

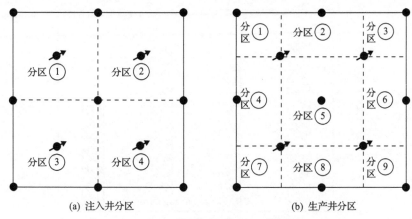

(a) 注入井分区　　　　　(b) 生产井分区

图 7-19　场数据统计分区示意图

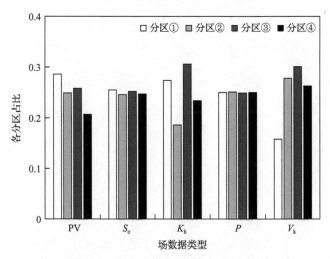

图 7-20　注入井各分区场数据统计占比

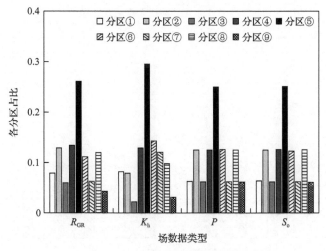

图 7-21　生产井各分区场数据统计占比

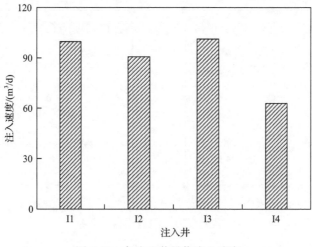

图 7-22 各注入井最优注入速度

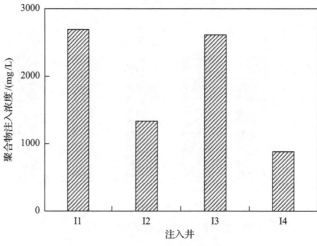

图 7-23 各注入井最优聚合物注入浓度

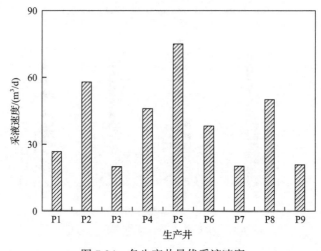

图 7-24 各生产井最优采液速度

图 7-25 为聚合物驱注入速度与单一场数据的相关性计算结果，影响因素包括孔隙体积、剩余油饱和度、地层系数、地层压力、渗透率变异系数，绝对值越大表示相关性越强。可以看出，注入速度与孔隙体积的相关系数最高，达到了 0.917，说明孔隙体积是影响注入速度设计的主要因素，而渗透率变异系数对注入速度设计的影响较小。

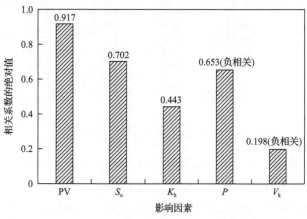

图 7-25　注入速度与单一场数据的相关性

图 7-26 为聚合物注入浓度与单一场数据的相关性计算结果，影响因素包括孔隙体积、剩余油饱和度、地层系数、地层压力、渗透率变异系数。可以看出，聚合物注入浓度与剩余油饱和度的相关系数最高，达到了 0.94，说明剩余油饱和度是影响聚合物注入浓度设计的主要因素，而渗透率变异系数的影响较小。

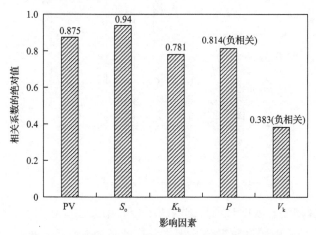

图 7-26　聚合物注入浓度与单一场数据的相关性

图 7-27 为聚合物驱采液速度与单一场数据的相关性计算结果，影响因素包括剩余地质储量、地层系数、地层压力、剩余油饱和度。可以看出，聚合物驱采液速度与剩余地质储量的相关系数最高，达到了 0.938，说明剩余地质储量是影响采液速度设计的主要因素，而地层系数对其影响较小。

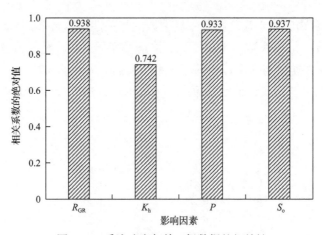

图 7-27　采液速度与单一场数据的相关性

　　图 7-28 为聚合物驱注入速度与场数据两两组合的相关性计算结果。可以看出，聚合物驱注入速度与孔隙体积和地层压力组合的相关系数最高，达到了 0.914，说明孔隙体积和地层压力组合是影响注入速度设计的主要因素，而剩余油饱和度和渗透率变异系数组合、地层系数和渗透率变异系数组合、地层压力和渗透率变异系数组合的影响较小。

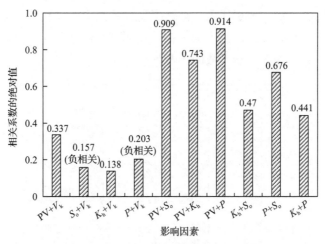

图 7-28　注入速度与场数据两两组合的相关性

　　图 7-29 为聚合物注入浓度与场数据两两组合的相关性计算结果。可以看出，聚合物注入浓度与孔隙体积和地层系数组合的相关系数最高，达到了 0.969，说明孔隙体积和地层系数组合是影响聚合物注入浓度设计的主要因素，而孔隙体积和渗透率变异系数组合、地层系数和渗透率变异系数组合的影响较小。

　　图 7-30 为聚合物驱采液速度与场数据两两组合的相关性计算结果。可以看出，采液速度与剩余地质储量和剩余油饱和度组合的相关系数最高，达到了 0.94，说明剩余地质储量和剩余油饱和度是影响聚合物注入浓度设计的主控因素。

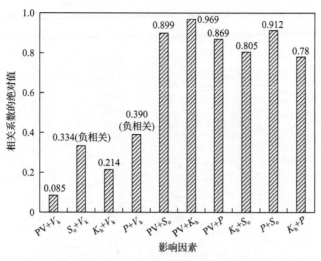

图 7-29   聚合物注入浓度与场数据两两组合的相关性

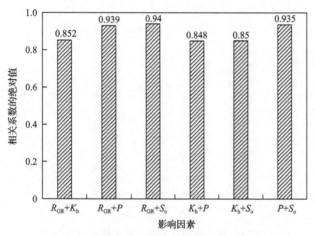

图 7-30   采液速度与场数据两两组合的相关性

聚合物驱注采参数油藏工程初设计的单一主控因素和两两复合主控因素如表 7-8 所示。

表 7-8   聚合物驱注采参数油藏工程初设计主控因素

注采参数	单一主控因素	两两复合主控因素
注入速度	孔隙体积 PV	孔隙体积+地层压力（PV+P）
注入浓度	剩余油饱和度 S_o	孔隙体积+地层系数（PV+K_h）
采液速度	剩余地质储量 R_{GR}	剩余地质储量+剩余油饱和度（$R_{GR}+S_o$）

基于两两复合主控因素进行聚合物驱注入速度、注入浓度和采液速度油藏工程初设计，分别如图 7-31~图 7-33 所示。

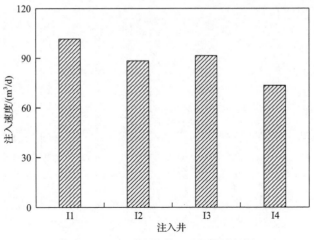

图 7-31 注入速度油藏工程初设计结果

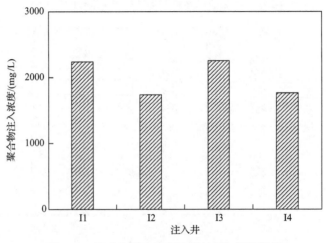

图 7-32 聚合物注入浓度油藏工程初设计结果

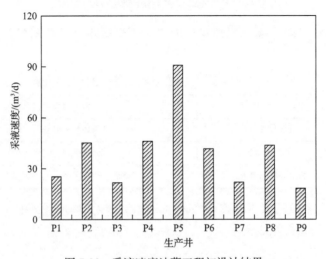

图 7-33 采液速度油藏工程初设计结果

二、基于油藏工程初设计的粒子群优化算法

基于主控因素进行注采方案油藏工程初设计，并将其引入粒子群优化算法以达到加快收敛速度的目的，具体结合方式包括三种，即将油藏工程初设计方案分别作为粒子群优化的初始方案、搜索空间约束和粒子速度引导项(An et al., 2022)。

1. 粒子群优化算法

粒子群优化算法基于当前粒子个体及种群整体的历史最优解进行下一步迭代进化。在聚合物驱注采优化中，每个粒子个体代表一种可行的注采参数组合。

若经过 l 次迭代后种群中第 i 个粒子所处的搜索位置为 u_i^l，则经过第 $l+1$ 次迭代后该粒子的搜索位置可以更新为

$$u_i^{l+1} = u_i^l + v_i^{l+1} \tag{7-27}$$

式中，u_i^l 和 u_i^{l+1} 分别为经过第 l 次和第 $l+1$ 次迭代后第 i 个粒子的搜索位置；v_i^{l+1} 为第 $l+1$ 次迭代时第 i 个粒子的迭代步长，其表达式为

$$v_i^{l+1} = \omega v_i^l + c_c r_c^l \left(u_{ipb}^l - u_i^l \right) + c_g r_g^l \left(u_{gpb}^l - u_i^l \right) \tag{7-28}$$

式中，v_i^l 为第 l 次迭代时第 i 个粒子的迭代步长；ω 为迭代步长惯性权重；c_c 和 c_g 分别为当前粒子趋向于自身最优和全局最优的加速度常数；r_c^l 和 r_g^l 均为区间 0 到 1 范围内变化的随机数；u_{ipb}^l 为经过第 l 次迭代后第 i 个粒子所搜索到的自身最佳位置；u_{gpb}^l 为经过第 l 次迭代后种群中所有粒子搜索到的全局最佳位置，其对应着目标函数的当前最优取值。

图 7-34 为粒子群优化算法示意图。由图 7-34、式(7-27)和式(7-28)可知，粒子群优化算法中的迭代步长主要包括三部分。其中，ωv_i^l 反映粒子的运动惯性，表示粒子沿先前迭代方向继续进化的能力；$c_c r_c^l \left(u_{ipb}^l - u_i^l \right)$ 反映粒子对自身迭代搜索历史的"认知"性，表示粒子向自身最佳搜索历史位置继续进化的能力；$c_g r_g^l \left(u_{gpb}^l - u_i^l \right)$ 反映每个粒子对种群整体迭代搜索历史的"认知"性，表示每个粒子向种群整体最佳搜索历史位置继续进化的能力。可以看出，u_{ipb}^l 和 u_{gpb}^l 对粒子群优化算法的迭代搜索具有十分重要的引导作

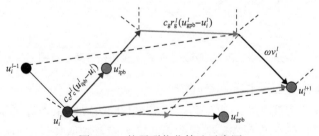

图 7-34　粒子群优化算法示意图

用。因此，在使用粒子群优化算法前进行种群初始化时，可以设法增强初始粒子的代表性，使得初始种群整体最优值和个别粒子能够尽可能接近全局最优解，从而引导种群粒子向全局最优值迭代进化，提高粒子群优化算法的整体收敛速度。

在使用粒子群优化算法求解最优化问题时，迭代步长惯性权重 ω、加速度常数 c_c 和 c_g 的取值非常重要。其中，迭代步长惯性权重 ω 对算法的全局搜索能力具有重要影响，若取值过小，则容易陷入局部最优值，但若取值过大又会大幅减缓收敛速度。加速度常数 c_c 和 c_g 对粒子向最优目标进化的搜索稳定性具有重要意义，若取值过小，则粒子进化缓慢，但若取值过大，则容易在最优值附近反复震荡。本节研究中，迭代步长惯性权重 ω、加速度常数 c_c 和 c_g 分别取值为 0.7298、1.4296 和 1.4296（Gong et al., 2016）。

2. 油藏工程初设计的引入

将如图 7-31～图 7-33 所示油藏工程初设计得到的聚合物驱注入速度、注入浓度和采液速度分别作为粒子群优化算法的初始方案、搜索空间约束和粒子速度引导项，讨论三种引入方法对粒子群优化算法收敛速度的影响。

1）初设计方案作为粒子群初始方案

粒子群优化算法从一组初始解出发，通过迭代的方式来寻找最优解，因此初始方案的选取是影响收敛效果的主要因素之一。在油藏注采优化研究中，通常采用均匀注采方案作为粒子群初始方案，即将模型的总注采液量平均分配到各井上，影响了粒子群优化算法的收敛效率。由于油藏工程初设计方案往往可以得到比均匀注采方案更好的开发效果，若采用初设计方案作为粒子群初始方案则可以得到一个较优的初始值，从而加快粒子群算法的收敛速度，如图 7-35 所示。

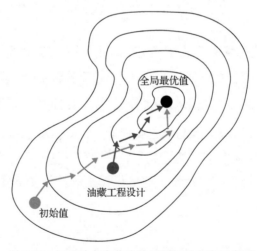

图 7-35　初设计方案作为粒子群初始方案示意图

2）初设计方案作为粒子群搜索空间约束

粒子群优化算法的搜索空间通常是由注采参数的边界约束条件决定的，其迭代搜索计算量随着优化参数的个数和变量搜索空间的增大而急剧增长。本节拟采用油藏工程初设计方案约束搜索空间范围，即以油藏工程初设计方案作为基准，根据其距离原约束边界的距离按比例（如50%）压缩搜索空间，如图7-36所示。由于油藏工程初设计方案相对于均匀注采方案往往处于一个较优的水平，以该方案为基准重新划定边界约束通常可以在不影响收敛结果的同时大幅度减少迭代计算量，加快收敛速度。

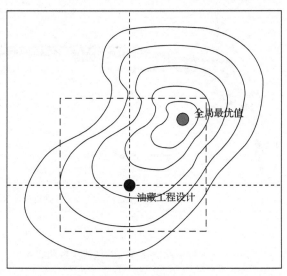

图 7-36　初设计方案作为粒子群搜索空间约束示意图

3）初设计方案作为粒子群速度引导项

采用油藏工程初设计方案作为粒子群优化算法的速度引导项，即将油藏工程初设计方案引入式（7-28），为粒子运动提供一个引导方向，当 $J\left(u_{\text{gpb}}^{l}\right) < J\left(u_{t}\right)$ 时，计算公式变为

$$v_i^{l+1} = \omega v_i^l + c_c r_c^l \left(u_{\text{ipb}}^l - u_i^l\right) + c_g r_g^l \left(u_{\text{gpb}}^l - u_i^l\right) + c_t r_t^l \left(u_t - u_i^l\right) \tag{7-29}$$

式中，c_t 为粒子趋向油藏工程初设计方案的加速度常数，本节取值为 1.4296；r_t^l 为 0 到 1 区间内的随机数；u_t 为油藏工程初设计方案。

由式（7-29）可以看出，当种群最优位置的目标函数值劣于油藏工程初设计方案的目标函数值时，在粒子速度中添加油藏工程初设计方案作为引导项，引导粒子向一个较优值前进，加快粒子的收敛速度；当种群最优位置的目标函数值优于油藏工程初设计方案的目标函数值时，则去除油藏工程初设计方案引导项，从而防止种群陷于局部较优值。

4）油藏工程初设计引入效果分析

图7-37对比了粒子群优化算法和三种基于油藏工程初设计的粒子群算法的优化迭代曲线。可以看出，粒子群优化算法需要经过48次迭代后才能收敛；而采用初设计方案作为粒子群初始方案可以提高迭代优化的初始值，经过28次迭代后即可收敛于最高经济极限值 1.947×10^7 元；采用初设计方案作为粒子群搜索空间约束，可以减少种群粒子的无效搜索，经过39次迭代后收敛；采用初设计方案作为粒子群速度引导项可以避免早期迭

代过程中种群粒子搜索方向的盲目性，在目标函数达到初设计方案之前，优化结果和收敛速度更好，但最终仍需要 29 次迭代才能收敛。因此，在收敛结果相近的前提下，与标准粒子群优化算法相比，引入油藏工程初设计后收敛速度更快，迭代收敛所需的数值模拟计算量分别降低 41.67%、18.75%、39.58%。

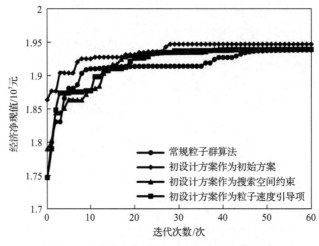

图 7-37　四种不同优化方法的迭代次数曲线

　　图 7-38～图 7-40 分别对比了 4 种优化方法计算得到的注入速度、注入浓度和采液速度。可以看出，基于油藏工程初设计的粒子群算法得到的各单井注采液量、注入浓度与标准粒子群优化算法相差不大。与均匀注采方案相比，I1 井、I3 井的注入速度增大，I4 井的注入速度减小；I1 井、I3 井的聚合物注入浓度增大，I2 井、I4 井的聚合物注入浓度减小；P1 井、P2 井、P3 井、P5 井、P8 井的产液速度增大，P4 井、P6 井、P7 井、P9 井的产液速度减小，均与油藏工程初设计结果一致。结果表明，在计算工作量降低的条件下，仍能得到较好的优化结果。

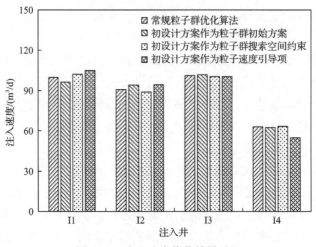

图 7-38　注入速度优化结果对比

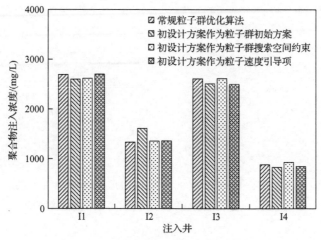

图 7-39　聚合物注入浓度优化结果对比

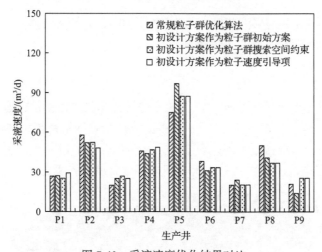

图 7-40　采液速度优化结果对比

　　图 7-41 对比了 4 种优化方法得到的注采方案相对于油藏工程初设计方案增加采出的剩余油饱和度分布。可以看出，4 种优化方法得到的注采方案开发效果更好，特别是 I4 井所在的区域，这主要是因为 I4 井和 P6 井之间存在一个高渗连通区域，通过降低 I4 井

(a) 常规粒子群优化算法

(b) 初设计方案作为粒子群初始方案

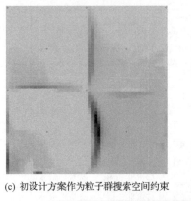

(c) 初设计方案作为粒子群搜索空间约束　　　　　(d) 初设计方案作为粒子速度引导项

剩余油饱和度

图 7-41　各智能优化方案增加采出的剩余油饱和度分布

的注入速度，降低 P6 井的采液速度，增加 P5 井和 P8 井的采液速度，可以减轻水窜现象，改善原波及程度较低区域的开发效果。

三、应用实例

为进一步验证基于油藏工程初设计的粒子群优化算法的适用性，基于胜坨油田东 35 区块开展数值模拟研究。如图 7-42 所示，模型采用角点网格系统，共包含 120×113×36=488160 个网格，基本物性参数如表 7-9 所示。模型包含 12 口注入井和 21 口生产井，采用分注合采的方式，12 口注入井中有 9 口井实施分层注入工艺。

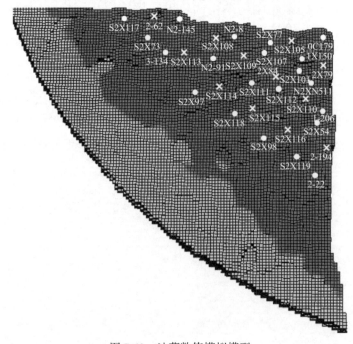

图 7-42　油藏数值模拟模型

表 7-9　油藏基本物性参数(胜坨油田东 35 区块)

参数	参数取值	参数	参数取值
地质储量/$10^4 m^3$	877	平均渗透率/$10^{-3}\mu m^2$	1719
孔隙体积/$10^4 m^3$	3450	地下原油黏度/$(mPa \cdot s)$	90
原始含油饱和度/%	65	地面原油相对密度	0.95
平均孔隙度/%	21	原始地层压力/MPa	16.7

模型首先采用水驱开发,含水率达到 95% 时转注聚合物溶液,聚合物溶液注入段塞达到 0.3PV 时转后续水驱,继续生产至含水率重新上升到 98% 时开发结束。考虑到分注合采开发,聚合物驱注采优化参数包括 21 口生产井的采液速度,9 口分层注入井的 18 个注入速度和聚合物注入浓度,3 口合注井的注入速度和聚合物注入浓度,共计 63 个变量。

基于油藏工程初设计方法,分别得到注入井和生产井分区,进而求取各单井配产配注量。图 7-43 和图 7-44 分别为注入井分区示意图和生产井分区示意图,进而采用油藏工程初设计方法进行了注采方案初设计。作为对比,设计了均匀注采方案,即总注采液量和聚合物浓度均匀分布于每口井,而对于实施分层注入工艺的注入井,配注量根据射开层位按比例进行划分。

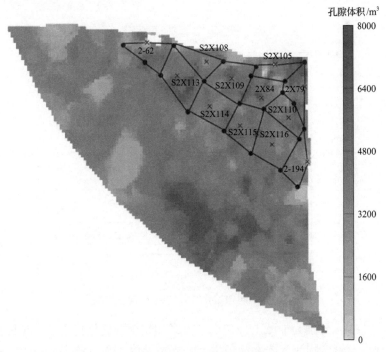

图 7-43　注入井分区示意图

图 7-45 对比了分别采用均匀注采方案和油藏工程初设计方案作为初始方案的粒子群优化迭代曲线。可以看出,采用均匀注采方案初始化的经济净现值为 7609.40 万元,经过 22 次迭代后收敛于 13168.8 万元;采用油藏工程初设计方案初始化的经济净现值为 9629.40 万

元，经过 11 次迭代后收敛于 13284.11 万元。因此，以油藏工程初设计方案作为粒子群初始方案进行优化计算，可以在不影响优化结果的前提下，大幅减少优化计算工作量。

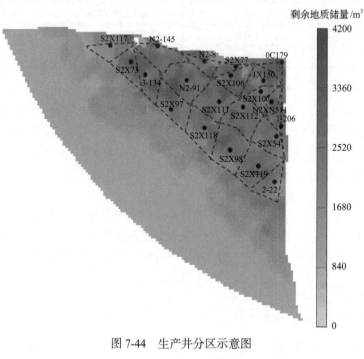

图 7-44　生产井分区示意图

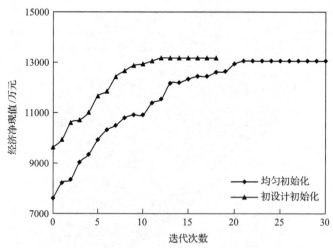

图 7-45　不同初始化方案的经济净现值曲线

图 7-46～图 7-48 分别为油藏工程初设计方案和粒子群优化算法进一步优化得到的各注入井注入速度、聚合物注入浓度和各生产井采液速度。可以看出，基于油藏工程初设计方法和粒子群优化算法得到注入速度、采液速度及聚合物注入浓度结果相近，因此基于初设计的粒子群优化算法既能够降低优化计算量，又能够保证优化方案与矿场油藏工程认识相一致。

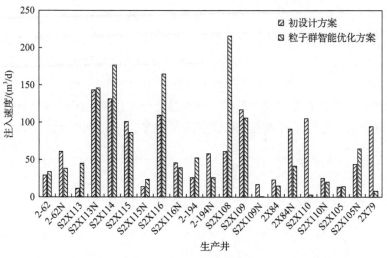

图 7-46 注入速度优化结果

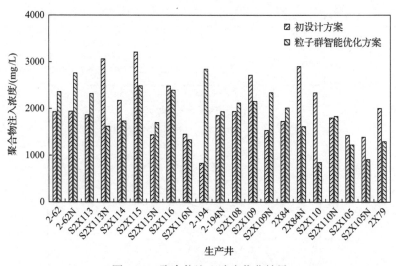

图 7-47 聚合物注入浓度优化结果

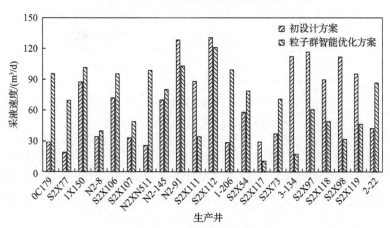

图 7-48 采液速度优化结果

图 7-49 和图 7-50 分别对比了均匀注采方案、油藏工程初设计方案与粒子群优化方案的采出程度及含水率变化曲线。可以看出，均匀注采方案的采出程度为 37.0%，含水率下降漏斗最低值为 87.67%；油藏工程初设计方案的采出程度为 38.6%，含水率下降漏斗最低值为 86.87%；粒子群优化方案的采出程度为 41.1%，含水率下降漏斗最低值为 85.87%。因此，在油藏总配注量、总配产量和总化学剂用量一定的情况下，采用基于初设计的粒子群算法优化注采开发方案，能够取得更好的降水增油效果。

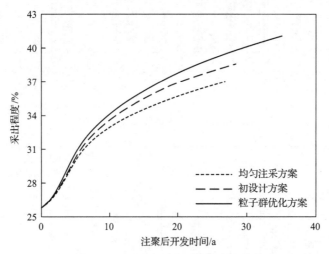

图 7-49　不同方案的采出程度变化曲线

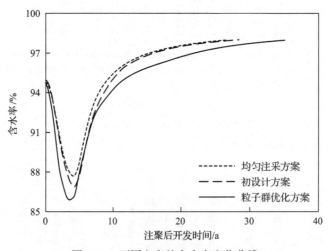

图 7-50　不同方案的含水率变化曲线

图 7-51 对比了均匀注采方案、油藏工程初设计方案与粒子群优化方案的净现值变化曲线。可以看出，在总配注量、总配产量和总化学剂用量一定的情况下，采用基于初设计的粒子群算法优化注采开发方案经济净现值更大且投资回收期更短，能够获得更好的经济效益。

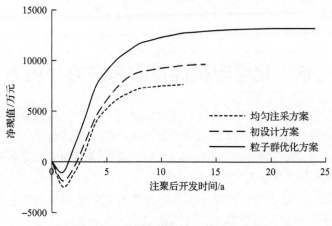

图 7-51　不同方案的净现值变化曲线

第八章　化学驱提高采收率潜力评价方法

我国化学驱提高原油采收率方法具有较大的潜力。由于提高原油采收率方法的机理十分复杂，并具有投资大、成本高、风险大等特点，化学驱提高采收率潜力分析工作十分重要，它对于指导化学驱提高采收率发展方向，确保油田的宏观工作部署及规划更为科学合理起到重要的作用(侯健，2005，2007)。

化学驱提高采收率潜力评价的基本程序：先进行化学驱资源初筛选，然后进行资源评价，再划分区块群和选取典型单元，并以典型单元代表整个区块群进行潜力预测和经济评价，最后进行油田整体化学驱潜力分析。

本章提出化学驱"经济提高采收率"概念，结合室内试验、油藏数值模拟和经济评价方法，得到综合考虑技术和经济影响下的化学驱油藏筛选指标界限。采用冈珀茨(Gompertz)模型表征化学驱累积增油量曲线变化趋势，考虑表征模型特征参数不同区间影响规律的差异，分区间进行特征参数与影响因素的关系式回归，建立基于多元回归方法的化学驱潜力预测模型。建立的预测模型优势在于各参数间的关系反映直观，模型相对简单，外推性好。预测的化学驱年度增油量数据结合经济评价方法，可直接预测化学驱项目的内部收益率。考虑化学驱项目中油藏、经济等参数存在的不确定性，结合蒙特卡罗方法建立化学驱提高采收率潜力分析方法，可评价化学驱项目的提高采收率潜力及其所面临的技术和经济风险。

第一节　化学驱油藏筛选指标界限

为了有效指导化学驱矿场实施并降低实施风险性，有必要确定化学驱方法的油藏筛选指标界限，以此筛选出适合化学驱开发的油藏单元及储量。不同化学驱方法的驱油机理不同，其油藏适用条件也有所不同。油藏筛选指标界限按技术和经济限制条件的不同，可分为筛选指标技术界限和经济界限。

化学驱油藏指标界限的基本研究思路：运用数值模拟方法开展化学驱方法的影响因素研究，回归得出提高采收率与油藏参数之间的定量关系式，再结合经济提高采收率的计算公式确定指标界限，即当提高采收率的值等于经济提高采收率时所对应的这个油藏参数的特定值就是所要求取的油藏参数界限值，进而确定出适用化学驱方法的油藏筛选指标界限。化学驱技术油藏筛选指标界限的研究流程图如图 8-1 所示。

一、经济提高采收率计算方法

确定某个油藏是否具有化学驱开发的经济可行性需结合经济评价，而化学驱开发经济评价常采取增量评价法。化学驱技术项目开发期末的经济净现值大于零，则该项目经济可行，反之则不可行。

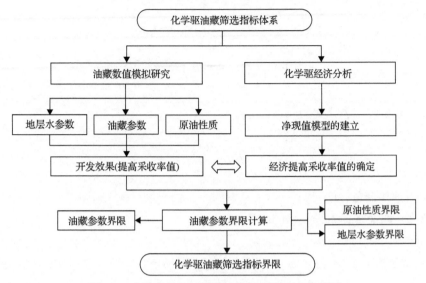

图 8-1 化学驱技术油藏筛选指标界限研究流程图

经济提高采收率是指内部收益率 i_c 等于期望收益率下，生产期内经济净现值为零时的所对应的提高采收率值。考虑化学驱的风险性，i_c 可取参考值 12%、15%、20%、30% 等。当 i_c 取基准收益率 12% 时，得到的即为经济极限提高采收率。

采用动态财务净现值法来计算经济提高采收率，经济净现值的表达式为

$$\text{NPV} = \sum_{i=1}^{t} \left[\alpha_o Q_{oi} P_o - \alpha_o Q_{oi} P_o (R_s + R_t) - Q_{oi} C_m - Q_{pi} P_p \right] (1 + i_c)^{-i} - N_t I_s \quad (8\text{-}1)$$

式中，NPV 为经济净现值，元；α_o 为原油商品率，%；Q_{oi} 为第 i 年化学驱相对于水驱增加的原油产量，t；Q_{pi} 为第 i 年的化学剂干粉注入量，t；P_p 为化学剂干粉的购买价格，元/t；I_s 为化学驱项目开始阶段单井投资费用增量，元/口；P_o 为原油销售价格，元/t；R_s 为资源税税率，%；R_t 为综合税率，%；C_m 为原油操作费用增量，元/t；t 为经济评价时间，年；i 为计算时间 ($i=1, 2, 3, \cdots, t$)，年；i_c 为收益率，%；N_t 为区块的总井数，口。

为了确定合理的经济提高采收率表达式，第 i 年化学驱相对于水驱增加的原油产量可表示为

$$Q_{oi} = \gamma_o Q_{oe} \quad (8\text{-}2)$$

式中，γ_o 为年增油量占总增油量比例，%；Q_{oe} 为经济极限累积增油量，t。

当 NPV=0 时，对应的生产井产量即为经济增油量。

$$\sum_{i=1}^{t} \left[\alpha_o Q_{oi} P_o - \alpha_o Q_{oi} P_o (R_s + R_t) - Q_{oi} C_m - Q_{pi} P_p \right] (1 + i_c)^{-i} - N_t I_s = 0 \quad (8\text{-}3)$$

将式 (8-2) 代入式 (8-3)，得到化学驱经济极限累积增油量表达式：

$$Q_{oe} = \frac{N_t I_s + \sum\limits_{i=1}^{t} Q_{pi} P_p \left(1+i_c\right)^{-i}}{\sum\limits_{i=1}^{t} \left[P_o \gamma_o \alpha_o \left(1-R_t-R_s\right) - \gamma_o C_m\right]\left(1+i_c\right)^{-i}} \tag{8-4}$$

经济提高采收率表达式为

$$R_{oe} = \frac{Q_{oe}}{N} \tag{8-5}$$

式中，N 为地质储量，t。

得到化学驱经济提高采收率的表达式：

$$R_{oe} = \frac{N_t I_s + \sum\limits_{i=1}^{t} Q_{pi} P_p \left(1+i_c\right)^{-i}}{N \sum\limits_{i=1}^{t} \left[P_o \gamma_o \alpha_o \left(1-R_t-R_s\right) - \gamma_o C_m\right]\left(1+i_c\right)^{-i}} \tag{8-6}$$

式中，$\sum \gamma_o = 1$。

从计算过程可以看出，计算经济提高采收率需要知道生产年限、年增油比例及年注剂量。

将 S 油藏聚合物驱开发动态数据及化学驱开发的投资与成本数据(表 8-1)代入经济提高采收率的计算式(8-6)中，可以得到收益率为 12%和 20%时聚合物驱开发的经济提高采收率计算式，见式(8-7)和式(8-8)。

表 8-1 S 油藏聚合物驱投资成本构成表

参数	参数取值
单井增量投资/(万元/井)	400
每立方米油增量生产费用/(元/m³)	600
聚合物成本/(万元/t)	2.2
资源税税率/%	6
原油商品率/%	96
综合税率/%	18

$$R_{oe} = \frac{nI_s + 3130.08}{N\left(0.2079 P_o - 204.87\right)} \tag{8-7}$$

$$R_{oe} = \frac{nI_s + 3963.36}{N\left(0.3244 P_o - 319.64\right)} \tag{8-8}$$

由式(8-7)、式(8-8)可以得出，在收益率为 12%和 20%条件下，此油藏聚合物开发方式下不同单井增量投资、不同油价下的经济提高采收率图版如图 8-2 和图 8-3 所示。当油价为 60 美元/bbl[①]，单井增量投资为 400 万元/井时，经济提高采收率分别为 5.05%、6.85%。

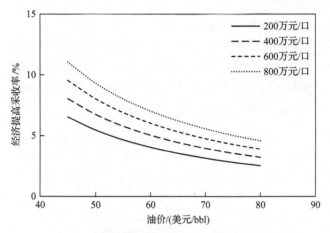

图 8-2　聚合物驱经济提高采收率图版（i_c=12%）

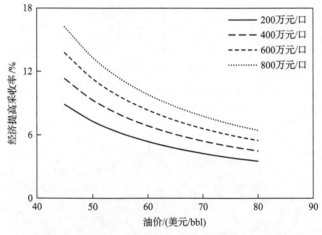

图 8-3　聚合物驱经济提高采收率图版（i_c=20%）

二、典型油藏数值模拟模型建立

考虑到化学驱潜力评价的特点，在海上油田 S 油藏选择一个典型井组单元建立概念模型进行数值模拟研究，模拟区域面积 0.53km²，地质储量 227.97×10⁴m³。选择的模拟区域要求具有一定的代表性，即开发程度、地质条件能基本代表 S 油藏的水平。

本次数值模拟模型研究的目的层为多层模型（共三个油层组），模拟区域的顶面构造、砂层厚度、渗透率及其他地质参数均来源于实际地质模型资料，建立地质模型参数遵循以下原则。

---

① 1bbl=0.158987m³。

(1)层间渗透率取自实际矿场测井资料，层内渗透率分布采用克里金插值获得。

(2)各层砂厚、有效厚度取自矿场资料，层内取值相同。

(3)各层孔隙度、初始含水饱和度取自矿场资料，层内取值相同。各层压力取值按照油藏中部深度和压力计算获取。

(4)流体物性参数取自实际实验数据。

模型主要物性参数取值如表 8-2 所示。为了描述层内韵律段的非均质性，根据地质研究结果，共划分为 8 个模拟层，采用直角网格系统，平均网格步长为 50m，模拟区共划分 $14 \times 14 \times 8 = 1568$ 个网格，布井方式为行列式井网，井距 350m，3 口注入井，10 口生产井，井数共 13 口，所建三维地质概念模型如图 8-4 所示。

表 8-2　S 油藏模拟区域基本物性参数取值

参数	参数取值	参数	参数取值
地质储量/10^4m^3	227.97	原始压力/MPa	14.2
孔隙体积/10^4m^3	375.8	饱和压力/MPa	11.0
含油井段厚度/m	200～400	地下原油黏度/(mPa·s)	60
渗透率/$10^{-3}\mu\text{m}^2$	2500	原油体积系数	1.11
渗透率变异系数	0.6	地面原油相对密度	0.96
原始含油饱和度/%	56	钙镁离子含量/(mg/L)	600
平均孔隙度/%	32	原始地层水矿化度/(mg/L)	6000
地层温度/℃	65	注聚前含水率/%	70

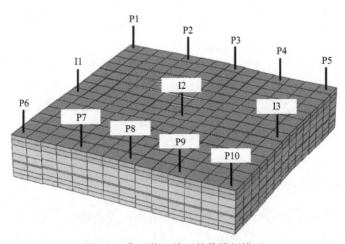

图 8-4　典型井组单元数值模拟模型

生产动态模型描述了整个模拟区的开发动态变化过程。生产数据从 1993 年 9 月开始到 2007 年 3 月为止，以月为时间步长单位，逐月输入生产井的产液量和注入井的注水量，描述生产变化过程。注采动态是根据 S 油藏全区实际资料按照地质储量和孔隙体积比例折算后赋予模拟井上。其中，注入井的注水量按照区块实际注水量孔隙体积倍数折算，生产井产液量按照区块采出程度和含水率折算。这样，模拟区注采动态特征基本上能够反映全区情况。

对所建立的概念模型进行了水驱开发阶段的自动历史拟合，拟合后的相对渗透率曲线与区块含水率曲线如图 8-5 和图 8-6 所示。

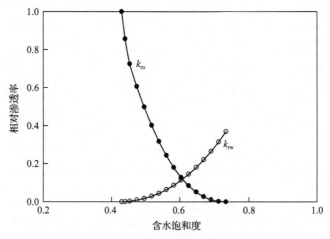

图 8-5　油水相对渗透率曲线

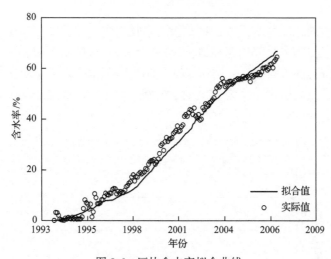

图 8-6　区块含水率拟合曲线

聚合物驱注入方式参照 S 油藏已开展的聚合物驱井组试验，注聚用量为 0.4PV×1750mg/L=700PV·mg/L，注入速度为 0.06PV/a。通过计算得到含水率变化曲线如图 8-7 所示，可以看到，聚合物驱方案起到了明显的降水增油效果，聚合物驱相对水驱提高采收率8.63%。

三、化学驱油藏筛选指标经济技术界限

本章以聚合物驱为例，基于油藏数值模拟和经济分析讨论了原油黏度、地层温度、地层水矿化度、钙镁离子含量、渗透率等参数对聚合物驱开发效果的影响规律，确定了各筛选指标经济技术界限。

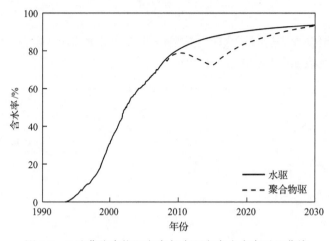

图 8-7　S 油藏聚合物驱方案与水驱方案含水率对比曲线

1. 原油黏度界限

低的原油黏度由于流度比有利，水驱采收率高，聚合物驱提高采收率幅度不大；而原油黏度太高，需要更高的聚合物溶液质量浓度和用量，这对于油层的注入能力及经济效益均有影响。

模拟计算了不同原油黏度下聚合物驱提高采收率值，如图 8-8 所示。可以看出，原油黏度对聚合物驱提高采收率值存在最优范围。经济评价结果表明，聚合物驱期望收益率为 20%时，经济提高采收率为 6.85%，对应的地下原油黏度值为 220mPa·s，即地下原油黏度较佳界限；当期望收益率为 12%时，经济提高采收率为 5.05%，聚合物驱的经济极限适用黏度为 270mPa·s。

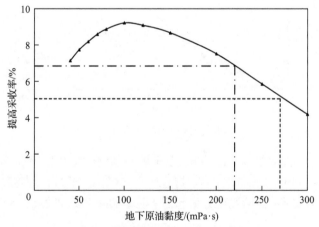

图 8-8　聚合物驱提高采收率与地下原油黏度关系

2. 地层温度界限

聚合物溶液的特性随着油层温度的改变而发生变化，尤其是溶液黏度随着地层温度的升高而降低。聚丙烯酰胺在 70℃时表现出很强的絮凝倾向。高温下降解反应会加速，吸附量增大。温度还会对聚合物驱所需的其他化学添加剂，如杀菌剂、除氧剂等产生影响。随着地层温度的升高，聚合物性质变差导致聚合物对水的增黏效果降低，开发效果变差。

模拟计算了不同地层温度条件下聚合物驱提高采收率值，如图 8-9 所示。经济评价结果表明，聚合物驱期望收益率为 20%时，对应的地层温度值为 78.5℃，取整为 80℃，即地层温度较佳界限；当期望收益率为 12%时，经济提高采收率对应的温度为地层温度最大界限 93℃。综合来看，聚合物驱温度较佳界限为 80℃，最大值为 93℃。

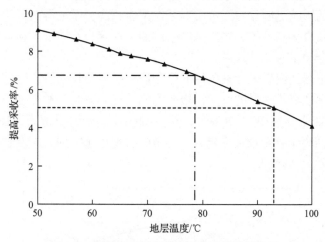

图 8-9　聚合物驱提高采收率与地层温度关系

3. 地层水矿化度界限

聚合物驱地层水矿化度不应太高。聚丙烯酰胺类聚合物本身具有盐敏性，地层水矿化度增加，聚合物在岩石表面的吸附量增大，使聚合物溶液的有效质量浓度降低，黏度下降。同时，由于水中离子与聚合物分子链上的离子之间的排斥力增大，聚合物分子伸展的能力大大降低，溶液黏度下降。如地层水矿化度高，可采用预冲洗方法，或采用生物聚合物和耐盐聚合物。

模拟计算了不同地层水矿化度条件下聚合物驱提高采收率值，如图 8-10 所示。随着地层水矿化度增加，聚合物驱的增黏效果变差，提高采收率的幅度变小。经济评价结果

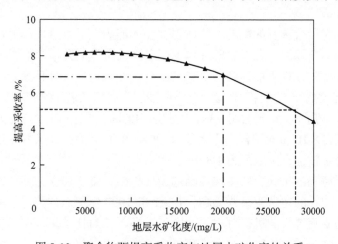

图 8-10　聚合物驱提高采收率与地层水矿化度的关系

表明，聚合物驱期望收益率为 20%时，对应的地层水矿化度值为 20000mg/L，即地层水矿化度较佳界限；当期望收益率为 12%时，聚合物驱的经济极限适用地层水矿化度为 28000mg/L。

4. 钙镁离子含量界限

聚合物溶液具有显著的盐敏效应，盐中的阳离子尤其是二价阳离子比一价阳离子对聚合物溶液黏度的影响更明显，二价阳离子对聚合物高分子的屏蔽作用更强，当其含量较高时，极易与聚合物高分子的羧酸基产生沉淀，对聚合物溶液的稳定性造成较大的影响，从而影响聚合物驱的开发效果。

模拟计算了不同钙镁离子含量条件下聚合物驱提高采收率值，结果如图 8-11 所示。可以看出，随着钙镁离子含量的增加，聚合物驱的提高采收率幅度变小。经济评价结果表明，聚合物驱期望收益率为 20%时，对应的钙镁离子含量值为 1160mg/L，取整为 1200mg/L，即钙镁离子含量较佳界限；当期望收益率为 12%时，聚合物驱的经济极限适用钙镁离子含量为 1500mg/L。

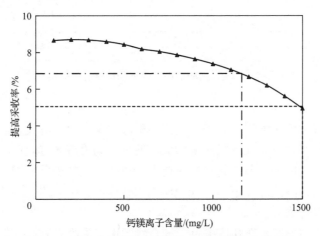

图 8-11　聚合物驱提高采收率与钙镁离子含量的关系

5. 渗透率界限

油层渗透率对聚合物驱的影响主要体现在注入能力上。渗透率越低，聚合物驱注入过程中井底压力上升越高。现场注聚过程中要求注入压力上升幅度不高于 10MPa。当渗透率低至一定程度时，就不能达到所要求的聚合物注入速度，并且聚合物的剪切现象加剧，严重影响聚合物驱开发效果。模拟得到不同油层渗透率下聚合物驱时注入井井底压力上升幅度，如图 8-12 所示。结果表明，聚合物驱适用的油藏渗透率需大于 $390 \times 10^{-3} \mu m^2$，为方便应用，取 $400 \times 10^{-3} \mu m^2$。渗透率大于 $1000 \times 10^{-3} \mu m^2$ 后，注入井井底上升压力变化不大，因此渗透率较佳范围取值为 $1000 \times 10^{-3} \mu m^2$。

由此确定了海上油田聚合物驱油藏筛选指标界限，将所建立的筛选指标界限与美国国家石油委员会推荐的化学驱筛选标准、Taber 于 1997 年提出的聚合物驱筛选标准及胜利油田的聚合物驱筛选标准进行对比，如表 8-3 所示。对比结果表明，本书由于采用新型聚合物，适用油藏的原油黏度、钙镁离子含量指标界限放宽；为满足海上油田注聚能力要求，地层渗透率指标界限有所提高。

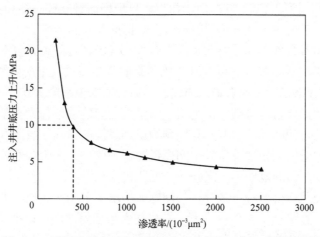

图 8-12　不同渗透率下聚合物驱注入井井底压力上升变化曲线

表 8-3　聚合物驱油藏筛选指标界限对比

筛选指标	美国国家石油委员会（1984 年）	Taber（1997 年）	胜利油田（2002 年）	本研究	
				较佳范围	最大范围
原油黏度/(mPa·s)	<100	<150	<120	<220	<270
油层温度/℃	<93	<93	<80	<80	<93
地层水矿化度/(mg/L)	<100000	<20000	<20000	<20000	<28000
钙镁离子含量/(mg/L)	—	<500	<150	<1200	<1500
地层渗透率/$10^{-3}\mu m^2$	>20	>10	>100	>1000	>400

　　此外，在化学驱油藏筛选过程中，油层渗透率非均质性也是影响化学驱开发效果的重要因素，有明显裂缝油藏、底水油藏、带气顶油藏及边水活跃油藏应慎用化学驱。总之，在选择油层时，应使化学驱的药耗，以及油层伤害等不利因素尽可能地小。

第二节　化学驱潜力预测模型

　　潜力预测是潜力评价的基础，化学驱潜力预测的准确性是潜力评价结果可靠性的有力保证。化学驱潜力预测模型一般从两个方面建立：一是数学建模的方法（侯健，2004；Hou et al., 2008）；二是统计分析（经验公式）的方法。基于统计理论的方法中，统计样本可来自矿场数据，也可来自数值模拟结果（黄烈林等，2002）。在实际应用中，由于统计方法是从复杂系统中归纳出一般规律，再将其用于该系统的预测，许多数学建模所不能描述的机理往往可隐含在统计规律中，会取得较好的应用效果。

　　随着我国化学驱方法的工业化应用，现场数据不断增多。这些数据之间存在着某种关联，反映了影响化学驱矿场实施效果和经济效益的各种因素及其影响规律。如果通过统计分析寻求其内在规律，找到各种主要变量之间的关系，便可利用这种关系进行化学驱方法的潜力预测和分析。这种以统计理论为基础的化学驱潜力预测与分析方法一般具有分析方便、计算快捷的优点，同时由于数据取自现场而具有针对性和实用性强的特点，但需注意到其分析结果往往受统计的数据量和数据准确性的影响。

考虑到化学驱潜力预测和分析涉及因素较多、各因素之间关系复杂的特点，采用人工神经网络模型等机器学习方法可以进行化学驱油藏提高采收率潜力预测（Wang et al.，2014）。人工神经网络模型将所有输入与输出参数之间的关系隐含在了多个隐节点之中。人工神经网络模型拟合精度虽高，但是由于将参数之间的关系包含在了隐节点之中，不能直观地体现参数之间的关系，并且只能预测得到最终的提高采收率和内部收益率值，无法得到年度增油量或累积增油量等中间变量数据。此外，人工神经网络还存在过学习问题，拟合效果好，预测效果不一定好，外推性较差。

针对人工神经网络模型等方法存在的问题，提出了采用多元回归方法建立化学驱潜力预测模型的研究思路，如图 8-13 所示。首先建立累积增油定量表征模型，再利用多元回归建立预测模型，这样在预测化学驱效果的同时，又能准确把握各参数之间的关系（张贤松等，2013）。与人工神经网络等预测方法相比，基于多元回归建立的预测模型相对简单，外推性好。

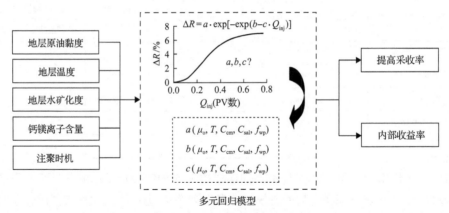

图 8-13 化学驱潜力预测研究思路

μ_o-地层原油黏度；T-地层温度；C_{sal}-地层水矿化度；C_{cm}-钙镁离子含量；f_{wp}-注聚时机；ΔR-聚合物驱阶段提高采出程度；
Q_{inj}-聚合物驱阶段累积注入孔隙体积倍数；a,b,c-模型特征参数

化学驱潜力预测模型的研究方法：筛选能够精确反映累积增油量曲线变化趋势的数学模型，并进行可靠性验证；建立典型区块油藏数值模拟模型，并通过正交设计产生潜力预测样本集；通过定量表征模型特征参数的影响规律分析，进行各影响参数值的区间划分及回归模型的确定；根据划定的参数值区间，将拟合和检验样本集分组进行特征参数与影响因素的关系式回归，建立一系列潜力预测回归模型；根据建立的潜力预测模型，可直接进行化学驱提高采收率的预测，并可以得出整个过程的年度增油量数据，结合增量经济评价方法，进一步预测化学驱项目的内部收益率。具体的研究流程如图 8-14 所示。

一、累积增油定量表征模型

本章以聚合物驱为例，聚合物驱累积增油随累积注入量的变化关系曲线是一种增长

型曲线，且这类增长型曲线存在极限值，其导数曲线即年增油曲线具有非对称性特征。

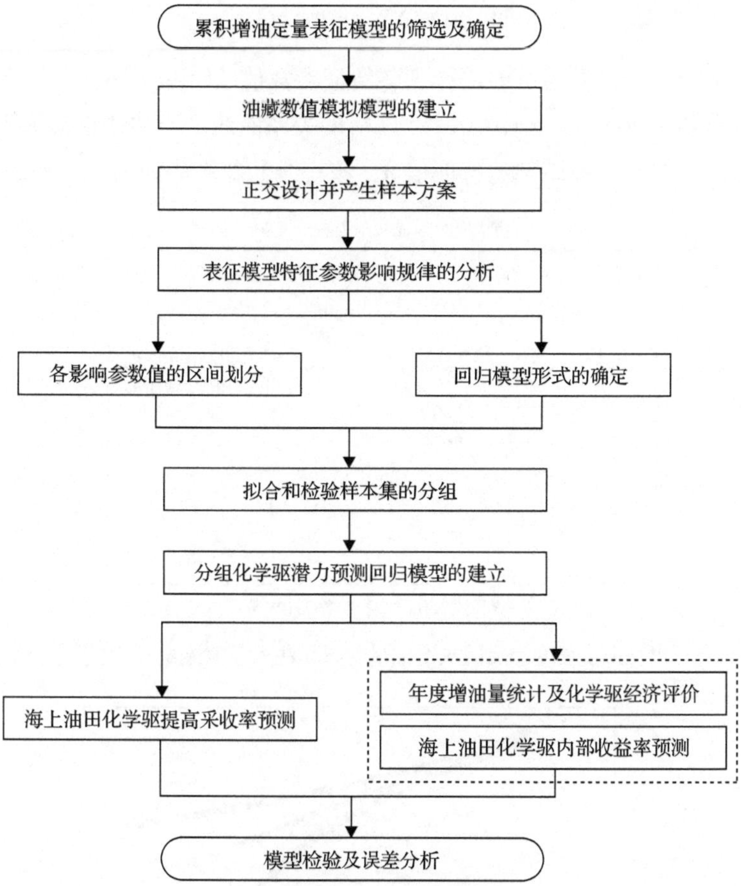

```
     ┌─────────────────────────────┐
     │   累积增油定量表征模型的筛选及确定    │
     └──────────────┬──────────────┘
     ┌──────────────┴──────────────┐
     │      油藏数值模拟模型的建立      │
     └──────────────┬──────────────┘
     ┌──────────────┴──────────────┐
     │     正交设计并产生样本方案      │
     └──────────────┬──────────────┘
     ┌──────────────┴──────────────┐
     │   表征模型特征参数影响规律的分析   │
     └──────────────┬──────────────┘
     ┌────────────────┐        ┌────────────────┐
     │  各影响参数值的区间划分  │        │   回归模型形式的确定   │
     └────────┬───────┘        └───────┬────────┘
     ┌──────────────┴──────────────┐
     │      拟合和检验样本集的分组      │
     └──────────────┬──────────────┘
     ┌──────────────┴──────────────┐
     │   分组化学驱潜力预测回归模型的建立   │
     └──────────────┬──────────────┘
                    │       ┌─ ─ ─ ─ ─ ─ ─ ─ ─ ─ ─ ─┐
     ┌──────────────┴──────┐ ┆ ┌────────────────────┐ ┆
     │ 海上油田化学驱提高采收率预测 │ ┆ │ 年度增油量统计及化学驱经济评价 │ ┆
     └──────────────┬──────┘ ┆ └────────────────────┘ ┆
                    │        ┆ ┌────────────────────┐ ┆
                    │        ┆ │ 海上油田化学驱内部收益率预测  │ ┆
                    │        ┆ └────────────────────┘ ┆
                    │        └─ ─ ─ ─ ─ ─ ─ ─ ─ ─ ─ ─┘
     ┌──────────────┴──────────────┐
     │       模型检验及误差分析       │
     └─────────────────────────────┘
```

图 8-14　化学驱潜力预测模型的研究流程

常用的增长曲线模型主要有 Gompertz 模型、逻辑斯谛(logistic)模型和韦布尔(Weibull)模型。Weibull 模型两端不存在极限值，不适合表征累积增油曲线；logistic 模型虽然存在极限值，但是其导数曲线是对称的，而增油量曲线是非对称的；Gompertz 模型既存在极限值，其导数曲线又能反映出非对称性特征。对不同类型增长型曲线特征进行分析，选用 Gompertz 模型描述聚合物驱累积增油曲线，该模型相对简单，外推性好。

根据 Gompertz 模型，定量表征聚合物驱累积增油曲线的数学方程可表示为

$$\Delta R = a \cdot \exp\left[-\exp\left(b - cQ_{\mathrm{inj}}\right)\right] \tag{8-9}$$

式中，ΔR 为聚合物驱阶段提高采出程度，%；Q_{inj} 为聚合物驱阶段累积注入孔隙体积倍数；a、b、c 为模型特征参数。

该定量表征模型的特征参数具有明确的物理意义，特征参数 a 反映累积注聚条件下提高采收率的极限值，b/c 反映模型曲线拐点(对应于累积增油曲线斜率最大处)对应的累积注入量，对应于增油量曲线出现峰值时的累积注入孔隙体积倍数，如图 8-15 所示。

由式(8-9)取两次对数可以得到

$$\ln\left[\ln\left(a/\Delta R\right)\right] = b - cQ_{\text{inj}} \tag{8-10}$$

该定量表征模型可以采用试差法得到各特征参数值。如图 8-16 所示，采用某区块矿场数据，取一系列 a 值作 $\ln\left[\ln\left(a/\Delta R\right)\right]$ 与 Q_{inj} 的关系曲线。当曲线近似为直线时，对应的 a 值就是该区块定量表征模型的特征值 a，该直线的斜率值即为 $-c$，截距为 b。

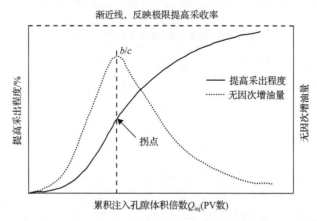

图 8-15　提高采出程度和无因次增油量与累积注入孔隙体积倍数 $\left(Q_{\text{inj}}\right)$ 的关系

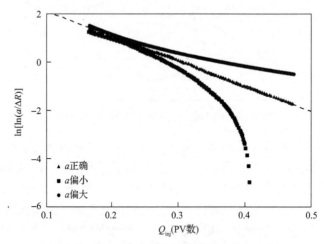

图 8-16　试差法求解定量表征模型特征参数

二、模型特征参数单因素影响规律

选取渤海油田实施聚合物驱 S 区块作为典型区块，采用缔合型聚合物作为驱油剂。在典型区块数值模拟模型的基础上，采用单因素分析方法分别讨论各影响因素对特征参数的影响。考虑到定量表征模型的特征参数与各影响因素之间大多不会在整个参数范围内呈现良好的单一关系，因此需要分段研究它们之间的关系划分各参数的回归区间，在各区间内确定回归模型的形式。

回归模型采用LM(Levenberg-Marquardt)算法,它是介于牛顿法与梯度下降法之间的一种非线性优化方法,对于过参数化问题不敏感,能有效地处理冗余参数问题,使函数陷入局部极小值的机会大大减小,LM算法在参数拟合方面应用较多。

1. 原油黏度的影响

特征参数 a 随原油黏度的增加先迅速增加,然后增加趋势逐渐变缓,当原油黏度达到一定值之后开始下降;特征参数 b 和 c 都随原油黏度的增加先减小、后增加,且变化幅度比特征参数 a 小得多,如图 8-17 所示。

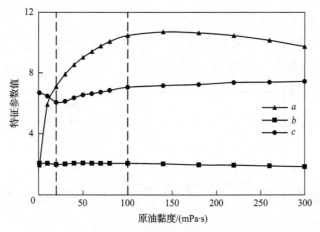

图 8-17 原油黏度对模型特征参数值的影响规律曲线

根据特征参数 a、b、c 随原油黏度的变化规律,需要分段回归特征参数与原油黏度的关系,才能较好地反映原油黏度与特征参数之间的变化关系。原油黏度范围划分为 3 个区间:低黏度区间(1~20mPa·s)、中等黏度区间(20~100mPa·s)、高黏度区间(100~200mPa·s)。在 3 个黏度区间内分别对特征参数 a、b、c 进行回归,确定其函数形式。

对参数 a 的回归结果如图 8-18 所示。可以看出,当原油黏度大于 20mPa·s 后,a 值增速放缓,故原油黏度与特征参数 a 分别在低黏度区间和中等黏度区间呈对数关系,在

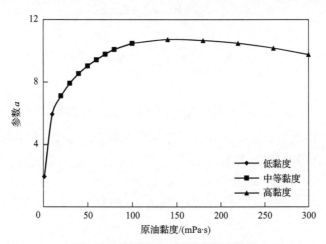

图 8-18 特征参数 a 的分段拟合效果

高黏度区间呈二次式关系。

低黏度区间：

$$a = 1.727 \ln \mu_o + 1.94361 \tag{8-11}$$

中等黏度区间：

$$a = 2.1307 \ln \mu_o + 0.6999 \tag{8-12}$$

高黏度区间：

$$a = -2.0 \times 10^{-4} \mu_o^2 + 4.88 \times 10^{-2} \mu_o + 7.5152 \tag{8-13}$$

式中，μ_o 为原油黏度，mPa·s。

对参数 b 的回归结果如图 8-19 所示，原油黏度与特征参数 b 在低黏度和中等黏度区间呈线性关系，在高黏度区间呈二次式关系。

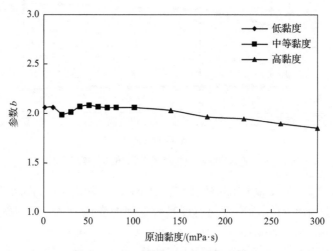

图 8-19　特征参数 b 的分段拟合效果

低黏度区间：

$$b = -3.9 \times 10^{-3} \mu_o + 2.0682 \tag{8-14}$$

中等黏度区间：

$$b = 1.1 \times 10^{-3} \mu_o + 1.9665 \tag{8-15}$$

高黏度区间：

$$b = -5.0 \times 10^{-7} \mu_o^2 - 1.9 \times 10^{-3} \mu_o + 2.2642 \tag{8-16}$$

对参数 c 的回归结果如图 8-20 所示，原油黏度与特征参数 c 在低黏度区间、中等黏度区间和高黏度区间均呈对数关系。

低黏度区间：

$$c = -0.2807 \ln \mu_o + 6.6951 \tag{8-17}$$

中等黏度区间：

$$c = 0.6303 \ln \mu_o + 4.0881 \tag{8-18}$$

高黏度区间：

$$c = 0.5663\ln\mu_o + 4.4607 \tag{8-19}$$

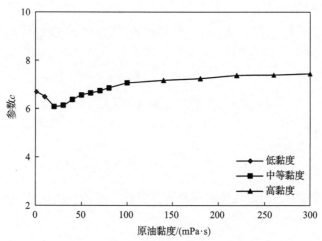

图 8-20　特征参数 c 的分段拟合效果

2. 注聚时机的影响

注聚时机与特征参数之间的变化关系如图 8-21 所示。根据特征参数 a、b、c 随注聚时机的变化规律，需要分段回归特征参数与注聚时机的关系。将注聚时机范围划分为 2 个区间：较早注聚区间（20%～70%）和较晚注聚区间（70%～90%）。

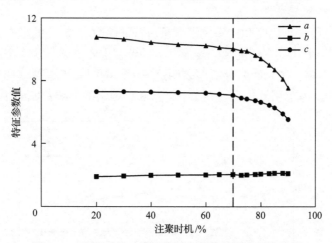

图 8-21　注聚时机对模型特征参数值的影响规律曲线

对参数 a 进行多项式回归，确定注聚时机与特征参数 a 在较早注聚区间呈线性关系，在较晚注聚区间呈二次式关系。

较早注聚区间：

$$a = -3.71\times10^{-2} f_{wp} + 12.667 \tag{8-20}$$

较晚注聚区间：

$$a = -5.5 \times 10^{-3} f_{wp}^2 + 0.7682 f_{wp} - 16.57 \quad (8\text{-}21)$$

式中，f_{wp} 为注聚时机，%。

对参数 b 进行多项式回归，确定注聚时机与特征参数 b 在较早注聚区间和较晚注聚区间均呈二次式关系。

较早注聚区间：

$$b = -2.0 \times 10^{-4} f_{wp}^2 + 2.56 \times 10^{-2} f_{wp} + 1.0048 \quad (8\text{-}22)$$

较晚注聚区间：

$$b = -5.0 \times 10^{-4} f_{wp}^2 + 9.41 \times 10^{-2} f_{wp} - 2.0324 \quad (8\text{-}23)$$

对参数 c 进行回归，确定注聚时机与特征参数 c 在较早注聚区间和较晚注聚区间均呈二次式关系。

较早注聚区间：

$$c = -9.0 \times 10^{-4} f_{wp}^2 + 9.35 \times 10^{-2} f_{wp} + 4.7873 \quad (8\text{-}24)$$

较晚注聚区间：

$$c = -3.3 \times 10^{-3} f_{wp}^2 + 0.4624 f_{wp} - 9.0681 \quad (8\text{-}25)$$

3. 地层温度和地层水性质的影响

地层温度、地层水矿化度和钙镁离子含量对特征参数 a、b、c 的影响分别如图 8-22～图 8-24 所示。可以看出，它们的影响规律基本一致，主要体现在这 3 个因素均对聚合物溶液的黏度产生影响。多元回归分析也表明这三个影响因素不是独立变量，存在明显的共线性问题。因此，考虑引入中间变量 D，将这 3 个因素的影响都归到中间变量 D 中去。

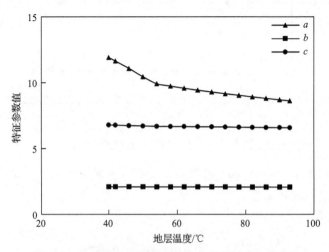

图 8-22 地层温度对模型特征参数值的影响规律曲线

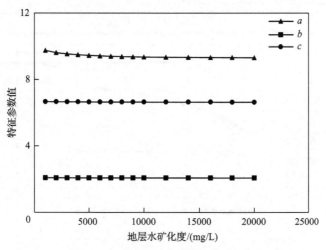

图 8-23 地层水矿化度对模型特征参数值的影响规律曲线

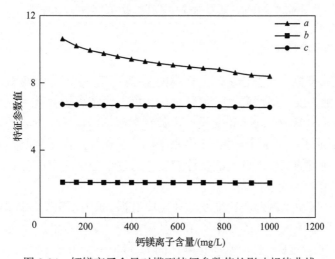

图 8-24 钙镁离子含量对模型特征参数值的影响规律曲线

通过回归分析，建立了中间变量 D 与地层温度、地层水矿化度和钙镁离子含量的关系式：

$$D = -2.8517\times10^{-10}C_{sal}^{2.5} - 1.0258\times10^{4}C_{sal}^{-1} + 5.1401\times10^{3}C_{cm}^{-0.5}$$
$$- 7.6407\times10^{4}C_{cm}^{-1} + 3.6171\times10^{5}C_{cm}^{-1.5} + 5.6581\times10^{2}T^{-0.3671} - 1.9416\times10^{2} \tag{8-26}$$

式中，C_{sal} 为地层水矿化度，mg/L；C_{cm} 为钙镁离子含量，mg/L；T 为温度，℃。

中间变量 D 对模型特征参数值的影响规律如图 8-25 所示。整个区间中，中间变量 D 与特征参数 a 呈对数关系，与特征参数 b 呈线性关系，与特征参数 c 呈倒数关系。中间变量 D 与各特征参数的关系式为

$$a = 2.2474\ln D + 5.3175 \tag{8-27}$$

$$b = 2.2\times10^{-3}D + 2.0542 \tag{8-28}$$

$$c = 6.8204D^{-1} - 1.09657 \tag{8-29}$$

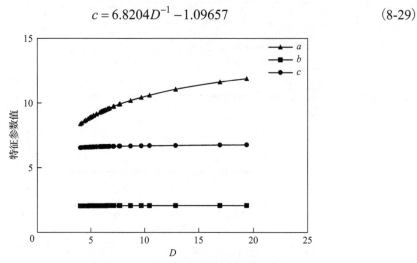

图 8-25　中间变量 D 对模型特征参数值的影响规律曲线

三、分类定量预测模型的建立

采用 S 油藏典型概念模型作为产生样本的基础模型。在聚合物驱影响因素分析的基础上，将地层原油黏度、地层温度、地层水矿化度、钙镁离子含量及注聚前含水率作为正交试验设计的 5 个参数，每个正交设计参数在渤海油田各区块参数适当的取值范围内各取 15 个值，形成了一个 5 个参数 15 个水平的正交设计。由于目前并无合适的正交设计表，采用了一种新的正交设计表的设计方法。通过结合正交设计表 $L_{18}(3^7)$ 和 $L_{50}(5^{11})$ 生成一个 $L_{900}(15^5)$ 的正交设计表。

参考渤海油田区块油藏地质特征及流体性质数据，确定了正交设计参数的取值范围，并建立起参数水平取值表，如表 8-4 所示。其中，原油黏度取值区间为 1～270mPa·s，地层温度区间为 50～93℃，地层水矿化度区间为 3000～28000mg/L，钙镁离子含量区间为 100～1500mg/L，注聚前含水率区间为 20%～90%。

表 8-4　正交设计参数水平取值

水平	地层原油黏度/(mPa·s)	地层温度/℃	地层水矿化度/(mg/L)	钙镁离子含量/(mg/L)	注聚前含水率/%
1	1	50	3000	100	20
2	10	53	4000	200	40
3	20	57	5000	300	50
4	30	60	6000	400	55
5	40	63	7000	500	60
6	50	65	8000	600	65
7	60	67	9000	700	70
8	70	70	10000	800	73
9	80	73	11000	900	75

续表

水平	地层原油黏度/(mPa·s)	地层温度/℃	地层水矿化度/(mg/L)	钙镁离子含量/(mg/L)	注聚前含水率/%
10	100	77	12000	1000	78
11	120	80	14000	1100	80
12	150	83	16000	1200	83
13	200	87	18000	1300	85
14	250	90	20000	1400	88
15	270	93	28000	1500	90

从 900 套方案中随机提取 50 套作为检验样本，在油藏数值模拟过程中有 21 套方案计算不收敛，有效拟合样本为 832 套，有效拟合样本为 47 套。采用 Levenberg-Marquardt算法对有效拟合样本方案的累积增油曲线进行回归拟合，得到定量表征模型的特征参数 a、b、c 值，回归拟合优度 R^2 都大于 0.99，精度满足下一步回归计算的需要。832 套拟合样本方案的特征参数值及其影响因素构成潜力预测样本集。

单因素研究结果表明，原油黏度需要划分 3 个区间，注聚时机需要划分 2 个区间进行回归，这决定了多元回归时必须划分 6 个区间进行回归。各分区间样本分布如表 8-5所示。以低原油黏度和较早时机注聚的情况为例，使用 80 组拟合样本对模型特征参数 a、b、c 的表达式进行了回归，得到 Gompertz 预测模型 I 的特征系数回归公式，同样可得其他条件模型的特征系数回归公式。

表 8-5　回归模型各分区间样本分布表

原油黏度区间	低黏度区间(1～20mPa·s)		中黏度区间(20～100mPa·s)		高黏度区间(100～270mPa·s)	
注聚时机区间	较早注聚	较晚注聚	较早注聚	较晚注聚	较早注聚	较晚注聚
模型序号	模型 I	模型 II	模型 III	模型 IV	模型 V	模型 VI
拟合样本数	80	84	187	206	129	146
检验样本数	3	3	9	14	5	13

模型 I：低原油黏度(1～20mPa·s)、较早注聚(注聚前含水率为 20%～70%)时模型特征参数 a、b、c 的回归模型公式为

$$a = 2.0458\ln\mu_o + 1.0892\ln D - 4.6853\times10^{-2}f_{wp} + 1.2561$$

$$b = -1.9839\times10^{-3}\mu_o^2 + 6.4083\times10^{-2}\mu_o - 4.3773\times10^{-5}D^2 + 2.8082\times10^{-3}D$$
$$+ 1.1011\times10^{-4}f_{wp}^2 - 4.4323\times10^{-3}f_{wp} + 1.6036$$

$$c = 0.23325\ln\mu_o - 1.3413/D + 1.1386\times10^{-4}f_{wp}^2 - 1.7511\times10^{-2}f_{wp} + 6.4769$$

模型 I 各特征参数计算值与实际值的关系如图 8-26 所示。拟合优度 R^2 分别为 0.9962、

0.9882 和 0.8188。

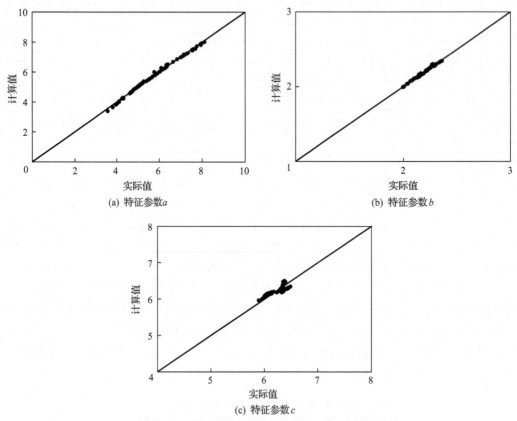

(a) 特征参数 a

(b) 特征参数 b

(c) 特征参数 c

图 8-26　模型 I 特征参数的计算值与实际值关系

模型 II：低原油黏度（1~20mPa·s）、较晚注聚（注聚前含水率为 70%~90%）时模型特征参数 a、b、c 的回归模型公式为

$$a = 1.3892\ln\mu_o + 0.9973\ln D - 1.6097\times10^{-3} f_{wp}^2 + 1.7656\times10^{-1} f_{wp} - 4.8319$$

$$b = -9.7012\times10^{-4}\mu_o^2 + 3.2216\times10^{-2}\mu_o - 5.7190\times10^{-3} D^2 + 9.0873\times10^{-2} D \\ - 6.1940\times10^{-4} f_{wp}^2 + 0.1116 f_{wp} - 3.0852$$

$$c = 0.1359\ln\mu_o - 1.1919/D - 3.3276\times10^{-3} f_{wp}^2 + 0.51117 f_{wp} - 13.572$$

模型 II 各特征参数计算值与实际值的关系如图 8-27 所示，拟合优度 R^2 分别为 0.9756、0.8109 和 0.9355。

模型 III：中等原油黏度（20~100mPa·s）、较早注聚（注聚前含水率为 20%~70%）时模型特征参数 a、b、c 的回归模型公式为

$$a = 1.8111\ln\mu_o + 1.8863\ln D - 4.3824\times10^{-2} f_{wp} + 0.081673$$

$$b = -7.6992 \times 10^{-6} \mu_o^2 - 7.9702 \times 10^{-4} \mu_o - 3.7147 \times 10^{-4} D^2 + 1.1322 \times 10^{-2} D$$
$$+ 7.6504 \times 10^{-5} f_{wp}^2 + 1.5729 \times 10^{-3} f_{wp} + 1.8587$$

$$c = 0.26235 \ln \mu_o - 0.98176 / D - 7.8011 \times 10^{-5} f_{wp}^2 + 1.5367 \times 10^{-2} f_{wp} + 5.1068$$

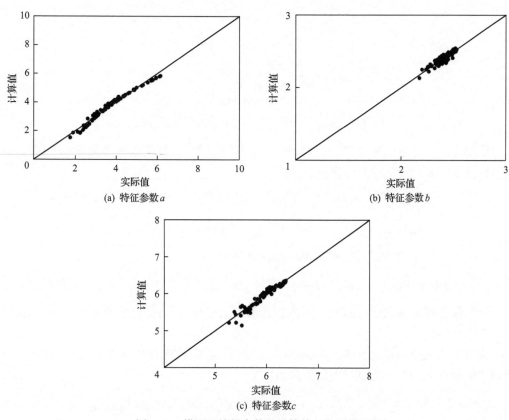

图 8-27　模型 II 特征参数的计算值与实际值关系

模型 III 各特征参数计算值与实际值的关系如图 8-28 所示，拟合优度 R^2 分别为 0.9779、0.9294 和 0.8646。

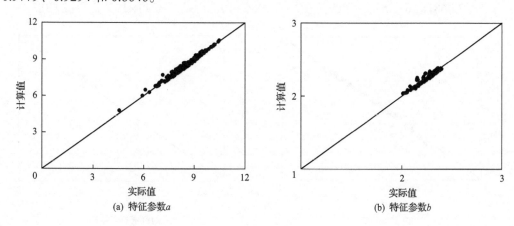

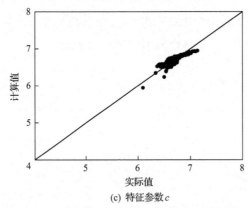

(c) 特征参数 c

图 8-28 模型 III 特征参数的计算值与实际值关系

模型 IV：中等原油黏度（20～100mPa·s）、较晚注聚（注聚前含水率为 70%～90%）时模型特征参数 a、b、c 的回归模型公式为

$$a = 1.9389\ln\mu_o + 1.3942\ln D - 4.5387\times10^{-3}f_{wp}^2 + 5.9087\times10^{-1}f_{wp} - 21.556$$

$$b = -2.1409\times10^{-5}\mu_o^2 + 2.3836\times10^{-3}\mu_o - 2.9329\times10^{-3}D^2 + 6.2250\times10^{-2}D$$
$$- 7.7471\times10^{-4}f_{wp}^2 + 0.13689f_{wp} - 3.8491$$

$$c = 0.46679\ln\mu_o - 1.3007/D - 4.3337\times10^{-3}f_{wp}^2 + 6.5299\times10^{-1}f_{wp} - 19.628$$

模型 IV 各特征参数计算值与实际值的关系如图 8-29 所示，拟合优度 R^2 分别为 0.9923、0.8247 和 0.9859。

模型 V：高原油黏度（100～270mPa·s）、较早注聚（注聚前含水率为 20%～70%）时模型特征参数 a、b、c 的回归模型公式为

$$a = -2.5188\times10^{-5}\mu_o^2 + 7.3179\times10^{-3}\mu_o + 1.8646\ln D - 3.8490\times10^{-2}f_{wp} + 5.7325$$

$$b = -7.2356\times10^{-7}\mu_o^2 - 7.3034\times10^{-5}\mu_o - 6.0159\times10^{-3}D^2 + 9.9394\times10^{-2}D$$
$$- 1.0165\times10^{-4}f_{wp}^2 + 1.3194\times10^{-2}f_{wp} + 1.7215$$

$$c = -2.0681\times10^{-1}\ln\mu_o - 2.8976/D - 5.0985\times10^{-4}f_{wp}^2 + 3.4940\times10^{-2}f_{wp} + 7.8383$$

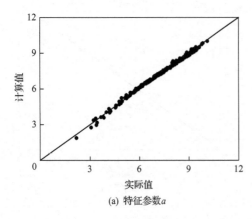

(a) 特征参数 a

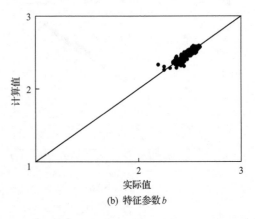

(b) 特征参数 b

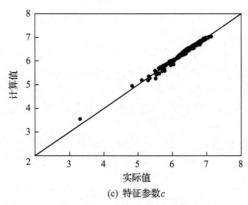

(c) 特征参数c

图 8-29　模型IV特征参数的计算值与实际值关系

模型V各特征参数计算值与实际值的关系如图8-30所示,拟合优度R^2分别为0.9981、0.8711 和 0.9601。

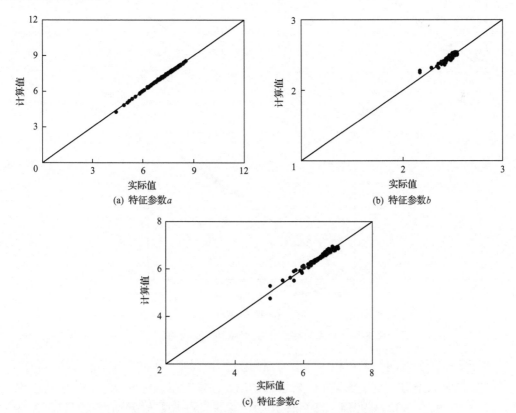

(a) 特征参数a

(b) 特征参数b

(c) 特征参数c

图 8-30　模型V特征参数的计算值与实际值关系

模型VI：高原油黏度(100~270mPa·s)、较晚注聚(注聚前含水率为 70%~90%)时模型特征参数 a、b、c 的回归模型公式为

$$a = -4.1484 \times 10^{-5} \mu_o^2 + 1.2778 \times 10^{-2} \mu_o + 1.5976 \ln D - 3.322 \times 10^{-3} f_{wp}^2$$
$$+ 4.6513 \times 10^{-1} f_{wp} - 13.401$$

$$b = 2.9584 \times 10^{-6} \mu_o^2 - 2.4504 \times 10^{-3} \mu_o - 4.0177 \times 10^{-3} D^2 + 9.9111 \times 10^{-3} D$$
$$+ 1.2366 \times 10^{-4} f_{wp}^2 - 3.2188 \times 10^{-2} f_{wp} + 4.0526$$

$$c = -7.4548 \times 10^{-1} \ln \mu_o - 2.5223 / D - 2.5467 \times 10^{-3} f_{wp}^2 + 3.5949 \times 10^{-1} f_{wp} - 2.3902$$

模型Ⅵ各特征参数计算值与实际值的关系如图 8-31 所示,拟合优度 R^2 分别为 0.9942、0.8284 和 0.9760。

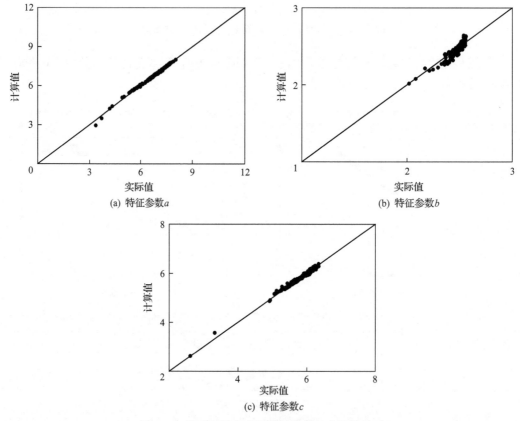

图 8-31　模型Ⅵ特征参数的计算值与实际值关系

对于每一个分区间,采用相应的潜力预测模型,分别计算相应区间拟合样本和检验样本的提高采收率值。对于模型Ⅰ~模型Ⅵ,拟合样本的拟合优度 R^2 分别为 0.9879、0.9559、0.9779、0.9932、0.9914、0.9442;检验样本的预测优度 R^2 分别为 0.9947、0.9934、0.9845、0.9971、0.9864、0.9407。

整理潜力预测模型 6 个区间的拟合样本和检验样本的提高采收率值计算值和实际值,可得到整体拟合效果以及预测效果,如图 8-32 所示。对回归模型提高采收率拟合和预测误差的统计结果如表 8-6 所示。拟合和预测的绝对误差控制在 1 个百分点以内(图 8-32 中误差标准线范围内),平均相对误差也能控制在 5%以内,满足工程需求。

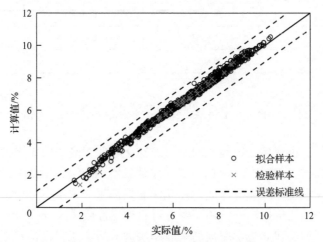

图 8-32　聚合物驱提高采收率计算值与实际值关系

表 8-6　提高采收率拟合和预测绝对误差分析统计　　　　　　(单位: %)

样本类型	计算误差		
	最大值	最小值	平均值
拟合样本	0.7711	0.0001	0.1653
检验样本	0.5954	0.0036	0.1628

根据潜力预测模型可以计算出年度增油量资料,然后运用增量经济评价方法,计算各方案的内部收益率。回归模型计算的内部收益率与实际值的关系如图 8-33 所示,误差统计结果如表 8-7 所示。回归模型拟合和预测绝对误差基本可以控制在 10 个百分点以内(图 8-33 中误差标准线范围内),平均相对误差也能控制在 5%以内,满足工程需求。

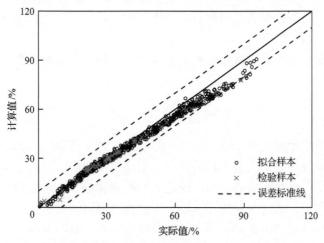

图 8-33　聚合物驱内部收益率计算值与实际值关系

表 8-7　内部收益率拟合和预测绝对误差分析统计　　　　　　　　（单位：%）

样本类型	计算误差		
	最大值	最小值	平均值
拟合样本	11.6653	0.0019	2.4090
检验样本	10.8032	0.2289	8.8936

第三节　化学驱提高采收率潜力分析

化学驱项目具有投资高、风险大的特点，在化学驱提高采收率潜力分析中，采用的基础数据（如油藏、经济参数等）存在一定的波动或不确定性，由此得出的评价指标及做出的决策具有很大程度的风险。因此，在化学驱提高采收率潜力分析过程中，除了要计算分析方案的单一的评价指标外，还需要进行不确定性或风险分析。

结合蒙特卡罗方法建立化学驱提高采收率潜力分析方法，以得到在多因素综合影响条件下化学驱项目可以获得的内部收益率和提高采收率指标的分布范围及概率，进而评价该化学驱项目所面临的技术和经济风险（Zhao et al., 2010）。本章以聚合物驱为例，介绍化学驱提高采收率潜力分析方法。

一、提高采收率潜力分析方法

在蒙特卡罗原理的基础上，综合考虑聚合物驱增油效果和经济效益的各主要因素分布及其影响，提出了基于风险性评价的聚合物驱提高采收率潜力分析方法。它不但考虑了风险因素变动的幅度，还考虑了这种变动幅度发生的可能性大小及对考察指标的影响。

（一）蒙特卡罗原理

蒙特卡罗方法，又称随机抽样或统计试验方法，属于计算数学的一个分支。它是以概率和统计理论方法为基础的一种计算方法，是使用随机数来解决计算问题的方法。将所求解的问题同一定的概率模型相联系，用电子计算机实现统计模拟或抽样，以获得问题的近似解。

蒙特卡罗方法的基本思想可以概括为欲求给定问题的数值解，则先构造一个表征给定问题的概率模型：

$$Y = \left(X_1, X_2, X_3, \cdots, X_n \right) \tag{8-30}$$

使要求的数值解恰好是概率模型式(8-30)的某个数字特征（如数学期望等），而这个数字特征又可以用统计的方法求得其估计值，把这个估计值作为给定问题的近似值。

不确定因素的存在是无法避免的，但是它们的变化是有一定规律的，并且是可以预见的。对其进行模拟，通过大量统计试验，可以使之尽可能接近并反映出实际变化的情况。蒙特卡罗方法能够随机模拟各种变量间的动态关系，解决某些具有不确定性的复杂问题，是一种公认的经济而有效的方法。蒙特卡罗方法解题归结为 3 个主要步骤：构造或描述概率过程；实现从已知概率分布抽样；建立各种估计量。

要使用蒙特卡罗方法进行模拟，必须具有一个产生一定概率分布数的随机数发生器，通过随机数发生器对随机变量的统计试验，随机模拟求解问题的近似解。

这里所说的产生随机数或产生随机变量，指的是产生一组该随机数可能取值的数值序列，其概率分布服从（或近似服从）该随机数或随机变量的分布。例如，产生[0，1]区间均匀分布的数值序列，即这些数值的出现概率是相等的。随机数不是单就一个数值而言，而是就一组数值序列来说的。

就数学上而言，只要有了一种分布规律的随机数，就可以通过各种数学变换或抽样的方法，产生具有任意分布的随机数。实际上，在计算机上总是先产生最简单的[0，1]区间的均匀分布随机数，然后再用它产生所需各种分布的随机数，转化过程如图8-34所示。

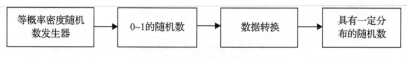

图8-34　随机数转换示意图

用数学方法在计算机上产生随机数是以完全确定的规律进行的，它显然不是真正的随机数，于是称之为伪随机数，简称随机数。

聚合物驱技术风险性分析需考虑到油藏参数、经济参数等随机因素的影响。在计算过程中要照顾到各种随机因素的影响，计算出多种方案及其概率分布，从而也就可以对风险进行详细的估计。蒙特卡罗数字仿真可看成是实际可能发生的情况的模拟。对研究的情况不能确定，只要各输入变量按一定概率分布取值，就可以用一个随机数发生器来产生具有相同概率的数值，赋值给各输入变量，计算出各输出变量，这就对应于实际上可能发生的一种情况，是一个试验。如此反复，例如试验 k 次，即可得出 k 个结果，由这 k 组数据便可求出输出量的概率分布。

(二)聚合物驱潜力风险性分析步骤

聚合物驱潜力风险性分析的具体步骤如下。

(1)应用蒙特卡罗方法生成油藏敏感参数和经济参数的概率分布,各产生10000个相应的数值,形成10000个组合预测方案。

(2)考虑油藏参数对提高采收率的影响,利用聚合物驱潜力预测模型计算组合方案的提高采收率值。

(3)基于聚合物驱潜力预测得到的累积增油量曲线,采用经济评价方法并结合经济参数计算各组合方案的内部收益率值。

(4)将计算得到的10000个提高采收率值和内部收益率值划分到100个范围内,并统计在每个范围内的出现频率,得出提高采收率和内部收益率的分布频率,可计算置信区间和期望值。

(5)根据风险指数的定义计算风险指数。

(三)风险性评价参数

在聚合物驱风险性评价过程中，主要涉及以下几个重要参数。

1. 期望值

在大量重复事件中，期望值就是随机变量的最大可能取值，它最接近实际真值，表明在各种风险条件下期望可能得到的值。有以下两种计算期望值的方法。

1) 加权算法

一般选取期望曲线(大于累积概率曲线)概率为 50%的值作为数学期望值。对于偏态分布曲线，可取期望曲线上概率为 10%、50%、90%三个值，然后将它们依次乘以加权系数 0.3、0.4、0.5，累加求和，即为期望值，误差在 1%以内。

2) 概率平均算法

期望值的计算公式为

$$E(X) = \sum_{t=1}^{n} X_i \cdot P_i \tag{8-31}$$

式中，$E(X)$ 为随机变量 X 的数学期望；X_i 为随机变量 X 的各种可能取值；P_i 为对应出现 X_i 的概率值，$\sum_{t=1}^{n} P_i = 1$。

2. 置信区间

置信区间就是在一定的概率的保证下变量的分布范围。一般取期望曲线概率 5%～95%作为置信区间。

3. 风险指数

以内部收益率取值大小作为风险指数计算依据，具体的划分范围及其对应的基准风险指数如表 8-8 所示。

表 8-8　风险指数计算标准　　　　　　　　　　　(单位：%)

级别序号	内部收益率范围	基准风险指数
1	>40	0
2	30～40	25
3	20～30	50
4	12～20	75
5	<12	100

定义风险指数 R_{I} 为各风险级别下分布概率与基准风险指数乘积之和，为

$$R_{\mathrm{I}} = \sum_{i=1}^{5} P_{ri} \cdot B_{ri} \tag{8-32}$$

式中，P_{ri} 为第 i 风险级别下的分布概率；B_{ri} 为第 i 风险级别下的基准风险指数。其中，

$\sum\limits_{i=1}^{5} P_{ri} = 1$。得到风险指数后，将风险等级划分为 5 级，分别为小、较小、中等、较大、大，对应的风险指数范围如表 8-9 所示。

表 8-9　风险等级划分及对应的风险指数

	风险等级				
	小	较小	中等	较大	大
对应的风险指数	0~20	20~40	40~60	60~80	80~100

二、应用实例

1. 影响因素体系的确定

基于聚合物驱开发和经济效果影响因素研究，确定风险性分析影响因素体系，如图 8-35 所示。影响提高采收率(或增油量)的主要因素包括渗透率变异系数、地下原油黏度、地层水矿化度、地层温度、注聚时机 5 个；而影响内部收益率的因素除了上述 5 个因素外还包括原油价格变化，共计 6 个因素。

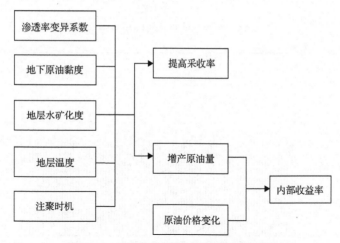

图 8-35　风险性分析影响因素体系的确定

2. 单因素随机分布的产生

根据其地质条件，在注聚参数优化的基础上结合经济参数，确定各影响因素的分布范围及其峰值，如表 8-10 所示，其中注聚时含水率取 65%，基准原油价格取 60 美元/bbl。

表 8-10　风险性分析影响因素分布范围和峰值

参数	分布范围	峰值
渗透率变异系数	0.5~0.8	0.6
地下原油黏度/(mPa·s)	48.12~345.32	60
地层水矿化度/(mg/L)	5855~9710	6000
地层温度/℃	56.7~67	65
原油价格变化/%	−50~50	0

利用蒙特卡罗随机模拟程序在给定的各个单因素区间内随机获取 10000 个数值，部分影响因素取值分布概率图如图 8-36 和图 8-37 所示。由于油价变化频繁，在限定范围内采用均匀分布的概率模式生成，而其他参数在考虑分布范围和峰值的基础上采用偏正态分布模式生成。

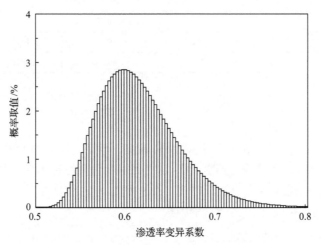

图 8-36　渗透率变异系数随机分布概率

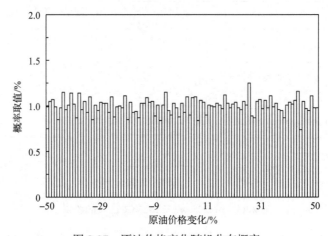

图 8-37　原油价格变化随机分布概率

3. 评价指标的随机分布

结合聚合物驱潜力预测模型和经济评价方法，计算由蒙特卡罗方法产生的 10000 个参数组合方案的提高采收率和内部收益率，其中，确定的各影响因素基准取值分别为上述基础模型中各因素的值。

1)提高采收率的随机分布概率

通过风险性分析，绘制 S 油藏聚合物驱提高采收率的随机概率分布，如图 8-38 所示。可以看出，提高采收率范围在 7.42%～9.61%。将期望曲线中概率为 5%～95%值作为置信区间，S 油藏聚合物驱提高采收率的置信区间为 8.21%～9.12%，期望值为 8.68%。

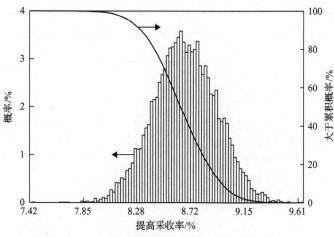

图 8-38 S 油藏聚合物驱提高采收率的随机概率分布

2）不考虑油价和投资影响下的内部收益率

不考虑油价和投资影响下的内部收益率的随机概率分布如图 8-39 所示。可以看出，内部收益率范围在 24.6%～37.7%，置信区间为 26.9%～31.7%，期望值为 28.9%。

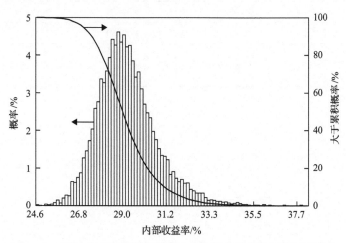

图 8-39 不考虑油价和投资影响下的内部收益率的随机概率分布

3）考虑油价和投资影响下的内部收益率

考虑油价和投资影响下的内部收益率的随机概率分布如图 8-40 所示。可以看出，内部收益率范围在 9.4%～57.9%，置信区间为 16.8%～42.9%，期望值为 29.4%。

4. 风险指数及风险等级

根据风险指数的定义，统计了考虑原油价格变化下的内部收益率风险级别区间概率值，如表 8-11 所示。

评价结果表明，根据风险指数的计算方法，计算得考虑油价变化影响下的风险指数为 38.9%，风险等级为"较小"，说明该区块实施聚合物驱具有较小的经济风险。

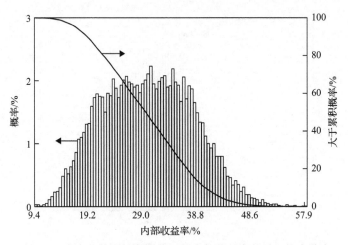

图 8-40　考虑油价和投资影响下的内部收益率的随机概率分布

表 8-11　不同风险级别下区间分布概率　　　　　　　　（单位：%）

级别序号	内部收益率范围	基准风险指数	分布概率
1	>40	0	10.68
2	30~40	25	37.38
3	20~30	50	37.90
4	12~20	75	13.73
5	<12	100	0.31

参 考 文 献

蔡燕杰, 赵金亮, 关悦. 2000. 孤岛油田中一区聚合物驱油井见效特征及影响因素. 石油勘探与开发, 27(6): 63-64.

程杰成, 周泉, 周万富, 等. 2020. 低初黏可控聚合物凝胶在油藏深部优势渗流通道的封堵方法及应用. 石油学报, 41(8): 969-978.

郭兰磊, 李振泉, 李树荣, 等. 2008. 一次和二次聚合物驱驱替液与原油黏度比优化研究. 石油学报, 29(5): 738-741.

韩大匡, 杨普华. 1994. 发展三次采油为主的提高采收率新技术. 油气采收率技术, 1(1): 12-18.

侯健. 2004. 用流线方法模拟碱/表面活性剂/聚合物三元复合驱. 中国石油大学学报(自然科学版), 28(1): 58-62.

侯健. 2005. 提高采收率潜力分析的基础研究. 岩石力学与工程学报, 24(17): 3202.

侯健. 2007. 提高原油采收率潜力预测方法. 东营: 中国石油大学出版社.

侯健, 郭兰磊, 元福卿, 等. 2008. 胜利油田不同类型油藏聚合物驱生产动态的定量表征. 石油学报, 29(4): 577-581.

侯健, 曲昌学, 陈月明, 等. 2002b. 用基于实数编码的自适应遗传算法求解产量预测模型. 中国石油大学学报(自然科学版), 26(3): 55-59.

侯健, 孙建芳. 2013. 热力采油技术. 东营: 中国石油大学出版社.

侯健, 王玉斗, 陈月明. 2002a. 聚合物驱数学模型的流线方法求解. 水动力学研究与进展(A辑), 17(3): 343-352.

侯健, 杜庆军, 束青林, 等. 2010. 聚合物驱宏观剩余油受效机制及分布规律. 石油学报, 31(1): 96-99.

侯健, 李振泉, 王玉斗, 等. 2003. 考虑扩散和吸附作用的聚合物驱替过程渗流数值模拟. 石油学报, 20(3): 239-244.

胡寿松. 2013. 自动控制原理. 六版. 北京: 科学出版社.

黄烈林, 侯健, 陈月明, 等. 2002. Fisher 判别法在聚合物驱潜力评价中的应用. 中国石油大学学报(自然科学版), 26(1): 49-51,55.

贾承造. 2020. 中国石油工业上游发展面临的挑战与未来科技攻关方向. 石油学报, 41(12): 1445-1464.

李永太, 孔柏岭, 李辰. 2018. 全过程调剖技术与三元复合驱协同效应的动态特征. 石油学报, 39(6): 697-702,718.

李振泉, 侯健, 曹绪龙, 等. 2001. ASP 复合驱注采参数优化设计. 石油大学学报(自然科学版), 25(2): 50-53.

廖广志, 王强, 王红庄, 等. 2017. 化学驱开发现状与前景展望. 石油学报, 38(2): 196-207.

刘玉章. 2006. 聚合物驱提高采收率技术. 北京: 石油工业出版社.

卢祥国, 曹豹, 谢坤, 等. 2021. 非均质油藏聚合物驱提高采收率机理再认识. 石油勘探与开发, 48(1): 148-155.

沈平平, 袁士义, 邓宝荣, 等. 2004. 非均质油藏化学驱波及效率和驱替效率的作用. 石油学报, 25(5): 54-59.

沈平平, 袁士义, 韩冬, 等. 2001. 中国陆上油田提高采收率潜力评价及发展战略研究. 石油学报, 22(1): 45-48.

孙焕泉, 曹绪龙, 李振泉, 等. 2016. 非均相复合驱油技术. 北京: 科学出版社.

孙焕泉, 李振泉, 曹绪龙, 等. 2007. 二元复合驱油技术. 北京: 中国科学技术出版社.

孙焕泉, 元福卿, 赵海峰, 等. 2020. 基于井间连通性的二元复合驱剂窜预警方法. 中国石油大学学报(自然科学版), 44(5): 114-121.

孙龙德, 伍晓林, 周万富, 等. 2018. 大庆油田化学驱提高采收率技术. 石油勘探与开发, 45(4): 636-645.

袁士义, 马德胜, 李军诗, 等. 2022. 二氧化碳捕集、驱油与埋存产业化进展及前景展望. 石油勘探与开发, 49(4): 828-834.

袁士义, 王强. 2018. 中国油田开发主体技术新进展与展望. 石油勘探与开发, 45(4): 657-668.

张贤松, 孙福街, 侯健, 等. 2013. 海上稠油聚合物驱开发指标定量表征. 石油学报, 34(4): 727-732.

张振华, 程杰成, 李林, 等. 1996. 聚合物驱油现场先导试验技术. 北京: 石油工业出版社.

赵福麟. 2001. EOR 原理. 东营: 中国石油大学出版社.

赵辉, 谢鹏飞, 曹琳, 等. 2017. 基于井间连通性的油藏开发生产优化方法. 石油学报, 38(5): 555-561.

朱焱, 高文彬, 李瑞升, 等. 2018. 变流度聚合物驱提高采收率作用规律及应用效果. 石油学报, 39(2): 189-200,246.

朱友益, 张翼, 牛佳玲, 等. 2012. 无碱表面活性剂-聚合物复合驱技术研究进展. 石油勘探与开发, 39(3): 346-351.

Abacioglu Y, Oliver D S, Reynolds A C. 2001. Efficient reservoir history matching using subspace vectors. Computational Geosciences, 5(2): 151-172.

Adibifard M, Talebkeikhah M, Sharifi M, et al. 2020. Iterative ensemble Kalman filter and genetic algorithm for automatic reconstruction of relative permeability curves in the subsurface multi-phase flow. Journal of Petroleum Science and Engineering, 192: 107264.

Agarwal B, Blunt M J. 2003. Streamline-based method with full-physics forward simulation for history-matching performance data of a North Sea field. SPE Journal, 8(2): 171-180.

Albertoni A, Lake L W. 2003. Inferring interwell connectivity only from well-rate fluctuations in waterfloods. SPE Reservoir Evaluation & Engineering, 6(1): 6-16.

Alvarado V, Manrique E. 2010. Enhanced oil recovery: An update review. Energies, 3(9): 1529-1575.

An Z B, Zhou K, Hou J, et al. 2022. Accelerating reservoir production optimization by combining reservoir engineering method with particle swarm optimization algorithm. Journal of Petroleum Science and Engineering, 208: 109692.

An Z B, Zhou K, Hou J, et al. 2023. Research on the main controlling factors for injection and production allocation of polymer flooding. Journal of Energy Resources Technology, 145(4): 043201.

Aramideh S, Borgohain R, Naik P K, et al. 2018. Multi-objective history matching of surfactant-polymer flooding. Fuel, 228(15): 418-428.

Arroyo-Negrete E, Devegowda D, Datta-Gupta A, et al. 2008. Streamline-Assisted ensemble Kalman filter for rapid and continuous reservoir model updating. SPE Reservoir Evaluation & Engineering, 11(6): 1046-1060.

Artun E, Vanderhaeghen M, Murray P. 2016. A pattern-based approach to waterflood performance prediction using knowledge management tools and classical reservoir engineering forecasting methods. International Journal of Oil, Gas and Coal Technology, 13(1): 19-40.

Asheim H. 1988. Maximization of water sweep efficiency by controlling production and injection rates. European Petroleum Conference, London.

Babayev D A. 1975. Mathematical models for optimal timing of drilling on multilayer oil and gas fields. Management Science, 21(12): 1361-1369.

Bahrami P, Kazemi P, Mahdavi S, et al. 2016. A novel approach for modeling and optimization of surfactant/polymer flooding based on genetic programming evolutionary algorithm. Fuel, 179: 289-298.

Bangerth W, Klie H, Wheeler M F, et al. 2006. On optimization algorithms for the reservoir oil well placement problem. Computational Geosciences, 10(3): 303-319.

Barreau P, Lasseux D, Bertin H, et al. 1999. An experimental and numerical study of polymer action on relative permeability and capillary pressure. Petroleum Geoscience, 5(2): 201-206.

Bo Q L, Zhong T X, Liu Q J. 2003. Pore scale network modeling of relative permeability in chemical flooding. SPE International Improved Oil Recovery Conference in Asia Pacific, Kuala Lumpur.

Boud D C, Holbrook O C. 1958. Gas drive oil recovery process: 2866507. 1958-12-30.

Brouwer D R, Jansen J D. 2004. Dynamic optimization of waterflooding with smart wells using optimal control theory. SPE Journal, 9(4): 391-402.

Caers J. 2003. Efficient gradual deformation using a streamline-based proxy method. Journal of Petroleum Science and Engineering, 39(1-2): 57-83.

Carter J, Romero C. 2002. Using genetic algorithm to invert numerical simulations. 8th European Conference on the Mathematics of Oil Recovery, Freiberg.

Carter R D, Kemp L F, Pierce A C, et al. 1974. Performance matching with constraints. SPE Journal, 14(2): 187-196

Chang H, Zhang D, Lu Z. 2010. History matching of facies distributions with the EnKF and level set parameterization. Journal of Computational Physics, 229(20): 8011-8030.

Chen C, Li G, Reynolds A C. 2012. Robust constrained optimization of short- and long-term net present value for closed-loop reservoir management. SPE Journal, 17(3): 849-864.

Chen G D, Zhang K, Xue X M, et al. 2020. Surrogate-assisted evolutionary algorithm with dimensionality reduction method for water flooding production optimization. Journal of Petroleum Science and Engineering, 185: 106633.

Chen S, Li G M, Peres A M M, et al. 2008. A well test for in-situ determination of relative permeability curves. SPE Reservoir Evaluation & Engineering, 11(1): 95-107.

Chen Y, Oliver D S, Zhang D. 2009. Efficient ensemble-based closed-loop production optimization. SPE Journal, 14(4): 634-645.

Custsódio A L, Vicente L N. 2007. Using sampling and simplex derivatives in pattern search methods. SIAM Journal on Optimization, 18(2): 537-555.

Donaldson E C, Thomas R D. 1971. Microscopic observations of oil displacement in water-wet and oil-wet systems. Fall Meeting of the Society of Petroleum Engineers of AIME, New Orleans.

Dovera L, Rossa E D. 2011. Multimodal ensemble Kalman filtering using Gaussian mixture models. Computational Geosciences, 15(2): 307-323.

Du Q J, Pan G M, Hou J, et al. 2019. Study of the mechanisms of streamline-adjustment-assisted heterogeneous combination flooding for enhanced oil recovery for post-polymer-flooded reservoirs. Petroleum Science, 16(3): 606-618.

Dykstra H, Parsons R L. 1950. The Prediction of Oil Recovery by Water Flood. Secondary Recovery of Oil in the United States. 2nd ed. New York: API.

Eberhart R C, Kennedy J. 1995. A new optimizer using particle swarm theory. 6th International Symposium on Micro Machine and Human Science, Nagoya.

Emerick A A, Reynolds A C. 2012. Combining the ensemble Kalman filter with Markov-Chain Monte Carlo for improved history matching and uncertainty characterization. SPE Journal, 17(2): 418-440.

Emerick A A, Reynolds A C. 2013. Ensemble smoother with multiple data assimilation. Computers & Geosciences, 55: 3-15.

Evensen G. 1994. Sequential data assimilation with a nonlinear quasi-geostrophic model using Monte Carlo methods to forecast error statistics. Journal of Geophysical Research, 99(C5): 10143-10162.

Eydinov D, Gao G, Li G, et al. 2009. Simultaneous estimation of relative permeability and porosity/permeability fields by history matching production data. Journal of Canadian Petroleum Technology, 48(12): 13-25.

Fan Z Q, Yang D Y, Chai D, et al. 2019. Estimation of relative permeability and capillary pressure for punq-s3 model using a modified iterative ensemble smoother. Journal of Energy Resources Technology, 141(2): 022901.

Fathi Z, Ramirez W F. 1984. Optimal injection policies for enhanced oil recovery: Part2-Surfactant flooding. SPE Journal, 24(3): 333-341.

Fayazi A, Bagherzadeh H, Shahrabadi A. 2016. Estimation of pseudo relative permeability curves for a heterogeneous reservoir with a new automatic history matching algorithm. Journal of Petroleum Science and Engineering, 140: 154-163.

Gao G H, Li G M, Reynolds A C. 2007. A stochastic optimization algorithm for automatic history matching. SPE Journal, 12(2): 196-208.

Gao G H, Reynolds A C. 2006. An improved implementation of the LBFGS algorithm for automatic history matching. SPE Journal, 11(1): 5-17.

Gao G H, Zafari M, Reynolds A C. 2006. Quantifying uncertainty for the PUNQ-S3 problem in a Bayesian setting with RML and EnKF. SPE Journal, 11(4): 506-515.

Gbadamosi A O, Junin R, Manan M A, et al. 2019. An overview of chemical enhanced oil recovery: Recent advances and prospects. International Nano Letters, 9(3): 171-202.

Gomez S, Gosselin O, Barker J W. 2001. Gradient-based history matching with a global optimization method. SPE Journal, 6(2): 200-208.

Gong Y J, Li J J, Zhou Y C, et al. 2016. Genetic learning particle swarm optimization. IEEE Transactions on Cybernetics, 46(10): 2277-2290.

Gottfried B S. 1972. Optimization of a cyclic steam injection process using penalty functions. SPE Journal, 12(1): 13-20.

Grimstad A A, Mannseth T, Aanonsen S I, et al. 2004. Identification of unknown permeability trends from history matching of production data. SPE Journal, 9 (4): 419-428.

Gu Y Q, Oliver D S. 2005. History matching of the PUNQ-S3 reservoir model using the ensemble Kalman filter. SPE Journal, 10 (2): 217-224.

Guo H, Dong J Y, Wang Z B, et al. 2018. 2018 EOR survey in China-Part 1. SPE Improved Oil Recovery Conference, Tulsa.

Guo H, Song K P, Liu S P, et al. 2021. Recent advances in polymer flooding in China: Lessons learned and continuing development. SPE Journal, 26 (4): 2038-2052.

He N, Reynolds A C, Oliver D S. 1997. Three-dimensional reservoir description from multiwell pressure data and prior information. SPE Journal, 2 (3): 312-327.

Heffer K J, Fox R J, McGill C A, et al. 1997. Novel techniques show links between reservoir flow directionality, earth stress, fault structure and geomechanical changes in mature waterfloods. SPE Journal, 2 (2): 91-98.

Holland J H. 1975. Adaptation in Natural and Artificial Systems. Ann Arbor: University of Michigan Press.

Hooke R, Jeeves T A. 1961. "direct search" solution of numerical and statistical problems. Journal of the ACM, 8 (2): 212-229.

Hou J, Du Q J, Lu T, et al. 2011a. The effect of interbeds on distribution of incremental oil displaced by a polymer flood. Petroleum Science, 8 (2): 200-206.

Hou J, Li Z, Cao X, et al. 2009. Integrating genetic algorithm and support vector machine for polymer flooding production performance prediction. Journal of Petroleum Science and Engineering, 68 (1-2): 29-39.

Hou J, Li Z, Liu Y, et al. 2011b. Inferring reservoir interwell dynamic connectivity based on signal processing method. International Petroleum Technology Conference, Bangkok.

Hou J, Luo F, Wang D, et al. 2012a. Estimation of the water–oil relative permeability curve from radial displacement experiments. Part 2: Reasonable experimental parameters. Energy & Fuels, 26 (7): 4300-4309.

Hou J, Pan G, Lu X, et al. 2013. The distribution characteristics of additional extracted oil displaced by surfactant-polymer flooding and its genetic mechanisms. Journal of Petroleum Science and Engineering, 112: 322-334.

Hou J, Wang D, Luo F, et al. 2012b. Estimation of the water-oil relative permeability curve from radial displacement experiments. Part 1: Numerical inversion method. Energy & Fuels, 26 (7): 4291-4299.

Hou J, Zhang S, Du Q, et al. 2008. A streamline-based predictive model for enhanced-oil-recovery potentiality. Journal of Hydrodynamics, 20 (3): 314-322.

Hou J, Zhou K, Zhang X, et al. 2015. A review of closed-loop reservoir management. Petroleum Science, 12: 114-128.

Hou J, Zhou K, Zhao H, et al. 2016. Hybrid optimization technique for cyclic steam stimulation by horizontal wells in heavy oil reservoir. Computers & Chemical Engineering, 84: 363-370.

Hourfar F, Salahshoor K, Zanbouri H, et al. 2018. A systematic approach for modeling of waterflooding process in the presence of geological uncertainties in oil reservoirs. Computers & Chemical Engineering, 111: 66-78.

Hu L, Zhao Y, Liu Y, et al. 2013. Updating multipoint simulations using the ensemble Kalman filter. Computers & Geosciences, 51: 7-15.

Jacquard P. 1965. Permeability distribution from field pressure data. SPE Journal, 5 (4): 281-294.

Jafarpour B, McLaughlin D B. 2008. History matching with an ensemble Kalman filter and discrete cosine parameterization. Computational Geosciences, 12 (2): 227-244.

Jia D, Liu H, Zhang J, et al. 2020. Data-driven optimization for fine water injection in a mature oil field. Petroleum Exploration and Development, 47 (3): 674-682.

Juliusson E, Horne R N. 2011. Analyzing tracer tests during variable flow rate injection and production. Thirty-Sixth Workshop on Geothermal Reservoir Engineering, Stanford.

Kaviani D, Jensen J L, Lake L W. 2012. Estimation of interwell connectivity in the case of unmeasured fluctuating bottomhole pressures. Journal of Petroleum Science and Engineering, 90-91: 79-95.

Koottungal L. 2014. 2014 worldwide EOR survey. Oil & Gas Journal, 112: 79-91.

Korrani A K, Sepehrnoori K, Delshad M. 2016. A mechanistic integrated geochemical and chemical-flooding tool for alkaline/surfactant/polymer floods. SPE Journal, 21 (1): 32-54.

Lashgari H R, Pope G A, Tagavifar M, et al. 2018. A new relative permeability model for chemical flooding simulators. Journal of Petroleum Science and Engineering, 171:1466-1474.

Lee T, Seinfeld J H. 1987. Estimation of two-phase petroleum reservoir properties by regularization. Journal of Computational Physics, 69 (2): 397-419.

Levitan M M. 2007. Deconvolution of multiwell test data. SPE Journal, 12 (4): 420-428.

Li G, Reynolds A C. 2011. Uncertainty quantification of reservoir performance prediction using a stochastic optimization algorithm. Computational Geosciences, 15 (3): 451-462.

Li R, Reynolds A C, Oliver D S. 2003. History matching of three-phase flow production data. SPE Journal, 8 (4): 328-340.

Liang X. 2010. A simple model to infer interwell connectivity only from well-rate fluctuations in waterfloods. Journal of Petroleum Science and Engineering, 70 (1-2): 35-43.

Liu N, Oliver D S. 2003. Evaluation of Monte Carlo methods for assessing uncertainty. SPE Journal, 8 (2): 188-195.

Liu N, Oliver D S. 2005. Ensemble Kalman filter for automatic history matching of geologic facies. Journal of Petroleum Science and Engineering, 47 (3-4): 147-161.

Liu Y, Hou J, Liu L, et al. 2018. An inversion method of relative permeability curves in polymer flooding considering physical properties of polymer. SPE Journal, 23 (5): 1929-1943.

Liu Z, Liang Y, Wang Q, et al. 2020. Status and progress of worldwide EOR field applications. Journal of Petroleum Science and Engineering, 193: 107449.

Ma S, Dong M, Li Z, et al. 2007. Evaluation of the effectiveness of chemical flooding using heterogeneous sandpack flood test. Journal of Petroleum Science and Engineering, 55 (3-4): 294-300.

Manichand R N, Seright R S. 2014. Field vs. Laboratory polymer-retention values for a polymer flood in the Tambaredjo field. SPE Reservoir Evaluation & Engineering, 17 (3): 314-325.

Marsily G, Lavedan G, Boucher M, et al. 1984. Interpretation of Interference Tests in a Well Field Using Geostatistical Techniques to Fit the Permeability Distribution in a Reservoir Model. Dordrecht: Marechal Reidel Publishing Company.

Mckie C J N, Rojas E A, Quintero N M, et al. 2001. Economic benefits from automated optimization of high pressure gas usage in an oil production system. SPE Production and Operations Symposium, Oklahoma City.

Mejia L, Tagavifar M, Xu K, et al. 2019. Surfactant flooding in oil-wet micromodels with high permeability fractures. Fuel, 241: 1117-1128.

Moritis G. 2006. CO_2 injection gains momentum. Oil and Gas Journal, 104 (15): 37-41.

Moridis G J, Reagan M T, Kuzma H A, et al. 2013. SeTES: a self-teaching expert system for the analysis, design, and prediction of gas production from unconventional gas resources. Computers & Geosciences, 58: 100-115.

Nævdal G, Brouwer D R, Jansen J D. 2006. Waterflooding using closed-loop control. Computational Geosciences, 10 (1): 37-60.

Nævdal G, Mannseth T, Vefring E H. 2002. Near-well reservoir monitoring through ensemble Kalman filter. SPE/DOE Improved Oil Recovery Symposium, Tulsa.

Nasir Y, Yu W, Sepehrnoori K. 2020. Hybrid derivative-free technique and effective machine learning surrogate for nonlinear constrained well placement and production optimization. Journal of Petroleum Science and Engineering, 186: 106726.

Nomura M, Horne R N. 2009. Data processing and interpretation of well test data as a nonparametric regression problem. SPE Western Regional Meeting, San Jose.

Nutting P G. 1925. Chemical problems in the water driving of petroleum from oil sands. Industrial & Engineering Chemistry, 17 (10): 1035-1036.

Oliver D S, Chen Y. 2011. Recent progress on reservoir history matching: A review. Computational Geosciences, 15 (1): 185-221.

Oliver D S, Reynolds A C, Liu N. 2008. Inverse Theory for Petroleum Reservoir Characterization and History Matching. Cambridge: Cambridge University Press.

Oliver D S. 1996. Multiple realizations of the permeability field from well test data. SPE Journal, 1 (2): 145-154.

Pope G A. 1980. The application of fractional flow theory to enhanced oil recovery. Science of Petroleum Engineers Journal, 20 (3): 191-205.

Pope G A, Nelson R C. 1978. A chemical flooding composition simulator. Science of Petroleum Engineers Journal, 18 (5): 339-354.

Powell M J D. 2008. Developments of NEWUOA for minimization without derivatives. IMA Journal of Numerical Analysis, 28 (4): 649-664.

Ramirez W F, Fathi Z, Cagnol J L. 1984. Optimal injection policies for enhanced oil recovery: Part 1-Theory and computational strategies. SPE Journal, 24 (3): 328-332.

Reisberg J, Doscher T M. 1956. Interfacial phenomena in crude oil-water systems. Producers Monthly, 21 (1): 43-50.

Reynolds A C, Zafari M, Li G. 2006. Iterative forms of the ensemble Kalman filter. 10th European Conference on the Mathematics of Oil Recovery, Amsterdam.

Rodrigues J R P. 2006. Calculating derivatives for automatic history matching. Computational Geosciences, 10 (1): 119-136.

Rosenwald G W, Green D W. 1974. A method for determining the optimum location of wells in a reservoir using mixed-integer programming. SPE Journal, 14 (1): 44-54.

Salmo I C, Pettersen O, Skauge A. 2017. Polymer flooding at an adverse mobility ratio: Acceleration of oil production by crossflow into water channels. Energy & Fuels, 31 (6): 5948-5958.

Saputelli L, Malki H, Canelon J, et al. 2002. A critical overview of artificial neural network applications in the context of continuous oil field optimization. SPE Annual Technical Conference and Exhibition, San Antonio.

Saputelli L, Nikolaou M, Economides M J. 2005. Real-time reservoir management: A multiscale adaptive optimization and control approach. Computational Geosciences, 10 (1): 61-96.

Sarma P, Durlofsky L J, Aziz K. 2005. Efficient closed-loop production optimization under uncertainty. SPE Europec/EAGE Annual Conference, Madrid.

Sarma P, Durlofsky L J, Aziz K. 2008. Kernel principal component analysis for efficient, differentiable parameterization of multipoint geostatistics. Mathematical Geosciences, 40: 3-32.

Seright R S. 2017. How much polymer should be injected during a polymer flood? Review of previous and current practices. SPE Journal, 22 (1): 1-18.

Seright R S, Fan T, Wavrik K, et al. 2011. New insights into polymer rheology in porous media. SPE Journal, 16 (1): 35-42.

Shen P, Wang J, Yuan S, et al. 2009. Study of enhanced-oil-recovery mechanism of alkali/surfactant/polymer flooding in porous media from experiments. SPE Journal, 14 (2): 237-244.

Song Z, Liu L, Wei M, et al. 2015. Effect of polymer on disproportionate permeability reduction to gas and water for fractured shales. Fuel, 143: 28-37.

Soroush M, Kaviani D, Jensen J L. 2014. Interwell connectivity evaluation in cases of changing skin and frequent production interruptions. Journal of Petroleum Science and Engineering, 122: 616-630.

Spall J C. 1998. Implementation of the simultaneous perturbation algorithm for stochastic optimization. IEEE Transactions on Aerospace and Electronic Systems, 34 (3): 817-823.

Sudaryanto B, Yortsos Y C. 2000. Optimization of fluid front dynamics in porous media using rate control. I. Equal mobility fluids. Physics of Fluids, 12 (7): 1656-1670.

Taber J J, Martin F D. Seright R S. 1997a. EOR screening criteria revisited – part 1: Introduction to screening criteria and enhanced recovery field projects. SPE Reservoir Engineering, 8: 189-198.

Taber J J, Martin F D, Seright R S. 1997b. EOR screening criteria revisited – part 2: Applications and impact of oil prices. SPE Reservoir Engineering, 8: 199-205.

Tan T, Kalogerakis N. 1991. A fully implicit three-dimensional three-phase simulator with automatic history-matching capability. SPE Symposium on Reservoir Simulation, Anaheim.

Tavakoli R, Reynolds A C. 2010. History matching with parametrization based on the SVD of a dimensionless sensitivity matrix. SPE Journal, 15(2): 495-508.

Tokuda N, Takahashi S, Watanabe M, et al. 2004. Application of genetic algorithm to history matching for core flooding. SPE Asia Pacific Oil and Gas Conference and Exhibition, Perth.

van Essen G M, van den Hof P M J, Jansen J D. 2011. Hierarchical long-term and short-term production optimization. SPE Journal, 16(1): 191-199.

van Le S, Chon B H. 2016. Numerical studies on the effects of various complicated barrier configurations on sweep efficiency in surfactant/polymer flooding. Journal of Industrial and Engineering Chemistry, 38: 200-210.

van Le S, Chon B H. 2018. Investigation of sweep efficiency in surfactant-polymer flooding with an existing barrier between wells by using CMG(STARS) simulator. International Journal of Oil, Gas and Coal Technology, 19(4): 396-423.

Vapnik V N. 1995. The Nature of Statistical Learning Theory. New York: Springer-Verlay.

Wang C, Hou J, Cao X, et al. 2014. Evaluation of polymer flooding potential based on orthogonal design and BP artificial neural network. International Petroleum Technology Conference, Kuala Lumpur.

Wang C, Li G, Reynolds A C. 2009b. Production optimization in closed-loop reservoir management. SPE Journal, 14(3): 506-523.

Wang H, Cao X, Zhang J, et al. 2009a. Development and application of dilute surfactant–polymer flooding system for Shengli oilfield. Journal of Petroleum Science and Engineering, 65(1-2): 45-50.

Yousef A A, Gentil P, Jensen J L, et al. 2006. A capacitance model to infer interwell connectivity from production- and injection-rate fluctuations. SPE Reservoir Evaluation & Engineering, 9(6): 630-646.

Zandvliet M J, Bosgra O H, Jansen J D, et al. 2007. Bang-bang control and singular arcs in reservoir flooding. Journal of Petroleum Science and Engineering, 58(1-2): 186-200.

Zhang W, Hou J, Liu Y, et al. 2021. Study on the effect of polymer viscosity and Darcy velocity on relative permeability curves in polymer flooding. Journal of Petroleum Science and Engineering, 200: 108393

Zhang Y, Song C, Yang D. 2016. A damped iterative EnKF method to estimate relative permeability and capillary pressure for tight formations from displacement experiments. Fuel, 167: 306-315.

Zhao H, Chen C, Do S, et al. 2013. Maximization of a dynamic quadratic interpolation model for production optimization. SPE Journal, 18(6): 1012-1025.

Zhao H, Luo F, Hou J, et al. 2010. Study on the potential risk appraisal method in polymer flooding. SPE Hydrocarbon Economics and Evaluation Symposium, Dallas.

Zhou K, Hou J, Fu H, et al. 2017. Estimation of relative permeability curves using an improved Levenberg-Marquardt method with simultaneous perturbation Jacobian approximation. Journal of Hydrology, 544: 604-612.

Zhou K, Hou J, Zhang X, et al. 2013. Optimal control of polymer flooding based on simultaneous perturbation stochastic approximation method guided by finite difference gradient. Computers & Chemical Engineering, 55: 40-49.